高等学校公共基础课系列教材

大学物理学习指导

（上册）

李艳辉　张艳艳　周彩霞　编著
白　璐　李存志　韩一平

西安电子科技大学出版社

内 容 简 介

　　本书是根据《理工科类大学物理课程教学基本要求》中的"教学内容基本要求"编写而成的学习指导用书。本书分为上、下两册，上册包括质点力学、刚体力学基础、振动和波、波动光学、气体动理论与热力学五个模块，下册包括静电场、稳恒电流的磁场、电磁感应、狭义相对论力学基础、量子物理基础五个模块。各模块均由教学要求、内容精讲和例题精析三部分组成。其中："教学要求""内容精讲"两部分旨在帮助读者正确、快速地领会基本物理概念和基本物理规律的内涵；"例题精析"部分又分为"思路解析""计算详解""讨论与拓展"，旨在帮助读者熟练运用物理学规律解决问题，达到触类旁通、举一反三的效果。上、下册的附录中精选了期中、期末模拟试题各三套，并附有参考答案，可帮助读者检验学习效果。

　　本书可供理工类各专业学生学习参考，也可供大学物理教师教学参考，以及物理爱好者学习拓展使用。

图书在版编目(CIP)数据

　　大学物理学习指导. 上册 / 李艳辉等编著. —西安：西安电子科技大学出版社，2022.9(2024.6 重印)
　　ISBN 978 - 7 - 5606 - 6674 - 7

　　Ⅰ. ①大⋯　　Ⅱ. ①李⋯　　Ⅲ. ①物理学—高等学校—教学参考资料　　Ⅳ. ①O4

中国版本图书馆 CIP 数据核字(2022)第 175551 号

策　　划　刘玉芳
责任编辑　刘玉芳　秦志峰
出版发行　西安电子科技大学出版社(西安市太白南路2号)
电　　话　(029)88202421　88201467　　邮　编　710071
网　　址　www.xduph.com　　电子邮箱　xdupfxb001@163.com
经　　销　新华书店
印刷单位　咸阳华盛印务有限责任公司
版　　次　2022年9月第1版　2024年6月第3次印刷
开　　本　787毫米×1092毫米　1/16　印张　13
字　　数　307千字
定　　价　35.00元
ISBN 978 - 7 - 5606 - 6674 - 7 / O

XDUP 6976001 - 3

＊＊＊如有印装问题可调换＊＊＊

前　言

物理学是研究物质的基本结构及物质运动的普遍规律的一门严格的、精密的基础学科。"大学物理"则是高等院校理工科类各专业一门重要的基础课程，它在培养学生科学思维和逻辑推理的能力等方面具有重要的作用。要学好大学物理，除课堂的学习和训练外，还要结合教学要求，做一定量的练习题。

本书以《理工科类大学物理课程教学基本要求》中的"教学内容基本要求"为基础，结合编者多年的教学工作经验和心得体会编写而成，力求使读者尽快地、正确地、更好地领会大学物理学中的基本概念和基本规律的内涵，深刻理解大学物理学中的基本内容并灵活运用，培养学生分析问题和解决问题的能力。

本书分为上、下两册，上册包括质点力学、刚体力学基础、振动和波、波动光学、气体动理论与热力学五个模块，下册包括静电场、稳恒电流的磁场、电磁感应、狭义相对论力学基础、量子物理基础五个模块。各模块均包含"教学要求""内容精讲"和"例题精析"三部分，附录中附有模拟试题及参考答案。

教学要求。《理工科类大学物理课程教学基本要求》中的教学内容分为核心内容和扩展内容，而在教学实施过程中，根据要求的不同，编者将内容细化，采用"掌握""理解""了解"将内容逐一阐述。

内容精讲。本书根据教学要求对物理学的基本概念、基本规律、基本方法等主要内容做了详细解释，并在概括和总结的基础上阐明核心内容和重点、难点。

例题精析。物理学习中需要做一定量的习题以巩固学习效果，为了帮助读者掌握正确的解题方法，改正不求甚解地乱套公式、凑答案的不良习惯，克服畏难情绪，本书精选了"大学物理"课程主要内容中的典型例题，通过"思路解析"帮助读者理解题目所表达的意思，分析解题思路和方法；通过"计算详解"按步骤清晰地给出解题过程；通过"讨论与拓展"总结解题方法、注意事项，思考多种解法，并引申拓展类似题目以帮助读者学会处理同类问题。

模拟试题。模拟试题分为期中和期末两类，题型包括选择题、填空题和计算题。从对基本概念的掌握程度、对物理规律和物理方法的运用情况综合检验学习效果。若要进一步检验学习效果，读者可使用与本书配套的西安电子科技大学出版社出版的《大学物理习题册》(李艳辉、白璐、张艳艳、韩一平编著)。

本书不仅可供学生学习使用，也可供教师授课参考，以及物理爱好者拓展使用。本书不是针对某本教材的辅助参考书，而是对目前出版的工科大学物理学教材基本都适用。

本书在编写过程中，参考了若干现有教材和文献，在许多方面得到了启发，受益良多，在此一并致谢。本书的出版得到了西安电子科技大学教材建设基金资助。

由于编者学识和教学经验的限制，书中不妥之处在所难免，恳请专家和读者批评指正。

编　者

2022 年 8 月

目　　录

模块 1　质 点 力 学

1.1　教 学 要 求

（1）理解质点这一理想化模型的特点。

（2）了解参考系和常见的坐标系。

（3）理解位置矢量、位移、速度、加速度等描述质点运动的物理量，掌握直角坐标系中位置、速度和加速度之间的关系和计算。

（4）掌握自然坐标系中描写平面曲线运动的运动学方程、速度、切向加速度和法向加速度的定义及其计算。

（5）掌握平面极坐标系中质点作圆周运动时的角位置、角速度和角加速度的含义及计算，会熟练运用角量和线量的关系。

（6）理解相对运动概念，并会分析相对运动中的位置关系、速度变换和加速度变换。

（7）理解牛顿三大定律的适用条件和应用，能用微积分计算一般变力作用下典型的质点动力学问题。

（8）理解功的概念和一般情况下变力做功的积分运算，并会计算重力、万有引力和弹性力的功，理解保守力做功的特点、势能的概念和定义。

（9）理解功能关系的几个原理（动能定理、功能原理、机械能守恒定律）的内容及适用条件，并掌握其应用。

（10）理解冲量和动量的概念，掌握动量定理的内容及应用。

（11）掌握机械能守恒定律和动量守恒定律的适用条件及其应用，理解并学会应用守恒定律分析问题的思想方法。

（12）了解惯性参考系、非惯性参考系和惯性力。

（13）了解量纲的意义，会写出一般物理量的量纲。

（14）了解质心的概念，理解质心运动定理。

1.2　内 容 精 讲

质点力学分为两部分，分别是质点运动学和质点动力学。

质点运动学主要研究质点在运动过程中位置随时间变化的规律。描述质点运动的基本物理量有位置、位移、速度和加速度，讨论各运动参量在常见的直角坐标系、自然坐标系、平面极坐标系中的表达形式时，应注意这些物理量的瞬时性、矢量性和相对性。由于运动的相对性，在不同参考系中描述同一物体的运动，其结果一般是不同的，相应物理量之间满足一定的变换关系，这就是伽利略变换，利用伽利略变换可分析不同参考系中运动参量的关联。

质点动力学主要研究质点的运动状态与受力的关系，包括牛顿运动定律、功和能、冲量和动量。牛顿运动定律是质点动力学的基本定律，是整个经典力学的基础，它阐述了力的瞬时作用规律，指出力是改变物体运动状态的原因，给出力与物体运动状态变化对应的瞬时关系。力的累积效应可以分为两种。一种是力的空间累积效应，即在力的作用下经历一段位移。质点动力学中力对空间的累积效应称为功。功与能量之间满足的原理有质点的动能定理以及质点系的动能定理。在引入保守力和势能概念后得到的功能原理，以及在一定的条件下得到的机械能守恒定律，主要反映的是功与质点能量之间的关系。另一种是力的时间累积效应，即在力的作用下经历一段时间。质点动力学中力对时间的累积效应称为冲量。冲量与动量之间满足的原理有质点的动量定理、质点系的动量定理，而在一定的条件下，又可得到质点及质点系的动量守恒定律，这些主要反映的是冲量与质点动量之间的关系。

本模块的主要内容包括：质点、参考系和坐标系；位置矢量、位移；速度、加速度；矢量分析；平面曲线运动、圆周运动、相对运动；牛顿运动定律及应用；力学量的单位制和量纲；惯性参考系和非惯性参考系；功、功率；动能、动能定理；势能、保守力和保守场；功能原理、机械能守恒定律；能量转换与守恒定律；冲量、动量、动量定理；动量守恒定律。

1.2.1 质点运动学

1. 质点、参考系、坐标系

（1）**质点**。忽略物体形状、内部结构和大小的一种理想化模型，将物体看作一个有质量的几何点，即为质点。在科学研究中，常根据研究问题的性质，突出主要因素，忽略次要因素，建立理想化模型，质点就是力学中的理想化模型。一个物体能否被看作质点，主要取决于所研究问题的性质。这种模型在大学物理的其他章节中也会遇到，如刚体、单色光、理想气体、点电荷等。

（2）**参考系**。运动是绝对的，而对运动的描述是相对的，为了描写物体的位置和运动而选作参考的物体或物体系称为参考系。运动学中参考系可以任意选取，但在不同参考系中，同一物体的运动情况(如轨迹、位移、速度、加速度等)一般是不相同的。

（3）**坐标系**。为了定量描写物体的位置和运动，需要在参考系上建立坐标系，坐标系是参考系的数学抽象。常用的坐标系有直角坐标系、极坐标系、柱坐标系、球坐标系、自然坐标系。

2. 描写质点位置的常用方法

（1）**位矢法**。用一个矢量确定质点的位置的方法称为位矢法。在参考系中选一固定点作为参考点，某时刻在质点所在位置相对于该参考点作矢量 r，r 称为位置矢量(位置矢径)，简称位矢。

（2）**坐标法(直角坐标系)**。坐标法指建立一个固定在参考系上的三维直角坐标系 $Oxyz$，这样质点的位置就可用直角坐标系中的参量 (x,y,z) 来表示。

（3）**自然坐标法**。自然坐标法指在自然坐标系中描写质点的位置，质点轨迹必须已知。如图 1.1 所示，在轨迹上任选一固定点

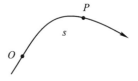

图 1.1

O，称为自然坐标系的原点，并在轨迹上规定正方向，s 称为自然坐标，为代数量，可用来确定质点在轨迹上的位置，其大小为质点相对于 O 点的曲线长度。若 $s>0$，则质点位于相对于坐标原点的正方向位置；反之，若 $s<0$，则质点位于相对于坐标原点的负方向位置。

（4）**平面极坐标法**。如图 1.2 所示，在参考系中质点运动的平面内，取一固定点 O 作为平面极坐标系的原点（也称极点），过 O 作极轴 OO'，则 (r,θ) 称为平面极坐标。其中：r 为质点位置到极点的连线长度，称为极径；θ 为极径与极轴的夹角，称为角坐标，是代数量，若规定从极轴沿逆时针方向 θ 为正，则从极轴沿顺时针方向 θ 为负。显然 (r,θ) 可用来确定质点在平面上的位置。

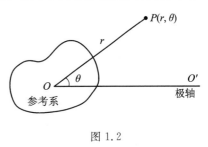

图 1.2

3. 质点的运动学方程

运动学方程是从数学上确定质点位置随时间变化的规律。下面结合四种常用的描写质点位置的方法，给出四种常见的质点运动学方程描述。

（1）位矢法：$\boldsymbol{r}=\boldsymbol{r}(t)$。

（2）坐标法（直角坐标系）：$x=x(t)$，$y=y(t)$，$z=z(t)$。

注意：联立直角坐标系的运动学方程，消去时间 t，即可得到质点的轨迹方程。

（3）自然坐标法：$s=s(t)$。

（4）平面极坐标法：$r=r(t)$，$\theta=\theta(t)$。

运动学方程是本模块的核心内容，已知运动学方程，就可以求得质点的轨迹方程、位移、速度和加速度。

4. 质点的位移、速度、加速度

（1）**位移**：描述质点位置变化的物理量，即从起点到终点的矢量。质点在某一段时间 Δt 内的位移等于同一段时间内位矢的增量，即

$$\Delta \boldsymbol{r}=\boldsymbol{r}(t+\Delta t)-\boldsymbol{r}(t)$$

注意，$\Delta \boldsymbol{r}$、$|\Delta \boldsymbol{r}|$ 与 Δs 的对比如图 1.3 所示。

$\Delta r=\Delta|\boldsymbol{r}|=|\boldsymbol{r}(t+\Delta t)|-|\boldsymbol{r}(t)|$：表示 Δt 内位矢大小的增量；

$|\Delta \boldsymbol{r}|=|\boldsymbol{r}(t+\Delta t)-\boldsymbol{r}(t)|$：表示 Δt 内的位移大小（位矢增量的大小）；

Δs：表示 Δt 内质点经历的路程，其值恒大于零，一般情况下 $\Delta s\neq|\Delta \boldsymbol{r}|$。

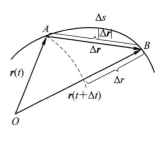

图 1.3

在同一参考系中，$|\Delta \boldsymbol{r}|$ 和 Δs 与参考点无关，$\Delta \boldsymbol{r}$ 与参考点有关。

（2）**速度**：描述位置变化快慢的物理量。

平均速度：$\bar{\boldsymbol{v}}=\dfrac{\Delta \boldsymbol{r}}{\Delta t}$；

平均速率：$\bar{v}=\dfrac{\Delta s}{\Delta t}$；

瞬时速度（速度）：$\boldsymbol{v}=\lim\limits_{\Delta t\to 0}\dfrac{\Delta \boldsymbol{r}}{\Delta t}=\dfrac{\mathrm{d}\boldsymbol{r}}{\mathrm{d}t}$（速度 $\boldsymbol{v}$ 是位矢 $\boldsymbol{r}(t)$ 对时间的一阶导数）；

瞬时速率（速率）：$v=\lim\limits_{\Delta t\to 0}\dfrac{\Delta s}{\Delta t}=\dfrac{\mathrm{d}s}{\mathrm{d}t}$（此处 Δs、$\mathrm{d}s$ 为路程）。

通常意义上所说的速度就是瞬时速度，速度 $\boldsymbol{v}$ 是矢量；速率 v 代表速度的大小，是代数量，恒为正。

一般情况下，$|\bar{\boldsymbol{v}}|\neq\bar{v}$；当 $\Delta t\to 0$ 时，$|\mathrm{d}\boldsymbol{r}|=\mathrm{d}s$，所以 $|\boldsymbol{v}|=v$。

（3）**加速度**：描述速度变化快慢的物理量。Δt 时间内，质点速度的增量为 $\Delta \boldsymbol{v}$，即

$$\Delta \boldsymbol{v}=\boldsymbol{v}(t+\Delta t)-\boldsymbol{v}(t)$$

平均加速度：$\bar{\boldsymbol{a}}=\dfrac{\Delta \boldsymbol{v}}{\Delta t}$；

瞬时加速度：$\boldsymbol{a}=\lim\limits_{\Delta t\to 0}\dfrac{\Delta \boldsymbol{v}}{\Delta t}=\dfrac{\mathrm{d}\boldsymbol{v}}{\mathrm{d}t}=\dfrac{\mathrm{d}^2\boldsymbol{r}}{\mathrm{d}t^2}$。

通常所说的加速度就是瞬时加速度，等于速度 $\boldsymbol{v}(t)$ 对时间的一阶导数，等于位矢 $\boldsymbol{r}(t)$ 对时间的二阶导数。$\boldsymbol{a}$ 是矢量，其大小为 $a=|\boldsymbol{a}|=\left|\dfrac{\mathrm{d}\boldsymbol{v}}{\mathrm{d}t}\right|=\left|\dfrac{\mathrm{d}^2\boldsymbol{r}}{\mathrm{d}t^2}\right|$。

注意，$|\Delta \boldsymbol{v}|$ 与 Δv 的对比如图1.4所示。

$\Delta v=\Delta|\boldsymbol{v}|=|\boldsymbol{v}(t+\Delta t)|-|\boldsymbol{v}(t)|$：表示 Δt 时间内速度大小的增量；

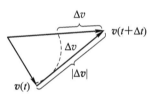

$|\Delta \boldsymbol{v}|=|\boldsymbol{v}(t+\Delta t)-\boldsymbol{v}(t)|$：表示 $\Delta \boldsymbol{v}$ 的大小（速度增量的大小）。

5. 位置矢径、位移、速度、加速度在直角坐标系中的表示

（1）位置矢径在直角坐标系中的表示：

图1.4

$$\boldsymbol{r}=x\boldsymbol{i}+y\boldsymbol{j}+z\boldsymbol{k}, \quad r=|\boldsymbol{r}|=\sqrt{x^2+y^2+z^2}$$

$$x=r\cos\alpha, \quad y=r\cos\beta, \quad z=r\cos\gamma, \quad \cos^2\alpha+\cos^2\beta+\cos^2\gamma=1$$

（2）位移在直角坐标系中的表示：

$$\Delta \boldsymbol{r}=\boldsymbol{r}(t+\Delta t)-\boldsymbol{r}(t)=\Delta x\boldsymbol{i}+\Delta y\boldsymbol{j}+\Delta z\boldsymbol{k}, \quad |\Delta \boldsymbol{r}|=\sqrt{(\Delta x)^2+(\Delta y)^2+(\Delta z)^2}$$

（3）速度在直角坐标系中的表示：

$$\boldsymbol{v}=\dfrac{\mathrm{d}\boldsymbol{r}}{\mathrm{d}t}=\dfrac{\mathrm{d}x}{\mathrm{d}t}\boldsymbol{i}+\dfrac{\mathrm{d}y}{\mathrm{d}t}\boldsymbol{j}+\dfrac{\mathrm{d}z}{\mathrm{d}t}\boldsymbol{k}=v_x\boldsymbol{i}+v_y\boldsymbol{j}+v_z\boldsymbol{k}$$

$$v_x=\dfrac{\mathrm{d}x}{\mathrm{d}t}, \quad v_y=\dfrac{\mathrm{d}y}{\mathrm{d}t}, \quad v_z=\dfrac{\mathrm{d}z}{\mathrm{d}t}$$

$$v=|\boldsymbol{v}|=\sqrt{v_x^2+v_y^2+v_z^2}=\sqrt{\left(\dfrac{\mathrm{d}x}{\mathrm{d}t}\right)^2+\left(\dfrac{\mathrm{d}y}{\mathrm{d}t}\right)^2+\left(\dfrac{\mathrm{d}z}{\mathrm{d}t}\right)^2}$$

（4）加速度在直角坐标系中的表示：

$$\boldsymbol{a}=\dfrac{\mathrm{d}\boldsymbol{v}}{\mathrm{d}t}=\dfrac{\mathrm{d}v_x}{\mathrm{d}t}\boldsymbol{i}+\dfrac{\mathrm{d}v_y}{\mathrm{d}t}\boldsymbol{j}+\dfrac{\mathrm{d}v_z}{\mathrm{d}t}\boldsymbol{k}=a_x\boldsymbol{i}+a_y\boldsymbol{j}+a_z\boldsymbol{k}$$

$$\boldsymbol{a}=\dfrac{\mathrm{d}^2\boldsymbol{r}}{\mathrm{d}t^2}=\dfrac{\mathrm{d}^2x}{\mathrm{d}t^2}\boldsymbol{i}+\dfrac{\mathrm{d}^2y}{\mathrm{d}t^2}\boldsymbol{j}+\dfrac{\mathrm{d}^2z}{\mathrm{d}t^2}\boldsymbol{k}=a_x\boldsymbol{i}+a_y\boldsymbol{j}+a_z\boldsymbol{k}$$

$$a_x = \frac{\mathrm{d}^2 x}{\mathrm{d}t^2} = \frac{\mathrm{d}v_x}{\mathrm{d}t}$$

$$a_y = \frac{\mathrm{d}^2 y}{\mathrm{d}t^2} = \frac{\mathrm{d}v_y}{\mathrm{d}t}$$

$$a_z = \frac{\mathrm{d}^2 z}{\mathrm{d}t^2} = \frac{\mathrm{d}v_z}{\mathrm{d}t}$$

$$a = |\boldsymbol{a}| = \sqrt{a_x^2 + a_y^2 + a_z^2}$$

6. 平面曲线运动的位置、速度、加速度在自然坐标系中的表示

在自然坐标系中可利用单位切向量 $\boldsymbol{\tau}$ 和单位法向量 $\boldsymbol{n}$ 来描写矢量,如图 1.5 所示。单位切向量 $\boldsymbol{\tau}$,长度为 1,沿轨道切线指向质点运动方向;单位法向量 $\boldsymbol{n}$,长度为 1,沿轨道法向指向凹向的一侧。

(1)自然坐标:$s = s(t)$。

(2)速度:$v = \frac{\mathrm{d}s}{\mathrm{d}t}\boldsymbol{\tau}$,其大小由自然坐标 s 对时间的一阶导数决定,方向沿质点所在轨迹的切向。当 $\frac{\mathrm{d}s}{\mathrm{d}t} > 0$ 时,速度与 $\boldsymbol{\tau}$ 同向;当 $\frac{\mathrm{d}s}{\mathrm{d}t} < 0$ 时,速度与 $\boldsymbol{\tau}$ 反向。

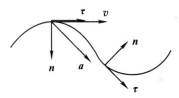

图 1.5

(3)速率:$v = \left| \frac{\mathrm{d}s}{\mathrm{d}t} \right|$。

(4)加速度:$\boldsymbol{a} = a_\tau \boldsymbol{\tau} + a_n \boldsymbol{n} = \frac{\mathrm{d}v}{\mathrm{d}t}\boldsymbol{\tau} + \frac{v^2}{\rho}\boldsymbol{n} = \frac{\mathrm{d}^2 s}{\mathrm{d}t^2}\boldsymbol{\tau} + \frac{v^2}{\rho}\boldsymbol{n}$。

式中,ρ 为曲率半径,它是描写曲线弯曲程度的参量。ρ 越小,曲线越弯曲。若质点在圆形轨道上运动,则各点的曲率半径处处相等,为圆的半径,即 $\rho = R$;若为直线轨迹,则 $\rho = \infty$。

$a_\tau = \frac{\mathrm{d}v}{\mathrm{d}t}$ 为切向加速度,是由速率变化引起的。v 增加,a_τ 沿 $\boldsymbol{\tau}$ 的方向;v 减小,a_τ 与 $-\boldsymbol{\tau}$ 的方向相同。

$a_n = \frac{v^2}{\rho}$ 为法向加速度,是由速度方向变化引起的,方向沿法线指向曲率中心。如果质点作圆周运动,则法向加速度 $a_n = \frac{v^2}{R}$ 的方向指向圆心。

由于切向加速度与法向加速度互相垂直,所以总加速度为

$$a = \sqrt{a_\tau^2 + a_n^2} = \sqrt{\left(\frac{\mathrm{d}v}{\mathrm{d}t}\right)^2 + \left(\frac{v^2}{\rho}\right)^2}, \quad \tan\alpha = \frac{a_n}{a_\tau}$$

总加速度 $\boldsymbol{a}$ 永远指向曲线凹向的一侧。法向加速度、切向加速度和总加速度之间的关系如图 1.6 所示,可以得到:

图 1.6

① 如果质点作直线运动,则 $\rho = \infty$,$a_n = 0$。

② 如果质点作匀速率圆周运动,则 $a_\tau = \frac{\mathrm{d}v}{\mathrm{d}t} = 0$,$\boldsymbol{a} = a_n \boldsymbol{n} = \frac{v^2}{R}\boldsymbol{n}$。

③ 如果质点作一般曲线运动或变速率圆周运动,则 $a_\tau \neq 0$,$a_n \neq 0$。

④ 力学中求曲线轨迹上某点的曲率半径，可通过 $\rho=\dfrac{v^2}{a_n}=\dfrac{v^2}{\sqrt{a^2-a_\tau^2}}$ 来求解。

7. 圆周运动在平面极坐标系中的表示

将平面极坐标系的坐标原点取在圆周运动的圆心，则圆周上各点的极径 r 相等，且为圆的半径，任意时刻质点的位置可由角坐标 θ 完全确定，如图 1.7 所示。当质点在圆周上开始运动时，θ 则为时间的函数。平面极坐标系中圆周运动的角运动参量（简称角量）如下：

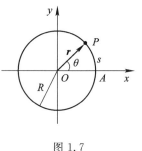

图 1.7

（1）角坐标：$\theta=\theta(t)$（角运动方程）。

（2）角位移：$\Delta\theta=\theta(t+\Delta t)-\theta(t)$。

（3）平均角速度：$\bar{\omega}=\dfrac{\Delta\theta}{\Delta t}$。

（4）瞬时角速度（角速度）：$\omega=\lim\limits_{\Delta t\to0}\dfrac{\Delta\theta}{\Delta t}=\dfrac{\mathrm{d}\theta}{\mathrm{d}t}$，即角速度等于圆周运动角坐标对时间的一阶导数。

（5）平均角加速度：$\bar{\beta}=\dfrac{\Delta\omega}{\Delta t}$。

（6）瞬时角加速度（角加速度）：$\beta=\lim\limits_{\Delta t\to0}\dfrac{\Delta\omega}{\Delta t}=\dfrac{\mathrm{d}\omega}{\mathrm{d}t}=\dfrac{\mathrm{d}^2\theta}{\mathrm{d}t^2}$。角加速度等于圆周运动角速度对时间的一阶导数，也等于角坐标对时间的二阶导数。

圆周运动中的角速度可以看作代数量，正负取决于质点的运动方向；角加速度也可以看作代数量。当质点沿圆周作加速运动时，ω 和 β 同号；当质点沿圆周作减速运动时，ω 和 β 异号；当质点作匀速运动时，ω 为常量，$\beta=0$。

圆周运动角量与线量的关系如下：

$$s=r\theta,\quad \Delta s=r\Delta\theta,\quad v=r\omega$$

$$a_\tau=\frac{\mathrm{d}v}{\mathrm{d}t}=r\frac{\mathrm{d}\omega}{\mathrm{d}t}=r\frac{\mathrm{d}^2\theta}{\mathrm{d}t^2}=r\beta,\quad a_n=\frac{v^2}{r}=\frac{\omega^2 r^2}{r}=\omega^2 r$$

如果质点作匀变速圆周运动（β 为常量），则有：

$$\omega=\omega_0+\beta t,\quad \theta=\theta_0+\omega_0 t+\frac{1}{2}\beta t^2,\quad \omega^2-\omega_0^2=2\beta(\theta-\theta_0)$$

注意与匀变速直线运动的参量进行对比：

$$v=v_0+at,\quad x=x_0+v_0 t+\frac{1}{2}at^2,\quad v^2-v_0^2=2a(x-x_0)$$

8. 相对运动

运动是绝对的，而对运动的描述是相对的。相对运动讨论的是在两个不同参考系中描述同一个物体的运动时，相应各运动参量之间满足的关系。下面主要讨论一个参考系相对于另一个参考系作平动的情况。

取两个相对平动的参考系 S 和 S'，设 S' 相对于 S 作平动的速度为 $\boldsymbol{u}$。下面给出 S 系和 S' 系中位置矢量、速度、加速度的关系。

如图 1.8 所示，位置矢量的关系为

$$\boldsymbol{r} = \boldsymbol{r}' + \boldsymbol{r}_0$$

式中，$\boldsymbol{r}$ 为质点相对于 S 系的位置矢量；$\boldsymbol{r}'$ 为质点相对于 S'系的位置矢量；$\boldsymbol{r}_0$ 为 O' 相对于 O 的位置矢量。

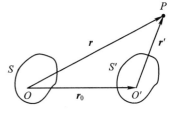

图 1.8

位移的关系为

$$\Delta\boldsymbol{r} = \Delta\boldsymbol{r}' + \Delta\boldsymbol{r}_0$$

如果 $\boldsymbol{u}$ 为常矢量，则位移关系可表示为 $\Delta\boldsymbol{r} = \Delta\boldsymbol{r}' + \boldsymbol{u}\Delta t$。

速度变换关系为 $\boldsymbol{v} = \boldsymbol{v}' + \boldsymbol{u}$。式中，$\boldsymbol{v} = \dfrac{\mathrm{d}\boldsymbol{r}}{\mathrm{d}t}$ 为质点相对于 S 系的速度；$\boldsymbol{v}' = \dfrac{\mathrm{d}\boldsymbol{r}'}{\mathrm{d}t}$ 为质点相对于 S'系的速度；$\boldsymbol{u} = \dfrac{\mathrm{d}\boldsymbol{r}_0}{\mathrm{d}t}$ 为 S' 系相对于 S 系平动的速度。

速度变换可表示为

$$\boldsymbol{v}_{AS} = \boldsymbol{v}_{AS'} + \boldsymbol{v}_{S'S}（质点 A 对 S 的速度等于 A 对 S'的速度加上 S'对 S 的速度）$$

加速度变换关系为

$$\boldsymbol{a} = \boldsymbol{a}' + \boldsymbol{a}_0$$

式中，$\boldsymbol{a} = \dfrac{\mathrm{d}\boldsymbol{v}}{\mathrm{d}t}$ 为质点在 S 系中的加速度；$\boldsymbol{a}' = \dfrac{\mathrm{d}\boldsymbol{v}'}{\mathrm{d}t}$ 为质点在 S' 系中的加速度；$\boldsymbol{a}_0 = \dfrac{\mathrm{d}\boldsymbol{u}}{\mathrm{d}t}$ 为 S' 系相对于 S 系的加速度，即 O'点相对于 O 点的加速度。这样加速度变换也可表示为

$$\boldsymbol{a}_{AS} = \boldsymbol{a}_{AS'} + \boldsymbol{a}_{S'S}$$

如果 S' 相对于 S 作匀速直线运动，则 $\boldsymbol{a}_{S'S} = \boldsymbol{0}$，$\boldsymbol{a}_{AS} = \boldsymbol{a}_{AS'}$。

注意：讨论相对运动问题时，结合矢量图进行分析会极大地简化分析和计算过程。

9. 运动学的两类问题

第一类问题：已知运动学方程，求速度或加速度（微分法）；

第二类问题：已知加速度，求速度或运动学方程（积分法）。

1.2.2 牛顿运动定律

1. 牛顿三大定律

第一定律（惯性定律）　任何质点都保持静止或匀速直线运动状态，直到其他物体对它作用的力迫使它改变这种状态为止。

注意：惯性是指物体保持运动状态不变的特性，任何物体都具有惯性。

力是指物体间的相互作用，是迫使物体运动状态改变的原因。

惯性参考系是指第一定律中的"静止"和"匀速直线运动"相对的参考系。

第二定律　在受到外力作用时，质点所获得的加速度的大小与外力矢量和的大小成正比，与质点的质量成反比，加速度的方向与外力矢量和的方向相同。即有

$$\boldsymbol{F} = m\boldsymbol{a} = m\dfrac{\mathrm{d}\boldsymbol{v}}{\mathrm{d}t}$$

当质点的质量为常量时，则

$$F = \frac{\mathrm{d}(m\boldsymbol{v})}{\mathrm{d}t}$$

说明：（1）$\boldsymbol{F}$ 是质点所受的合外力，是指作用在质点上的所有力的矢量和。

（2）由牛顿第二定律可知，$\boldsymbol{F}$ 相同时，m 大$\Rightarrow\boldsymbol{a}$ 小$\Rightarrow$惯性大；m 小$\Rightarrow\boldsymbol{a}$ 大$\Rightarrow$惯性小。由此可见，质量是物体惯性大小的量度。

（3）第二定律是建立质点动力学微分方程的基础，适用于低速宏观物体的机械运动。

第三定律：两质点之间的作用力和反作用力总是成对出现，大小相等、方向相反、作用在同一条直线上。即

$$\boldsymbol{F}_{12} = \boldsymbol{F}_{21}$$

说明：牛顿运动定律成立的参考系称为惯性参考系，相对于参考系静止或作匀速直线运动的参考系为惯性参考系。相对于参考系有加速度的参考系称为非惯性参考系。

2. 国际单位制和量纲

国际单位制（SI）以长度、质量、时间、电流、热力学温度、物质的量、发光强度这七个最重要的、相互独立的基本物理量单位为基本单位，如表 1.1 所示。

表 1.1

物理量	长度	质量	时间	电流强度	热力学温度	物质的量	发光强度
单位名称	米	千克	秒	安（培）	开（尔文）	摩尔	坎（德拉）
符号	m	kg	s	A	K	mol	cd

量纲是 SI 中基本物理量的组合式。例如，在 SI 中，长度、质量和时间称为基本量，速度、加速度、力等都可以由这些基本物理量根据一定公式导出，因此称为导出量。长度的量纲为 L，质量的量纲为 M，时间的量纲为 T，则速度的量纲为 LT^{-1}，加速度的量纲为 LT^{-2}，力的量纲为 LMT^{-2}，能量的量纲为 L^2MT^{-2}，动量的量纲为 LMT^{-1}。

注意：只有量纲相同的项才能相加（减）或画等号，因此量纲可用于检验算式是否正确。

3. 应用牛顿运动定律求解问题

牛顿运动定律适用于宏观、低速（速度 v 远小于光速 c）运动的物体。

（1）求解问题的一般思路如下：

确定研究对象$\longrightarrow$分析受力$\longrightarrow$画受力图$\longrightarrow$选坐标系$\longrightarrow$列方程求解$\longrightarrow$讨论结果

（2）不同坐标系中牛顿第二定律的表达形式。

直角坐标系：

$$F_x = ma_x = m\frac{\mathrm{d}v_x}{\mathrm{d}t}, \quad F_y = ma_y = m\frac{\mathrm{d}v_y}{\mathrm{d}t}, \quad F_z = ma_z = m\frac{\mathrm{d}v_z}{\mathrm{d}t}$$

自然坐标系：

$$F_\tau = ma_\tau = m\frac{\mathrm{d}v}{\mathrm{d}t}, \quad F_n = ma_n = m\frac{v^2}{\rho}$$

具体分析时需根据问题特点选择合适的坐标系。

（3）利用牛顿运动定律求解的动力学问题分为以下两类。

① 微分问题：已知运动状态，求质点受力。

② 积分问题：已知质点受力，求运动状态。

4. 非惯性系和惯性力

牛顿运动定律在非惯性系中不成立，在非惯性系中为了形式上仍能应用牛顿第二定律而引入的力叫作惯性力。惯性力是在非惯性系中物体受到的一种"力"，它是由非惯性系相对于惯性系的加速运动引起的。惯性力并非物体间的相互作用力，它既没有施力物体，也没有反作用力，因此惯性力又称为虚拟力。在非惯性系中，惯性力可以用弹簧秤等测量出来，加速上升电梯中的人也确实感受到了惯性力的压迫。从惯性系来看，非惯性系中惯性力的效应，是惯性的一种表现形式。

在非惯性系中，$F+F_惯=ma$，式中 F 是实际存在的力，是物体间相互作用的表现；a 为质点在非惯性系中的加速度；$F_惯=-ma'$，式中 a' 为非惯性系相对于惯性系的加速度，惯性力与 a' 的方向相反。

1.2.3　功和能

功是力在空间上的累积效果，能量是描述物体状态的物理量，两者都是标量，功是过程量，能量是状态量。

1. 恒力的功

作用在沿直线运动的质点上的恒力 F，在力作用点的位移 Δr 上所做的功定义为

$$A=|F||\Delta r|\cos\theta \quad (\theta \text{ 为 } F \text{ 与 } \Delta r \text{ 的夹角})$$

根据矢量标积的定义，恒力的功可表示为

$$A=F \cdot \Delta r$$

2. 变力的功

分析变力做功时，可将整个过程划分成很多位移元 $\mathrm{d}r$，每一个位移元上质点所受到的作用力可看成是恒力，力在 $\mathrm{d}r$ 上所做的功记为元功 $\mathrm{d}A$，力在整个过程的总功等于该过程所有元功求和的结果。

元功：$\mathrm{d}A=F \cdot \mathrm{d}r=F\cos\theta \mathrm{d}s$。

功：$A=\int \mathrm{d}A=\int_{a(L)}^{b} F \cdot \mathrm{d}r$。

直角坐标系中功的计算：$A=\int_{a(L)}^{b} F_x \mathrm{d}x+F_y \mathrm{d}y+F_z \mathrm{d}z$。

自然坐标系中功的计算：$A=\int_{a(L)}^{b} F \mathrm{d}s\cos\theta=\int_{a(L)}^{b} F_\tau \mathrm{d}s$。

如果质点同时受几个力 F_1、F_2、$\cdots$、F_n 作用，则合力所做的功等于各个分力做功的代数和。

$$A=A_1+A_2+\cdots+A_n$$

3. 功率

力在单位时间内所做的功称为功率。功率是衡量力做功快慢的物理量。

平均功率：$\bar{P}=\dfrac{\Delta A}{\Delta t}$。

瞬时功率：$P = \dfrac{\mathrm{d}A}{\mathrm{d}t} = \dfrac{\boldsymbol{F} \cdot \mathrm{d}\boldsymbol{r}}{\mathrm{d}t} = \boldsymbol{F} \cdot \boldsymbol{v} = Fv\cos\theta$。

4. 几种常见力的功

保守力：做功与路径无关的力称为保守力，如重力、万有引力、弹簧弹力、静电力等都是常见的保守力。对于闭合路径，保守力做功满足 $\oint_L \boldsymbol{F} \cdot \mathrm{d}\boldsymbol{r} = 0$。

非保守力：做功与路径有关的力称为非保守力，如摩擦力。

重力的功：

$$A = \int_{a(L)}^{b} \boldsymbol{F} \cdot \mathrm{d}\boldsymbol{r} = \int_{z_1}^{z_2} F_z \mathrm{d}z = \int_{z_1}^{z_2} -mg\,\mathrm{d}z = -mg(z_2 - z_1)$$

万有引力的功：

$$A = \int_{a(L)}^{b} \boldsymbol{F} \cdot \mathrm{d}\boldsymbol{r} = \int_{a(L)}^{b} -G\frac{mM}{r^3}\boldsymbol{r} \cdot \mathrm{d}\boldsymbol{r} = \int_{r_a}^{r_b} -G\frac{mM}{r^2}\mathrm{d}r = GmM\left(\frac{1}{r_b} - \frac{1}{r_a}\right)$$

弹簧弹力的功：

$$A = \int_{a(L)}^{b} \boldsymbol{F} \cdot \mathrm{d}\boldsymbol{r} = \int_{x_a}^{x_b} -kx\,\mathrm{d}x = -\frac{1}{2}k(x_b^2 - x_a^2)$$

滑动摩擦力的功：

$$A = \int_{a(L)}^{b} \boldsymbol{F} \cdot \mathrm{d}\boldsymbol{r} = \int_{a(L)}^{b} \mu mg(-1)\mathrm{d}s = -\mu mgs$$

5. 势能

质点在保守力场中某点 M 所具有的势能，是指将物体从该点移动到零势能参考点保守力做的功，即

$$E_p(M) = \int_M^{"0"} F \cdot \mathrm{d}\boldsymbol{r}$$

式中，积分上限"0"表示零势能参考点。

质点在保守力场中任意两点的势能差为

$$E_p(M) - E_p(N) = \int_M^{"0"} \boldsymbol{F} \cdot \mathrm{d}\boldsymbol{r} - \int_N^{"0"} \boldsymbol{F} \cdot \mathrm{d}\boldsymbol{r} = \int_M^{"0"} \boldsymbol{F} \cdot \mathrm{d}\boldsymbol{r} + \int_{"0"}^{N} \boldsymbol{F} \cdot \mathrm{d}\boldsymbol{r} = \int_M^{N} \boldsymbol{F} \cdot \mathrm{d}\boldsymbol{r}$$

势能概念的引入是以质点处于保守力场这一事实为依据的。由于保守力做功只与始、末位置有关，而与中间路径无关，因此，质点在保守力场中任一确定位置，相对选定零势能参考点的势能才是确定的。由于零势能参考点的选取是任意的，因此势能的值总是相对的。对于势能的理解需要明确以下几个方面：

(1) 零势能参考点的选取是任意的。

(2) 势能是质点和保守力场所共有的。

(3) 势能跟参考点的选取有关，势能只具有相对意义。

(4) 同一质点在保守力场中任意两点之间的势能差与参考点的选取无关。

(5) 保守力做功与势能的关系：$A = -\Delta E_p$。保守力做正功，系统的势能减小；保守力做负功，系统的势能增加。

(6) 保守力等于势能梯度的负值：$\boldsymbol{F} = -\nabla E_p = -\left(\dfrac{\partial E_p}{\partial x}\boldsymbol{i} + \dfrac{\partial E_p}{\partial y}\boldsymbol{j} + \dfrac{\partial E_p}{\partial z}\boldsymbol{k}\right)$。

力学中几种常见的势能如下：

万有引力势能：$E_p = \int_r^\infty -G\dfrac{Mm}{r^2}\mathrm{d}r = -G\dfrac{Mm}{r}$（取无穷远处为零势能参考点）。

重力势能：$E_p = \int_z^0 -mg\,\mathrm{d}z = mgz$（取高度为零处为零势能参考点）。

弹性势能：$E_p = \int_x^0 -kx\,\mathrm{d}x = \dfrac{1}{2}kx^2$（取弹簧原长处为零势能参考点）。

6. 动能定理

质点的动能：$E_k = \dfrac{1}{2}mv^2$。

质点系的动能：$E_k = \sum_i \dfrac{1}{2}m_i v_i^2$（质点系中所有质点的动能之和）。

质点的动能定理：$A = E_{k2} - E_{k1} = \dfrac{1}{2}mv_2^2 - \dfrac{1}{2}mv_1^2$。

作用于质点的合外力在某一过程中对质点所做的功，等于质点同一过程始、末两个状态动能的增量。注意："增量"是末状态值减去初状态值，增量可大于零，可小于零，也可等于零。

质点系的动能定理：$A_外 + A_内 = E_{k2} - E_{k1} = \Delta E_k$，式中，$A_外$ 代表作用在质点系中各质点的所有外力做功之和，$A_内$ 代表作用于各质点的内力做功之和。

质点系的动能定理表明：质点系从一个状态运动到另一个状态时动能的增量，等于作用于质点系各质点上的所有力在这一过程做功的总和。

关于动能定理的理解和应用，作以下说明：

（1）动能定理只适用于惯性系。

（2）对于质点系，内力之和为零，但是内力做功之和通常不为零。

（3）应用动能定理解题的一般步骤：

选取研究对象→确定研究对象的运动过程→选取坐标系→分析过程中的受力及各个力做的功→分析始末状态的能量→列方程求解→讨论结果

7. 功能原理及机械能守恒定律

功能原理：系统的内力可分为保守内力与非保守内力，外力做功与非保守内力做功之和等于系统的机械能增量。

$$\mathrm{d}A_外 + \mathrm{d}A_{非保内} = \mathrm{d}E \quad 或 \quad A_外 + A_{非保内} = E_2 - E_1 = \Delta E = \Delta(E_k + E_p)$$

式中，E 为机械能：$E = E_p + E_k$（系统的动能与势能之和）。

功能原理表明保守内力做功与否都不改变系统的机械能。

机械能守恒定律：如果系统仅有保守内力做功，则机械能守恒。

只要满足机械能守恒条件，利用机械能守恒定律求解问题非常简单。对于该定律，需理解以下两个方面：

（1）某个物理量守恒，是指这个物理量必须在整个过程的每时每刻都保持不变（若物理量是矢量，其大小和方向均始终不变），仅始、末状态相等不能称之为守恒。

（2）功能原理和机械能守恒定律适用于惯性参考系。

1.2.4　冲量和动量

冲量是力在时间上的累积效果,动量是描述物体运动状态的物理量,两者均是矢量,冲量是过程量,动量是状态量。

1. 冲量和动量的概念

(1) 力的冲量:$I = \int_{t_1}^{t_2} \boldsymbol{F} \mathrm{d}t$。

① 冲量的大小 $I = |\boldsymbol{I}| = \left|\int_{t_1}^{t_2} \boldsymbol{F} \mathrm{d}t\right| \neq \int_{t_1}^{t_2} F \mathrm{d}t$。

② 合力的冲量等于每个力冲量的矢量和。

③ 如果 $\boldsymbol{F}$ 是恒力,则 $\boldsymbol{I} = \int_{t_1}^{t_2} \boldsymbol{F} \mathrm{d}t = \boldsymbol{F}(t_2 - t_1) = \boldsymbol{F} \Delta t$。

④ 平均冲力:$\boldsymbol{I} = \int_{t_1}^{t_2} \boldsymbol{F} \mathrm{d}t = \overline{\boldsymbol{F}}(t_2 - t_1) = \overline{\boldsymbol{F}} \Delta t$,将 $\overline{\boldsymbol{F}}$ 称为平均冲力。

(2) 质点的动量:$\boldsymbol{P} = m\boldsymbol{v}$。

(3) 质点系的动量:$\boldsymbol{P} = \sum_i m_i \boldsymbol{v}_i$(质点系中所有质点动量的矢量和)。

2. 动量定理

(1) 质点的动量定理。

$$\boldsymbol{F} = \frac{\mathrm{d}(m\boldsymbol{v})}{\mathrm{d}t} = \frac{\mathrm{d}\boldsymbol{P}}{\mathrm{d}t}$$

$$\mathrm{d}\boldsymbol{P} = \boldsymbol{F} \mathrm{d}t \quad (\text{微分形式})$$

说明:$\boldsymbol{F}\mathrm{d}t$ 为合外力的元冲量,质点动量的微分等于合外力的元冲量。

$$\boldsymbol{I} = \int_{t_1}^{t_2} \boldsymbol{F} \mathrm{d}t = m\boldsymbol{v}_2 - m\boldsymbol{v}_1 \quad (\text{积分形式})$$

说明:某段时间内质点动量的增量等于质点所受合外力在该时间段内的冲量。将动量定理投影到直角坐标系的各坐标轴可得:

$$\int_{t_1}^{t_2} F_x \mathrm{d}t = mv_{2x} - mv_{1x}$$

$$\int_{t_1}^{t_2} F_y \mathrm{d}t = mv_{2y} - mv_{1y}$$

$$\int_{t_1}^{t_2} F_z \mathrm{d}t = mv_{2z} - mv_{1z}$$

上式表明:某段时间内,质点动量沿某一方向分量的增量等于同一时间内冲量沿该方向上的分量。

(2) 质点系的动量定理。

$$\mathrm{d}\boldsymbol{P} = \mathrm{d}\left(\sum_i m_i \boldsymbol{v}_i\right) = \sum_i \boldsymbol{F}_i \mathrm{d}t = \boldsymbol{F} \mathrm{d}t \quad (\text{微分形式})$$

说明:质点系动量的微分等于质点系上所有外力元冲量的矢量和。

$$\boldsymbol{P}_2 - \boldsymbol{P}_1 = \sum_i m_i \boldsymbol{v}_{i2} - \sum_i m_i \boldsymbol{v}_{i1} = \int_{t_1}^{t_2} \boldsymbol{F} \mathrm{d}t \quad (\text{积分形式})$$

说明:某段时间内,质点系动量的增量等于质点系所受所有外力在同一时间内冲量的矢量和。

同理,质点系的动量定理也可投影到直角坐标系的各坐标轴上,某段时间内,质点系动量沿某一方向分量的增量,等于同一时间内冲量沿该方向上的分量。

对于动量定理的成立条件以及质点系动量的理解,作以下说明:

(1) 动量定理适用于惯性参考系。

(2) 对于质点系,任意一对内力的矢量和为零,则在相同时间内,一对内力的冲量之和也为零,所以内力可以改变某些质点的动量,但不改变质点系的总动量。质点系动量守恒式中 F 实质上就是质点系所受所有外力的矢量和。

(3) 应用动量定理解题的一般步骤:

选取研究对象→确定质点的运动过程→选取坐标系→分析过程中的受力及各个力的冲量→分析质点始末状态的动量→列方程求解→讨论结果

3. 动量守恒定律

质点动量守恒定律:质点所受合力 $F = 0$,则 $P = mv =$ 常矢量, P 守恒。

质点系动量守恒定律:

$$\sum_i F_i = F = 0, \quad P = \sum_i m_i v_i = 常矢量$$

动量守恒在直角坐标系中的分量形式:

$$F_x = 0 \Rightarrow \left(\sum m_i v_{ix} \right) = P_x = 常量$$

$$F_y = 0 \Rightarrow \left(\sum m_i v_{iy} \right) = P_y = 常量$$

$$F_z = 0 \Rightarrow \left(\sum m_i v_{iz} \right) = P_z = 常量$$

如果 $F \neq 0$,但 F 在某个方向的分量为零,则该方向上动量的分量守恒;或合外力方向恒定,则垂直于合外力方向的动量守恒。

动量守恒定律是自然界中独立于牛顿运动定律的、更普遍适用的定律之一,在有些问题中,牛顿运动定律已不适用,但动量守恒定律仍然适用。关于动量守恒定律的理解和应用需指出以下几个方面:

(1) 动量守恒定律适用于惯性系。

(2) 动量是矢量,动量守恒是指整个过程每时每刻动量的大小、方向都保持不变。

(3) 动量守恒的条件是合外力 $F = 0$,而不是合外力的冲量 $I = \int_{t_1}^{t_2} F \mathrm{d}t = 0$。合外力 $F = 0$ 是动量守恒的充要条件。

(4) 内力可以改变某些质点的动量,但不能改变系统的动量,如果系统仅受内力作用,则系统动量守恒。

(5) 内力远远大于外力且持续时间较短的过程,如爆炸、强烈碰撞等,虽有外力,也可使用动量守恒定律。

(6) 动量守恒在微观世界也成立。

4. 质心运动定理

质心(C):质点系的质量中心,代表质点系整体的运动。

质心和重心是两个不同的概念,重心是物体上各部分所受重力的合力的作用点,而质心是与质点系的质量分布有关的特殊点,与作用在物体上的重力无关。

质心位置的确定:$\boldsymbol{r}_C = \dfrac{\sum\limits_i m_i \boldsymbol{r}_i}{M}$ 或 $\boldsymbol{r}_C = \dfrac{\int \boldsymbol{r}\,\mathrm{d}m}{M}$,式中,$M$ 代表质点系的总质量。

质心速度:$\boldsymbol{v}_C = \dfrac{\mathrm{d}\boldsymbol{r}_C}{\mathrm{d}t} = \dfrac{\sum\limits_i m_i \dfrac{\mathrm{d}\boldsymbol{r}_i}{\mathrm{d}t}}{M} = \dfrac{\sum\limits_i m_i \boldsymbol{v}_i}{M} = \dfrac{\sum\limits_i P_i}{M} = \dfrac{\boldsymbol{P}}{M}$。

质心的动量:$\boldsymbol{P} = \sum\limits_i m_i \boldsymbol{v}_i = M\boldsymbol{v}_C$,该式表明:质点系的动量等于该质点系的质量与质心速度的乘积(简称质心动量)。

质心运动定理:$\boldsymbol{F} = \dfrac{\mathrm{d}\boldsymbol{P}}{\mathrm{d}t} = M\dfrac{\mathrm{d}\boldsymbol{v}_C}{\mathrm{d}t} = M\boldsymbol{a}_C$,即质点系的质量与其质心加速度的乘积等于作用于质点系上的所有外力的矢量和。

质心运动定理表明:质点系中质心的运动,可以看作一个质点的运动,这个质点集中了整个质点系的质量,也集中了质点系所受到的所有外力。质心加速度取决于系统所受的外力,因而内力不改变质心的运动状态。

1.3　例 题 精 析

【例题 1-1】 质点从原点出发,以初速度 v_0 沿 x 轴正向运动,其加速度与速度成正比而反向,即 $a = -kv$,k 为大于零的比例系数。求质点静止后距原点的距离。

【思路解析】 已知加速度规律求位置,是运动学的第二类问题,可用积分方法求解。本题质点从原点出发向 x 轴正向运动,是一维方向的运动,速度和位移沿 x 正向,加速度沿 x 负向,所以运算中矢量符号可去掉,矢量方向用正、负表示。

【计算详解】 由加速度定义,可得

$$a = -kv = \frac{\mathrm{d}v}{\mathrm{d}t}$$

对上式分离变量并进行积分,可得质点的速度方程为

$$\int_{v_0}^{v} \frac{\mathrm{d}v}{v} = \int_0^t -k\,\mathrm{d}t$$

$$\ln\frac{v}{v_0} = -kt, \quad v = v_0 \mathrm{e}^{-kt}$$

根据速度定义,可得

$$v = \frac{\mathrm{d}x}{\mathrm{d}t} = v_0 \mathrm{e}^{-kt}$$

对上式分离变量并进行积分,可得质点的运动学方程为

$$\int_0^x \mathrm{d}x = \int_0^t v_0 \mathrm{e}^{-kt}\,\mathrm{d}t, \quad x = -\frac{v_0}{k}\mathrm{e}^{-kt}\bigg|_0^t$$

$$x = \frac{v_0}{k}(1 - \mathrm{e}^{-kt})$$

将 $t \to \infty$ 代入,即得质点静止时距原点的距离(静止时的坐标)为

$$x = \frac{v_0}{k}$$

【讨论与拓展】　本题是运动学第二类积分法计算问题。首先，准确写出物理量之间的微分关系式，积分运算之前一定要分离变量（将变量分别移到等式的两侧），且变量一定要分离彻底。其次，积分运算时要特别注意积分的上限和下限，下限通常由初始条件确定，上限根据待求量确定。

这道题可换个角度进行分析，物体静止时，速度为零，如果可以求出速度 v 与位置 x 的关系，当 $v=0$ 时，即可求出静止时的 x。

在加速度定义式两边同乘以 $\mathrm{d}x$，可得

$$a\,\mathrm{d}x = \frac{\mathrm{d}v}{\mathrm{d}t}\mathrm{d}x = v\,\mathrm{d}v = -kv\,\mathrm{d}x$$

或者直接对加速度定义式进行变量代换，可得

$$a = \frac{\mathrm{d}v}{\mathrm{d}t} = \frac{\mathrm{d}v}{\mathrm{d}x}\frac{\mathrm{d}x}{\mathrm{d}t} = v\frac{\mathrm{d}v}{\mathrm{d}x}$$

再移项，得

$$a\,\mathrm{d}x = v\,\mathrm{d}v$$

由此得到 v 与 x 的微分关系，积分即可得质点静止时的位置

$$\int_0^x -k\,\mathrm{d}x = \int_{v_0}^0 \mathrm{d}v$$

$$x = \frac{v_0}{k}$$

按照定义，加速度是速度对时间的一阶导数，速度是位置对时间的一阶导数。但有些问题中已知某个量与位置的关系，问题也是求某位置处的待求量，这类问题可将时间参量转化为位置参量来分析，进行变量代换。具体转化的方法如上述问题的处理方式，这在质点力学中也是很常见的一类问题。

【例题 1-2】　分析质点运动学中，$\dfrac{\mathrm{d}\boldsymbol{v}}{\mathrm{d}t}$、$\left|\dfrac{\mathrm{d}\boldsymbol{v}}{\mathrm{d}t}\right|$、$\dfrac{\mathrm{d}v}{\mathrm{d}t}$ 这三个参量的区别与联系。

【解析】　问题的关键要是明确这三个量的含义。

$\dfrac{\mathrm{d}\boldsymbol{v}}{\mathrm{d}t} = \boldsymbol{a}$：总加速度的定义，是一个矢量，代表速度大小和方向的共同变化。

$\left|\dfrac{\mathrm{d}\boldsymbol{v}}{\mathrm{d}t}\right| = |\boldsymbol{a}| = a$：表示总加速度的大小。

$\dfrac{\mathrm{d}v}{\mathrm{d}t} = a_\tau$：切向加速度的定义，代表速度大小（速率）随时间的变化规律，是加速度 $\boldsymbol{a}$ 在切线方向的分量。

在自然坐标系中研究平面曲线运动时，加速度可分解为切向加速度和法向加速度，即 $\boldsymbol{a} = \boldsymbol{a}_\tau + \boldsymbol{a}_n = \dfrac{\mathrm{d}v}{\mathrm{d}t}\boldsymbol{\tau} + \dfrac{v^2}{\rho}\boldsymbol{n}$，其中，切向加速度 $\boldsymbol{a}_\tau$ 代表速度大小的变化规律，法向加速度 $\boldsymbol{a}_n$ 代表速度方向的变化规律，三者大小的关系为 $a = \sqrt{a_\tau^2 + a_n^2}$。法向加速度指向轨迹各处的曲率中心，切向加速度沿切线方向，因此总加速度 $\boldsymbol{a}$ 永远指向曲线凹向的一侧。

【讨论与拓展】 根据质点运动学的性质可定性判定一些问题。

（1）判断曲线运动中质点在某处是加速还是减速。

若 $a_\tau = 0$，匀速率运动；$a_\tau /\!/ v$，加速运动；$a_\tau /\!/ -v$，减速运动。

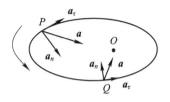

再如，行星绕恒星作逆时针椭圆运动，O 为恒星中心，如图 1.9 所示，则行星在轨迹 P 点和 Q 点是加速还是减速？

图 1.9

行星运动过程可以看作仅受指向恒星中心 O 的万有引力作用，那么加速度 a 也指向 O。将加速度 a 进行切向和法向分解，如图 1.9 所示，P 点处 $a_\tau /\!/ -v$，作减速运动；Q 点处 $a_\tau /\!/ v$，作加速运动。

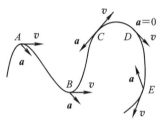

（2）由 $a_n = \dfrac{v^2}{\rho}$ 可知，法向加速度与速率平方成正比，与曲率半径成反比。可以理解为速率一定时，轨道越弯曲，速度方向的改变程度越大，法向加速度越大；轨道形状确定时，速率越大，速度方向随时间改变越快，法向加速度越大。

图 1.10

根据以上特征可定性分析如图 1.10 所示问题：质点沿曲线运动，图中分别画出了 A、B、C、D、E 五点的速度矢量和加速度矢量，请指出各点运动情况有无可能？

判定依据如下，第一，法向加速度与轨道弯曲程度有关，只要某点处的轨迹弯曲，在质点运动的情况下，必有法向加速度；第二，总加速度恒指向曲线凹向的一侧（直线运动例外）。故 A 有可能，并加速；B 没有可能，总加速度应指向凹向一侧；C 没有可能，曲线弯曲，速度不为零，必有法向加速度；D 没有可能，原因与 C 点相同，必有法向加速度，因此加速度 $a \neq 0$；E 有可能，且减速。

【例题 1-3】 已知质点的运动学方程为 $r = 4t^2 i + (2t + 3)j$，式中，r、t 取国际单位制，试求：

（1）质点的轨迹方程；

（2）从 $t = 0$ s 到 $t = 1$ s，质点的位移和平均速度；

（3）质点任意时刻的速度；

（4）从 $t = 1$ s 到 $t = 3$ s 质点的平均加速度；

（5）质点任意时刻的加速度。

【思路解析】 本题已知位矢在直角坐标系中随时间的变化规律（运动学方程），求解轨迹方程、平均速度、速度、平均加速度等，计算中需明确上述物理量的定义，按定义式求解。本题中速度、加速度的求解属于运动学的第一类微分法问题；轨迹方程的求解可利用直角坐标系中的运动学方程，联立消去时间 t，即可得到质点的轨迹方程。

【计算详解】 （1）由 $r = 4t^2 i + (2t + 3)j$ 可以得到质点在直角坐标系中的运动学方程为

$$x = 4t^2$$
$$y = 2t + 3$$

联立以上两式，消去时间 t，可得质点的轨迹方程为

$$x = (y-3)^2 \text{ m}$$

可以看出质点的轨迹是一段抛物线，$x \geqslant 0$，$y \geqslant 3$。

（2）根据位移的定义，$t=0$ s 到 $t=1$ s 时，质点的位移为

$$\Delta \boldsymbol{r} = \boldsymbol{r}_{t=1} - \boldsymbol{r}_{t=0} = (4-0)\boldsymbol{i} + (5-3)\boldsymbol{j} = 4\boldsymbol{i} + 2\boldsymbol{j} \text{ m}$$

由平均速度定义可知，$t=0$ s 到 $t=1$ s 时，质点的平均速度为

$$\bar{\boldsymbol{v}} = \frac{\Delta \boldsymbol{r}}{\Delta t} = \frac{4\boldsymbol{i} + 2\boldsymbol{j}}{1-0} = 4\boldsymbol{i} + 2\boldsymbol{j} \text{ m/s}$$

（3）因为速度是位置矢量对时间的一阶导数，所以任意时刻质点的速度为

$$\boldsymbol{v} = \frac{\mathrm{d}\boldsymbol{r}}{\mathrm{d}t} = 8t\boldsymbol{i} + 2\boldsymbol{j} \text{ m/s}$$

（4）由速度方程可知 $t=1$ s 到 $t=3$ s 时，质点的速度分别为

$$\boldsymbol{v}_{t=1} = 8\boldsymbol{i} + 2\boldsymbol{j}$$
$$\boldsymbol{v}_{t=3} = 24\boldsymbol{i} + 2\boldsymbol{j}$$

根据平均加速度的定义可得 $t=1$ s 到 $t=3$ s 时，质点的平均加速度为

$$\bar{\boldsymbol{a}} = \frac{\Delta \boldsymbol{v}}{\Delta t} = \frac{\boldsymbol{v}_{t=3} - \boldsymbol{v}_{t=1}}{3-1} = 8\boldsymbol{i} \text{ m/s}^2$$

（5）加速度是速度对时间的一阶导数，所以任意时刻的加速度为

$$a = \frac{\mathrm{d}\boldsymbol{v}}{\mathrm{d}t} = 8\boldsymbol{i} \text{ m/s}^2$$

【讨论与拓展】　本题重在理解各运动参量的定义，熟练掌握运动参量间的关系，运用运动学第一类问题的微分法计算。涉及求解轨迹的问题，尝试给出直角坐标系的运动学方程，然后联立方程消去时间 t，即可得到轨迹方程。本题的加速度为常矢量，由此可判断质点的轨迹为抛物线，并且可以预测质点所受合外力沿 x 轴正方向。

【例题 1-4】　一小球以 v_0 的速率水平抛射，如图 1.11 所示，试求 t 时刻质点加速度的切向分量和法向分量，并求出曲率半径。

【思路解析】　根据运动学规律求曲线的曲率半径，可利用法向加速度定义式 $a_n = \dfrac{v^2}{\rho}$ 分析。根据这个关系式求解 ρ，需要知道 t 时刻小球所在处的速率和法向加速度。首先，建立坐标，如图 1.11 所示。然后，给出某时刻小球在直角坐标系中的运动学方程，求导即可得到速度方程，从而求出小球的速

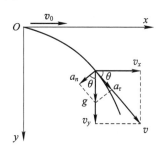

图 1.11

率。接着，根据切向加速度定义式 $a_\tau = \dfrac{\mathrm{d}v}{\mathrm{d}t}$，求出切向加速度。抛体运动中各处的加速度 $\boldsymbol{a} = \boldsymbol{g}$，最后根据 $a = \sqrt{a_\tau^2 + a_n^2}$ 即可求出法向加速度，进而求出曲率半径。本题是运动学第一类微分法问题，分析过程综合运用了直角坐标系和自然坐标系运动参量的特点。

【计算详解】　小球作平抛运动，其直角坐标系中的运动学方程为

$$x = v_0 t$$
$$y = \frac{1}{2}gt^2$$

分别对时间求导可得直角坐标系中的速度为

$$v_x = \frac{\mathrm{d}x}{\mathrm{d}t} = \frac{\mathrm{d}}{\mathrm{d}t}(v_0 t) = v_0$$

$$v_y = \frac{\mathrm{d}y}{\mathrm{d}t} = \frac{\mathrm{d}}{\mathrm{d}t}\left(\frac{1}{2}g t^2\right) = g t$$

因此小球在 t 时刻的速率为

$$v = \sqrt{v_x^2 + v_y^2} = \sqrt{v_0^2 + g^2 t^2}$$

如图 1.11 所示，t 时刻速度方向用 θ 表示，有

$$\theta = \arctan\frac{v_y}{v_x} = \arctan\frac{g t}{v_0}$$

结合平面曲线运动在自然坐标系中的描述，将小球在某处的加速度 $\boldsymbol{a}$ 分解为切向加速度 a_τ 和法向加速度 a_n，见图 1.11。

$$a_\tau = \frac{\mathrm{d}v}{\mathrm{d}t} = \frac{\mathrm{d}}{\mathrm{d}t}\sqrt{v_0^2 + g^2 t^2} = \frac{g^2 t}{\sqrt{v_0^2 + g^2 t^2}}$$

又由于小球作抛体运动，所以 $\boldsymbol{a} = \boldsymbol{g}$，因此有

$$a_n = \sqrt{g^2 - a_\tau^2} = \frac{g v_0}{\sqrt{v_0^2 + g^2 t^2}}$$

则曲率半径为

$$\rho = \frac{v^2}{a_n} = \frac{(v_0^2 + g^2 t^2)^{3/2}}{g v_0}$$

【讨论与拓展】 本题是抛体运动，加速度恒为重力加速度 $\boldsymbol{g}$，我们非常熟悉其在直角坐标系中的运动规律。本题要求的法向加速度和切向加速度是自然坐标系中的参量，所以结合小球的实际运动情况和示意图，综合运用直角坐标系和自然坐标系进行分析，既直观又简单。

【例题 1-5】 质点在水平面内沿半径为 $R = 1$ m 的圆形轨道转动，转动的角速度 ω 与时间 t 的函数关系为 $\omega = k t^2$（k 为常量）。已知 $t = 2$ s 时，质点的速率为 16 m/s。试求：

(1) $t = 1$ s 时，质点的速度与加速度的大小；

(2) $t = 1$ s 时，质点转过的角度及路程。

【思路解析】 本题已知平面圆周运动角速度，求速度和加速度，是运动学第一类微分法问题与角线量关系的结合；求角度是运动学第二类积分法问题。本题已知角速度与时间平方成正比，可预判质点作变加速圆周运动。

【计算详解】 (1) 由圆周运动速度与角速度关系 $v = \omega R$，又因为 $v_{t=2} = 16$，根据 $\omega = k t^2$ 可得

$$k \cdot 2^2 \times 1 = 16, \quad k = 4$$

因此角速度和速度方程分别为

$$\omega = 4 t^2, \quad v = 4 t^2$$

根据角加速度定义可知

$$\beta = \frac{\mathrm{d}\omega}{\mathrm{d}t} = 8 t$$

由角线量关系可得，切向加速度和法向加速度分别为

$$a_\tau = R\beta = 8t$$
$$a_n = R\omega^2 = 16t^4$$

$t = 1$ s 时，有

$$v = 4 \text{ m/s}, \ a_\tau = 8 \text{ m/s}^2, \ a_n = 16 \text{ m/s}^2$$

则速度和加速度的矢量形式可表示为

$$\boldsymbol{v} = 4\boldsymbol{\tau} \text{ m/s}$$
$$\boldsymbol{a} = 8\boldsymbol{\tau} + 16\boldsymbol{n} \text{ m/s}^2$$

（2）根据角速度定义，有

$$\omega = \frac{\mathrm{d}\theta}{\mathrm{d}t} = 4t^2$$

分离变量并进行积分，得

$$\int_0^\theta \mathrm{d}\theta = \int_0^t 4t^2 \mathrm{d}t$$

因此 $t = 1$ s 时，质点所转过的角度和路程为

$$\theta = \left. \frac{4t^3}{3} \right|_{t=1} = \frac{4}{3} \text{ rad}$$

$$s = R\theta = \frac{4}{3} \text{ m}$$

【讨论与拓展】　在平面极坐标系中分析圆周运动，无论是积分问题还是微分问题，都需熟练掌握各角量之间的定义关系，关于线量的求解还需要熟悉角量与线量的关系。

【例题 1-6】　一架飞机在速率为 150 km/h 的西风中飞行，机头指向正北，相对于气流的航速为 750 km/h。飞机上的雷达员在荧屏上发现一目标正相对于飞机从东北方向以 950 km/h 的速率逼近飞机，求目标相对于地面的速度。

【思路解析】　本题研究对象有两个：一个是飞机，一个是目标。已知飞机相对于气流的航速，首先得求出飞机相对于地面的速度，这样才能得到目标相对于地面的速度。本题对飞机和目标分别利用速度变换定理进行分析，分两步讨论。

第一步，设 $\boldsymbol{v}_1$ 为飞机相对于地面的速度，$\boldsymbol{v}_1'$ 为飞机相对于气流的速度；第二步，设 $\boldsymbol{v}_2$ 为目标相对于地面的速度，$\boldsymbol{v}_2'$ 为目标相对于飞机的速度，$\boldsymbol{u}$ 为气流的速度，根据题意知本题要求解的量是 $\boldsymbol{v}_2$。

如图 1.12 所示，建立坐标系，竖直向上为正北方，水平向右为正东方。

【计算详解】　（1）先以飞机作为研究对象，分析飞机相对于地面的速度 $\boldsymbol{v}_1$。

根据速度变换可知：飞机相对于地面的速度等于飞机相对于气流的速度加上气流相对于地面的速度，即

$$\boldsymbol{v}_{机地} = \boldsymbol{v}_{机气} + \boldsymbol{v}_{气地}$$

也即

$$\boldsymbol{v}_1 = \boldsymbol{v}_1' + \boldsymbol{u}$$

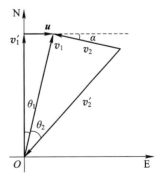

图 1.12

因为 $v'_1 \perp u$，见图 1.12，所以有

$$v_1 = \sqrt{v'^2_1 + u^2} = \sqrt{(750)^2 + (150)^2} = 765 \text{ km/h}$$

$$\theta_1 = \arctan\frac{u}{v'_1} = \arctan\frac{150}{750} = 11.3°$$

即飞机相对于地面的航速为 765 km/h，方向为北偏东 11.3°。

（2）再以目标作为研究对象，分析目标对地面的速度 v_2。

根据速度变换定理 $v_{目地} = v_{目机} + v_{机地}$，可知

$$v_2 = v'_2 + v_1$$

结合图 1.12，由余弦定理分析可得目标相对于地面速度的大小为

$$v_2 = \sqrt{v'^2_2 + v^2_1 - 2v'_2 v_1 \cos\theta_2}$$
$$= \sqrt{(950)^2 + (765)^2 - 2 \times 950 \times 765 \times \cos(45° - 11.3°)}$$
$$= 527 \text{ km/h}$$

用图 1.12 中的角 α 表示目标相对于地面速度的方向，可得

$$\alpha = \arctan\frac{v'_1 - v'_2 \sin45°}{v'_2 \cos45° - u} = \arctan\frac{750 - 950\sin45°}{950\cos45° - 150} = 8.5°$$

即目标相对于地面的速率为 527 km/h，方向沿西偏北 8.5°。

【讨论与拓展】　根据以上讨论可知，分析相对运动问题需把握四个步骤：（1）确定研究对象；（2）确定两个参考系；（3）分析已知量和待求量分别是哪个参考系中的哪个物理量；（4）根据相对运动的变换关系，结合矢量图进行分析，可简化计算。掌握这四步将使得相对运动问题的分析更有条理，不容易出错。

【例题 1-7】　质量为 m 的质点在 $x-y$ 平面上运动，其位置矢量为 $r = a\cos\omega t i + b\sin\omega t j$，分析质点的轨迹及受力情况。

【思路解析】　质点在平面上运动，已知位置矢径在直角坐标系中的运动学方程，求轨迹，则对直角坐标系中的运动学方程消去时间 t 即可得到；求受力，是动力学第一类微分法问题，首先运动学方程对时间求一阶导数得到速度，速度再对时间求一阶导数则可得到加速度，最后根据牛顿第二定律即可求得质点的受力。

【计算详解】　由题意可知，质点在直角坐标系中的运动学方程为

$$x = a\cos\omega t$$
$$y = b\sin\omega t$$

联立以上两式，消去时间 t，可得质点的轨迹方程为

$$\frac{x^2}{a^2} + \frac{y^2}{b^2} = 1 \quad (椭圆运动)$$

根据速度的定义，可得质点的速度方程为

$$v = \frac{dr}{dt} = -\omega a\sin\omega t i + \omega b\cos\omega t j$$

根据加速度定义，可得质点的加速度方程为

$$a = \frac{dv}{dt} = -\omega^2 a\cos\omega t i + \omega^2 b\sin\omega t j = -\omega^2 r$$

根据牛顿第二定律，质点所受合外力为

$$F = ma = -m\omega^2 r$$

【讨论与拓展】 本题中质点位置矢量 r 的方向是由坐标点指向质点的位置，因此质点的受力方向和加速度方向均指向坐标原点，与各处位置矢量方向反向。本题是牛顿运动定律动力学在直角坐标系中的第一类问题，用微分方法求解，需熟练掌握各物理量之间的关系，通常第一类微分问题的计算都相对简单些。

【例题 1-8】 以初速度 v_0 从地面竖直向上抛出一个质量为 m 的小球，小球除受重力外，还受一个大小为 kmv^2 的阻力（k 为大于零的常数，v 为小球运动速度的大小），求当小球回到地面时，速度的大小。

【思路解析】 本题研究对象为小球，小球竖直向上抛出后，将受到向下的重力 mg 和阻力 kmv^2 作用。取地面为坐标原点，竖直向上为 y 轴正方向。重力大小恒定，方向始终竖直向下，指向 y 负方向；但阻力大小随速率不断变化，方向在小球上升阶段沿 y 轴负向，在小球下降阶段沿 y 轴正向，因此本题分为小球上升和下降两个阶段讨论。本题已知小球受力情况，求运动速度，是牛顿运动定律动力学的第二类问题，利用积分法计算。

【计算详解】 （1）小球上抛阶段：重力与阻力方向均竖直向下，根据牛顿第二定律有

$$-mg - kmv^2 = m\frac{dv}{dt}$$

对加速度进行变量代换，有

$$\frac{dv}{dt} = \frac{dy}{dt}\frac{dv}{dy} = v\frac{dv}{dy}$$

将上式代入牛顿第二定律方程，分离变量后可得

$$-\frac{mvdv}{mg + kmv^2} = dy$$

由题意知，小球位于地面 $y=0$ 时，速度大小为 $v=v_0$，设小球向上的最大高度为 h，则当 $y=h$ 时，$v=0$，于是对上式积分，有

$$\int_{v_0}^{0} -\frac{mvdv}{mg + kmv^2} = \int_{0}^{h}dy$$

则小球自地面上抛后，到达的最大高度为

$$h = \frac{1}{2k}\ln\frac{mg + kmv_0^2}{mg} = \frac{1}{2k}\ln\frac{g + kv_0^2}{g}$$

（2）小球下落阶段：受到向下的重力和向上的阻力，根据牛顿第二定律有

$$-mg + kmv^2 = m\frac{dv}{dt}$$

将变量代换 $\frac{dv}{dt} = \frac{dy}{dt}\frac{dv}{dy} = v\frac{dv}{dy}$ 代入上式，有

$$-mg + kmv^2 = mv\frac{dv}{dy}$$

分离变量后可得

$$-\frac{mvdv}{mg - kmv^2} = dy$$

由题意及以上分析可知，下落过程的初始状态为：当 $y=h$ 时，$v=0$；下落过程的末状

态为小球回到地面，即 $y=0$，设此时速度大小为 v_1。对上式积分，有

$$\int_0^{-v_1} -\frac{mv\mathrm{d}v}{mg-kmv^2} = \int_h^0 \mathrm{d}y$$

将 $h=\dfrac{1}{2k}\ln\dfrac{g+kv_0^2}{g}$ 代入上式，有

$$\frac{1}{2k}\ln\frac{g+kv_0^2}{g} = \frac{1}{2k}\ln\frac{mg}{mg-kmv_1^2}$$

化简计算可得，小球落地时的速度大小为

$$v_1 = \frac{v_0\sqrt{g}}{\sqrt{kv_0^2+g}}$$

【讨论与拓展】　本题中小球的重力为恒力，阻力是变力，因此是一道变力作用的牛顿定律应用问题，求解时必须用积分的方法处理。本题中的参变量取位置 h，因此计算过程用到了变量代换，这是此类问题需熟练掌握的规律。因阻力的方向始终与物体的运动方向相反，分析时应将小球的上抛运动和下落运动分开讨论。本题两个阶段的求解过程均体现了应用牛顿运动定律分析问题的一般思路：确定研究对象→分析受力→选坐标系→讨论力的方向→列方程求解→计算并讨论结果。这样的分析思路条例清晰，也体现了牛顿运动定律求解问题的特点，即通过分析受力列力学方程，从而掌握运动过程的细节规律。

【例题 1-9】　有一质量为 m 的质点和长为 l、质量为 M 的均质细杆，求细杆与质点间的万有引力。分以下两种情况计算：

（1）质点 m 在细杆的延长线上，与细杆近端距离为 r，分别选图 1.13(a)和图 1.13(b)所示的两种坐标系进行计算。

（2）质点 m 在细杆的中垂线上且到细杆的距离为 a，如图 1.13(c)所示。万有引力常数用 G 表示。

（本题计算会用到 $\displaystyle\int (a^2+x^2)^{-\frac{3}{2}}\mathrm{d}x = \int \frac{1}{\sqrt{(a^2+x^2)^3}}\mathrm{d}x = \frac{x}{a^2\sqrt{a^2+x^2}}+c$ ）

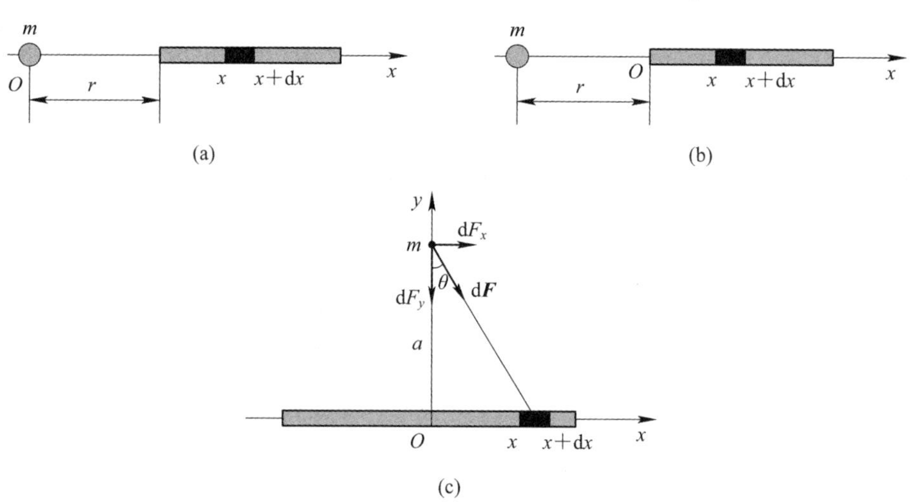

(a)　　　　　　　　　　　(b)

(c)

图 1.13

【思路解析】　质量为 m_1 和 m_2，间距为 r 的两质点之间的万有引力大小为 $F = Gm_1m_2/r^2$，方向沿两者的连线。本题要求解的是细杆与质点间的万有引力，细杆不可以看成质点，所以分析的思想就是将细杆划分成很多长为 $\mathrm{d}x$ 的微元，其质量为 $\mathrm{d}m = \dfrac{M}{l}\mathrm{d}x$，则 $\mathrm{d}m$ 与质点 m 间的万有引力可用引力公式求解。根据力的叠加原理将细杆上所有 $\mathrm{d}m$ 与 m 的万有引力求和，即可得到细杆与质点间的引力。力是矢量，叠加时一定要注意分析力的方向。

【计算详解】　下面计算以质点 m 作为研究对象，分析 m 受到细杆的万有引力，根据作用力与反作用力可知，细杆与 m 之间的万有引力大小相同、方向相反。

（1）如图 1.13(a) 所示的坐标系，将细杆划分成很多质点，在坐标 x 处取质点 $\mathrm{d}m$，其对质点 m 的万有引力大小为

$$\mathrm{d}F = \frac{Gm\,\mathrm{d}m}{x^2} = \frac{GMm}{l}\frac{\mathrm{d}x}{x^2}$$

$\mathrm{d}m$ 对 m 的万有引力方向沿 x 正方向，可知细杆上所有 $\mathrm{d}m$ 对 m 的万有引力方向一致，均沿 x 正方向，所以细杆对质点 m 的万有引力大小为

$$F = \int \mathrm{d}F = \int_r^{r+l} \frac{GMm}{l}\frac{\mathrm{d}x}{x^2} = G\frac{Mm}{r(l+r)}$$

根据作用力和反作用力规律可知，质点 m 对细杆的万有引力沿 x 负方向。

若坐标系如图 1.13(b) 所示，求解方法与上面类似，因为坐标原点在细杆左端点处，所以 x 处的 $\mathrm{d}m$ 与 m 之间的距离为 $(x+r)$，其次就是积分的上、下限变了。细杆上所有 $\mathrm{d}m$ 对 m 的万有引力方向依然相同，均沿 x 正向，根据力的叠加原理可得细杆对质点之间的万有引力大小为

$$F = \int \mathrm{d}F = \int_0^l \frac{GMm}{l}\frac{\mathrm{d}x}{(x+r)^2} = G\frac{Mm}{r(l+r)}$$

方向与第一种情况的判定完全相同。

（2）如果质点 m 与细杆如图 1.13(c) 所示放置，建立坐标系。在坐标为 x 的位置处取细杆上的质量元 $\mathrm{d}m$，其对质点 m 的万有引力 $\mathrm{d}\boldsymbol{F}$ 的方向沿两者连线指向 $\mathrm{d}m$，$\mathrm{d}\boldsymbol{F}$ 大小为

$$\mathrm{d}F = \frac{GMm}{l}\frac{\mathrm{d}x}{x^2+a^2}$$

显然，细杆上不同的 $\mathrm{d}m$ 对 m 的万有引力方向并不一致，因此将 $\mathrm{d}\boldsymbol{F}$ 分解为 $\mathrm{d}F_x$ 和 $\mathrm{d}F_y$，对两个方向的分力分别积分。

根据对称性可知

$$F_x = \int \mathrm{d}F_x = 0$$

设 $\mathrm{d}\boldsymbol{F}$ 与 y 轴负向夹角为 θ，则

$$\mathrm{d}F_y = -\mathrm{d}F\cos\theta = -G\frac{Mm}{l}\frac{\mathrm{d}x}{x^2+a^2}\cos\theta$$

将 $\cos\theta = \dfrac{a}{\sqrt{x^2+a^2}}$ 代入上式，将变量统一为 x，可得

$$dF_y = -dF\cos\theta = -G\frac{Mm}{l}\frac{a\,dx}{(x^2+a^2)^{3/2}}$$

对上式进行积分，有

$$F_y = \int dF_y = -G\frac{Mma}{l}\int_{-l/2}^{l/2}\frac{dx}{(x^2+a^2)^{3/2}}$$

根据 $\int (a^2+x^2)^{-\frac{3}{2}}\,dx = \int \frac{1}{\sqrt{(a^2+x^2)^3}}\,dx = \frac{x}{a^2\sqrt{a^2+x^2}}+c$，可得

$$F = F_y = -\frac{2GMma}{l}\frac{l}{a^2\sqrt{l^2+4a^2}} = -\frac{2GMm}{a\sqrt{l^2+4a^2}}$$

式中，负号代表万有引力的方向沿 y 轴负方向，可知 m 对细杆的万有引力沿 y 轴正方向。

【讨论与拓展】 （1）本题计算万有引力，因细杆并非质点，所以将其划分成很多微元，这样就可以用万有引力公式进行积分。这种积分解决问题的思想在力学中很常见，也很重要，一定要熟练掌握。在电磁学中也会见到很多类似的问题，比如求有限长均匀带电直线与点电荷之间的作用力，其与力学中的不同之处在于电学中是利用点电荷的库仑定律进行积分。（2）图 1.13(a) 和 (b) 的区别是坐标系的选取不同，从计算结果可以看出，两个物体的相对位置确定时，坐标系不同，不影响万有引力的大小。（3）本题涉及力的叠加原理，力是矢量，叠加时需注意方向，方向不一致时需借助坐标系对其进行分解，然后对不同方向上的分量分别求和，如对图 1.13(c) 的分析。

【例题 1-10】 质量为 M 的圆环用线悬挂着，将两个质量均为 m 的有孔小珠套在细圆环上，且可以在环上作无摩擦地滑动，如图 1.14(a) 所示。现同时将两个小珠从环的顶部由静止释放，并沿相反方向自由滑下。证明：当 $m \geq \frac{3}{2}M$ 时，圆环将升起，并求圆环开始上升时两小珠的夹角值。

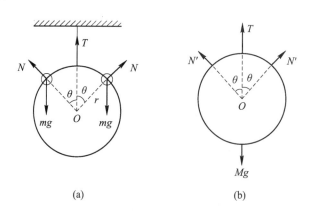

图 1.14

【思路解析】 本题分别以小珠和圆环作为研究对象展开讨论。

（1）取两个小珠为研究对象，它们受重力 mg 作用，还受大环对它的约束力 N 作用，N 的方向沿法向如图 1.14(a) 所示，有两种可能性（背离圆心 O 和指向圆心 O）。

（2）以圆环作为研究对象，它受到三个力的作用，分别为自身竖直向下的重力 Mg、绳子给予的竖直向上的拉力 T、小珠所给的反作用力 N'，N' 沿法线有两种可能性。根据作用

力和反作用力可知 $N'=-N$。根据题意欲使圆环升起，则 N' 需沿半径向外，如图 1.14(b)所示。

【计算详解】（1）取小球作为研究对象，设 N 沿半径向外的法线方向，设圆环半径为 r，小珠沿圆环下落的速度为 v，根据牛顿第二定律可得

$$mg\cos\theta - N = m\frac{v^2}{r}$$

取上式在切线方向的分量式，切向加速度为重力加速度在切线方向的分量 $a_\tau = g\sin\theta$，再进行变量代换，则有

$$mg\sin\theta = ma_\tau = m\frac{\mathrm{d}v}{\mathrm{d}t} = m\frac{\mathrm{d}v}{\mathrm{d}\theta}\frac{\mathrm{d}\theta}{\mathrm{d}t} = m\omega\frac{\mathrm{d}v}{\mathrm{d}\theta}$$

式中，ω 为小珠相对于圆环中心的角速度，化简以上关系式，可得

$$g\sin\theta\mathrm{d}\theta = \omega\mathrm{d}v$$

上式两边同乘以圆环半径 r，可得

$$gr\sin\theta\mathrm{d}\theta = v\mathrm{d}v$$

由题意知 $\theta=0$ 时，$v=0$，对上式积分有

$$\int_0^\theta gr\sin\theta\mathrm{d}\theta = \int_0^v v\mathrm{d}v$$

$$\frac{1}{2}v^2 = rg(1-\cos\theta)$$

将上式代入 $mg\cos\theta - N = m\dfrac{v^2}{r}$，可得

$$N = 3mg\left(\cos\theta - \frac{2}{3}\right)$$

由上式可以看出：当 $\cos\theta > \dfrac{2}{3}$ 时，N 沿半径向外；当 $\cos\theta < \dfrac{2}{3}$ 时，N 沿半径向内；当 $\cos\theta = \dfrac{2}{3}$ 时，N 为零。

（2）以圆环作为研究对象，若要使圆环升起，则 N' 需沿半径向外，如图 1.14(b)所示，而圆环给小珠的力必须沿半径向内，所以取 $\cos\theta < \dfrac{2}{3}$。

对于圆环，根据牛顿第二定律有

$$T + 2N'\cos\theta - Mg = Ma$$

圆环上升时的临界条件是 $T=0$，$a\geqslant 0$，将 $T=0$，$a=0$ 代入上式可得

$$2N'\cos\theta = Mg$$

因为 $N'=-N$，所以

$$-6mg\left(\cos\theta - \frac{2}{3}\right)\cos\theta = Mg$$

计算可得

$$6m\cos^2\theta - 4m\cos\theta + M = 0$$

$$\cos\theta = \frac{1}{3} \pm \sqrt{\frac{1}{9} - \frac{M}{6m}}$$

所以圆环将要升起时，圆环质量和小珠质量满足

$$m \geqslant \frac{3}{2}M$$

$$\cos\theta = \frac{1}{3} + \sqrt{\frac{1}{9} - \frac{M}{6m}} < \frac{2}{3}$$

从而得到

$$\theta_1 = \arccos\left(\frac{1}{3} + \sqrt{\frac{1}{9} - \frac{M}{6m}}\right)$$

设圆环上升时两小珠的夹角为 α，则

$$\alpha = 2\theta_1 = 2\arccos\left(\frac{1}{3} + \sqrt{\frac{1}{9} - \frac{M}{6m}}\right)$$

【讨论与拓展】　（1）本题计算 θ 时，根据 $\cos\theta = \frac{1}{3} \pm \sqrt{\frac{1}{9} - \frac{M}{6m}}$，应该有两个可能的角度，为什么不取 $\theta_2 = \arccos\left(\frac{1}{3} - \sqrt{\frac{1}{9} - \frac{M}{6m}}\right)$？可以看出 $\theta_2 > \theta_1$，在 θ 还未达到 θ_2 时，圆环已经向上运动了，而题目所要求的是大环开始上升时两小珠间的夹角。

（2）本题分别以小珠和圆环为研究对象讨论时，都遵循着相同的分析思路：确定研究对象→分析受力→画受力图→选坐标系（自然坐标系）→列方程求解→讨论结果。本题将小珠和圆环分开讨论，更容易掌握两者的受力规律。

（3）在自然坐标系下，应用牛顿运动定律解此题时，又一次用到了变量代换，可以看出变量代换在这类问题中的重要性，最后通过积分可求出小珠向下滑的过程中速度 v 和 θ 角的关系，由此可给出当圆环将升起时，θ 角所满足的关系式。解此题时应注意，要使大环升起，大环受小环的力必须是沿半径向外。

（4）本题小珠下落过程中，将小珠、圆环和地球看成一个系统，则系统的机械能守恒，有

$$mg\cos\theta - N = m\frac{v^2}{r}$$

$$\frac{1}{2}mv^2 = mgr(1 - \cos\theta)$$

机械能守恒与牛顿定律相结合即可求出 N，这种方法避免了积分运算。

【例题 1-11】　有一质量为 10 kg 的质点，在外力作用下作平面曲线运动，在 x-y 坐标系中该质点的速度为 $\boldsymbol{v} = 5t^2\boldsymbol{i} + 12\boldsymbol{j}$ m/s，开始时质点位于坐标原点。求质点从 $y = 12$ m 运动到 $y = 24$ m 的过程中，外力做的功。

【思路分析】　从质点的速度可以预判质点受到的是变化的力，如果根据功的定义求解，变力做功需用积分方法求解。本题已知直角坐标系的速度，可利用直角坐标系中功的求解方法，即 $A = \int F_x\,\mathrm{d}x + \int F_y\,\mathrm{d}y$。

【计算详解】　根据直角坐标系中速度的定义，可知

$$v_x = \frac{\mathrm{d}x}{\mathrm{d}t} = 5t^2, \quad v_y = \frac{\mathrm{d}y}{\mathrm{d}t} = 12$$

由此可得

$$\mathrm{d}x = 5t^2\mathrm{d}t, \quad \mathrm{d}y = 12\mathrm{d}t$$

则 $t=0$ 时，$x=0$，$y=0$。对 $\mathrm{d}y = 12\mathrm{d}t$ 积分可得

$$\int_0^y \mathrm{d}y = \int_0^t 12\mathrm{d}t, \quad y = 12t$$

所以 $y=12$ 时，$t=1$；$y=24$ 时，$t=2$。

直角坐标系中质点的受力可表示为

$$F_x = m\frac{\mathrm{d}v_x}{\mathrm{d}t} = 100t, \quad F_y = m\frac{\mathrm{d}v_y}{\mathrm{d}t} = 0$$

则功可以表示为

$$A = \int F_x \mathrm{d}x + \int F_y \mathrm{d}y = \int_1^2 500t^3 \mathrm{d}t = 1875 \text{ J}$$

【讨论与拓展】 上述分析是根据力做功的定义来求解的，这样计算可熟悉变力做功的积分思想，并且结合题目条件应用了功在直角坐标系中的计算方法。本题也可以更简单地利用动能定理来分析和求解。

$$A = \Delta E_k = \frac{1}{2}mv_2^2 - \frac{1}{2}mv_1^2 = \frac{1}{2}m\left[(25t^4 + 144)\big|_{t=2} - (25t^4 + 144)\big|_{t=1}\right] = 1875 \text{ J}$$

可以看出，求解变力做功一般可用两种方法，一是根据做功定义用积分的方法，这种方法需知道或可求出力的变化规律；二是可根据功能原理，这种方法需要知道或可求出质点运动过程始、末状态的能量。

【例题 1 - 12】 在水平地面上有一质量 $m = 50$ kg 的箱子，其上系有一绳子，绳子跨过距箱顶高 $h = 2.0$ m 的定滑轮，另一端受到竖直向下的拉力 $F = 256$ N 的作用。在此力作用下，箱子水平地从位置 1($\theta = 30°$)移动到位置 2($\theta = 45°$)，如图 1.15(a)所示。已知箱子与地面间的摩擦系数 $\mu = 0.1$，绳子和滑轮质量不计，求箱子从位置 1 运动到位置 2 时的速度。

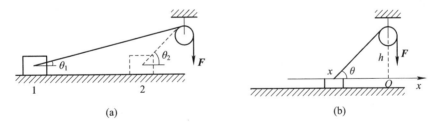

图 1.15

【思路解析】 本题中，箱子在粗糙地面运动的过程中受到四个力的作用，分别为竖直向下的重力、垂直于地面的支持力、绳子的拉力、地面所给的水平向左的摩擦力。由于支持力和重力垂直于箱子的运动方向，因此这两个力不做功。由题目条件可知拉力的大小虽然不变，但方向时刻在改变，因此拉力水平和竖直方向上的分力不断变化，由此可知地面给箱子的支持力在改变，则箱子所受摩擦力的大小也在变化。本题要求解的是箱子末状态的速度，解题时，首先用积分方法计算变力所做的功，然后根据动能定理求解箱子末状态的速度。

【计算详解】 建立如图 1.15(b)所示坐标系，取箱子水平运动的方向为 x 轴正向。设

在运动过程中的某一时刻，系箱子的绳子与 x 轴正向之间的夹角为 θ，将箱子从位置 1 移动到位置 2 的运动过程划分成很多位移元 $\mathrm{d}x$，则箱子移动 $\mathrm{d}x$ 时，拉力 F 所做的元功为

$$\mathrm{d}A_F = F\cos\theta\mathrm{d}x$$

由图 1.15(b)可知

$$\cot\theta = \frac{-x}{h} \quad \text{或} \quad x = -h\cot\theta$$

两边求导可得

$$\mathrm{d}x = h\csc^2\theta$$

则箱子从位置 1 运动到位置 2 的过程，力 F 做的功为

$$A_F = \int F\cos\theta\mathrm{d}x = \int_{\theta_1}^{\theta_2} F\cos\theta h\csc^2\theta\mathrm{d}\theta$$

$$= Fh\int_{\theta_1}^{\theta_2} \frac{\cos\theta\mathrm{d}\theta}{\sin^2\theta} = Fh\left(\frac{1}{\sin\theta_1} - \frac{1}{\sin\theta_2}\right)$$

代入各已知参量数据，可得

$$A_F = 256 \times 2.0 \times \left(\frac{1}{\sin 30°} - \frac{1}{\sin 45°}\right) = 300 \text{ J}$$

箱子运动过程所受到地面的摩擦力为

$$F_f = \mu F_N = \mu(mg - F\sin\theta)$$

则箱子从位置 1 运动到位置 2 的过程，摩擦力做的功为

$$A_f = -\int_{x_1}^{x_2} \mu(mg - F\sin\theta)\mathrm{d}x = -\int_{x_1}^{x_2} \mu mg\,\mathrm{d}x + \int_{x_1}^{x_2} \mu F\sin\theta\mathrm{d}x$$

对上式进行积分，并代入各参量数据，可得

$$A_f = \mu mg(x_1 - x_2) + \mu F\int_{\theta_1}^{\theta_2} h\sin\theta\csc^2\theta\mathrm{d}\theta$$

$$= -\mu mgh(\cot\theta_1 - \cot\theta_2) + \mu Fh\int_{\theta_1}^{\theta_2} \frac{\sin\theta}{1-\cos^2\theta}\mathrm{d}\theta$$

$$= -\mu mgh(\cot\theta_1 - \cot\theta_2) - \frac{1}{2}\mu Fh\left(\ln\frac{1+\cos\theta_2}{1-\cos\theta_2} - \ln\frac{1+\cos\theta_1}{1-\cos\theta_1}\right)$$

$$= -71.7 - (-22.3) = -49.4 \text{ J}$$

因此合外力做的功为

$$A = A_F + A_f = 300 + (-49.4) = 250.6 \text{ J}$$

对箱子应用动能定理，可求得箱子的速率为

$$A_F + A_f = \frac{1}{2}mv^2 - 0$$

$$v = \sqrt{\frac{2(A_F + A_f)}{m}} = 3.17 \text{ m/s}$$

【讨论与拓展】 (1)这是一道典型的变力做功问题，待求量是末状态的速度，只能按照做功的定义根据积分方法计算，也用到了合外力做的功等于各个分力做功代数和的结论。(2)本题的计算过程，特别要注意建立坐标系的重要性，在确定的坐标系中才能准确写出变量的代换关系，比如本题中，箱子运动过程中 θ 是锐角，坐标系中的 x 是负值，所以就

有 $x = -h\cot\theta$。其次在确定的坐标系中，功的正负也有确定的结果，比如本题规定向右为 x 正向，显然箱子向左的摩擦力做负功，拉力 F 在水平方向上向右的分力做正功。由此可以看出坐标系在这类问题中的必要性和重要性。

【例题 1-13】 一个质量为 m 的珠子系在不考虑质量的线的一端，线的另一端绑在墙上的钉子上，线长为 l，先拉动珠子使线保持水平静止，然后松手使珠子下落。求珠子下摆到 θ 角时，珠子的速率和线的张力。

【思路解析】 珠子下摆过程中受到重力和线的拉力，如图 1.16 所示。由于珠子作圆周运动，拉力在运动过程中与其速度始终垂直，重力在切线和法线方向的分力在不断变化。因此这是一个变加速问题，用牛顿运动定律计算必用到微积分。本题根据受力情况求解速度，是动力学第二类的积分法问题，具体讨论则利用牛顿第二定律的切向和法向分量形式。

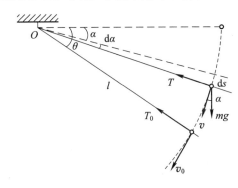

图 1.16

【计算详解】 如图 1.16 所示，当珠子下摆角度为 α 时，牛顿第二定律切向分量表达式为

$$mg\cos\alpha = ma_\tau = m\frac{\mathrm{d}v}{\mathrm{d}t}$$

将等式两边同乘以 $\mathrm{d}s\,(\mathrm{d}s = l\,\mathrm{d}\alpha)$，可得

$$mgl\cos\alpha\,\mathrm{d}\alpha = m\frac{\mathrm{d}v}{\mathrm{d}t}\mathrm{d}s = m\frac{\mathrm{d}s}{\mathrm{d}t}\mathrm{d}v = mv\,\mathrm{d}v$$

对上式化简并进行积分，可得

$$\int_0^\theta gl\cos\alpha\,\mathrm{d}\alpha = \int_0^{v_\theta} v\,\mathrm{d}v$$

式中，v_θ 代表珠子下摆至 θ 角时的速度，计算可得珠子的速率：

$$gl\sin\theta = \frac{v_\theta^2}{2}$$

$$v_\theta = \sqrt{2gl\sin\theta}$$

利用牛顿第二定律的法向分量表达式，有

$$T_\theta - mg\sin\theta = ma_n = m\frac{v_\theta^2}{l}$$

将 v_θ 代入，计算可得线的张力为

$$T_\theta = m\frac{v_\theta^2}{l} + mg\sin\theta = 3mg\sin\theta$$

线对珠子的拉力等于线的张力。

【讨论与拓展】 本题中，珠子的运动是圆周运动，速度方向在切线方向，求解速率可用牛顿第二定律的切向分量式；线对珠子的拉力在法线方向，分析拉力可用牛顿第二定律的法向分量式。牛顿第二定律在不同坐标系中可进行不同分解，结合问题特点巧用分量式有时会简化分析和计算。

本题还可利用功与能量的方法进行分析。珠子下落过程中受到两个力，一是自身重力，二是拉力。珠子作圆周运动，拉力在运动过程中只改变其运动方向，不改变速度大小。从能量角度分析有动能定理和机械能守恒定律两种方法。设从水平位置下摆至 θ 过程，珠子的初始位置为 A，末位置为 B。

（1）质点的动能定理。

合外力做的功就是重力做的功，即

$$A = \int_A^B \boldsymbol{F}_合 \cdot \mathrm{d}\boldsymbol{r} = \int_A^B m\boldsymbol{g} \cdot \mathrm{d}\boldsymbol{r} = \int_A^B mg \mid \mathrm{d}\boldsymbol{r} \mid \cos\alpha$$
$$= \int_0^\theta mgl\cos\alpha\,\mathrm{d}\alpha = mgl\sin\theta$$

根据动能定理，有

$$mgl\sin\theta = \frac{1}{2}mv_\theta^2$$

计算可得

$$v_\theta = \sqrt{2gl\sin\theta}$$

（2）机械能守恒定律。

由以上分析可知，在珠子下摆过程中只有其重力做功，因此取珠子、细线和地球作为系统，则此系统机械能守恒，取零势能参考点为地面，h_A、h_B 为 A 点和 B 点相对于零势能参考点的高度，有

$$mgh_A + 0 = mgh_B + \frac{1}{2}mv_\theta^2$$

因为 $h_A - h_B = l\sin\theta$，解得

$$v_\theta = \sqrt{2gl\sin\theta}$$

本题我们已经用了三种不同的方法。第一种解法，直接用牛顿第二定律，用积分方法运算；第二种方法应用了动能定理，功的计算通常还要用积分来计算（本题重力做的功可以用保守力做功特点简单计算）；第三种方法是机械能守恒，没有任何积分运算，对始、末状态量直接列方程，三种方法比较起来，机械能守恒是最简单的。其实三种方法都是以牛顿运动定律为基础的，当引入功、能量等概念后在牛顿运动定律的基础上又可以建立新的定律形式，更加方便我们解决实际问题。但需注意的是，只有当过程满足机械能守恒的条件时，才可用机械能守恒方法求解，否则只能利用牛顿运动定律和动能定理进行处理。

【例题 1-14】 有一质量为 m、长为 l 的均质链条，长为 l_2 的部分位于光滑水平桌面，长为 l_1 的部分悬挂在竖直位置，如图 1.17(a) 所示。链条左端系的绳子通过定滑轮与竖直悬挂的重物 m_1 相连接。起初外力作用在 m_1 上使各处均静止，现撤掉外力，在 m_1 的重力作用下链条开始运动，求链条全部到达桌面时系统的速度和加速度。已知 $m_1 = m$，初始静

止状态时 $l_1 = l_2 = l/2$，绳子不可伸长，滑轮和绳子质量均可忽略不计。

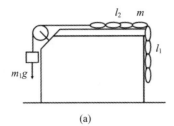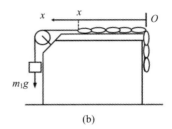

(a)　　　　　　　　　　　　　　　　　　(b)

图 1.17

【思路解析】　本题滑轮质量不计，所以滑轮两端绳子的张力相同，设张力为 T，重物 m_1 受自身重力和拉力。水平段链条受到的外力为拉力、重力和支持力，后两个力对链条的运动不做功；竖直悬挂链条所受外力为重力。重物和链条的速度、加速度时刻相等。本题的计算采用三种方法来分析。

【计算详解】　方法一：牛顿运动定律。

分别以链条和重物作为研究对象进行分析，建立如图 1.17(b) 所示坐标系，桌面最右端为坐标原点，水平向左为 x 轴正方向。假设某时刻链条水平部分的长度为 x，则竖直下垂部分的长度为 $l-x$。

对重物应用牛顿第二定律，可得

$$m_1 g - T = m_1 \frac{\mathrm{d}v}{\mathrm{d}t}$$

对整根链条，根据牛顿第二定律，有

$$T - \frac{m}{l}(l-x)g = m \frac{\mathrm{d}v}{\mathrm{d}t}$$

联立以上两式，并代入 $m_1 = m$，可得

$$mg - \frac{m}{l}(l-x)g = 2m \frac{\mathrm{d}v}{\mathrm{d}t}$$

将以上等式两边同乘以 $\mathrm{d}x$，化简可得

$$\frac{g}{l} x \, \mathrm{d}x = 2 \frac{\mathrm{d}v}{\mathrm{d}t} \mathrm{d}x = 2v \, \mathrm{d}v$$

由题意知 $x = l/2$ 时，$v = 0$，当链条全部到达桌面时，$x = l$，设此时速度为 v，对上式进行积分，则有

$$\int_{l/2}^{l} \frac{g}{l} x \, \mathrm{d}x = \int_{0}^{v} 2v \, \mathrm{d}v$$

计算可得

$$v = \sqrt{\frac{3}{8} gl}$$

当链条全部到达桌面时，有

$$m_1 g = (m_1 + m) \frac{\mathrm{d}v}{\mathrm{d}t} = (m_1 + m)a$$

所以重物和链条的加速度为

$$a = \frac{g}{2}$$

方法二：动能定理。

以重物和链条作为一个系统，重物和链条之间的相互作用力 T 做功之和时刻抵消，因此对系统做功的只有重物的重力和竖直链条的重力，对系统而言，合外力做的功就是 m_1 重力做功和竖直部分链条重力做功的求和。

竖直部分链条重力做的功为

$$A_{链条} = -\int_{l/2}^{l} \frac{m}{l}(l-x)g\,\mathrm{d}x = -\frac{1}{8}mgl$$

对重物和链条组成的系统，根据动能定理有

$$A_{重物} + A_{链条} = m_1 g l_1 - \frac{1}{8}mgl = \frac{1}{2}(m_1+m)v^2$$

将 $m_1 = m$，$l_1 = l/2$ 代入上式可得

$$v = \sqrt{\frac{3}{8}gl}$$

方法三：机械能守恒定律。

取重物、链条、绳子、滑轮和地球为系统分析，系统机械能守恒。取水平桌面的位置为重力势能零参考点，设初始静止时刻重物 m_1 在零势能参考点下方 h 处。

根据机械能守恒，有

$$-m_1 gh - \frac{1}{2}mg\,\frac{1}{2}l_1 = \frac{1}{2}(m_1+m)v^2 - m_1 g(h+l_1)$$

将上式化简得

$$m_1 g l_1 - \frac{1}{2}mg\,\frac{1}{2}l_1 = \frac{1}{2}(m_1+m)v^2$$

其余求解步骤与方法二相同。

【讨论与拓展】　本题中链条上升时，竖直部分的质量不断变化，因此系统的运动是变加速问题。第一种方法利用牛顿运动定律求解必然涉及积分方法计算。第二种方法利用动能定理求解时，竖直部分链条重力做功也必然需利用积分计算。最后一种方法是利用机械能守恒求解，对始、末的状态量机械能列方程，所以就避免了积分运算，因此三种方法比较起来机械能守恒方法更为简单，但变力做功问题中，牛顿运动定律和动能定理求解过程中的积分思想是力学中必须要掌握的。

【例题 1-15】　如图 1.18 所示，质量为 M 的滑块正沿着光滑水平地面向右滑动，一质量为 m 的小球水平向右飞行，以速度 v_1（对地）与滑块斜面相碰，碰后竖直向上弹起，速率

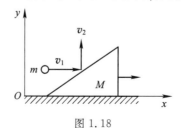

图 1.18

为 v_2（对地），若碰撞时间为 Δt，试计算此过程中滑块对地面的平均作用力和滑块速度增量的大小（m 的重力可忽略不计）。

【思路解析】　如果分别取 m 和 M 为研究对象，碰撞瞬间其相互作用力是未知的，无法分析各自的运动状态。因此本题以 m 和 M 作为一个系统并作为研究对象，系统碰撞过程受到的外力为重力和地面对 M 的支持力，重力和支持力都在竖直方向，碰撞瞬间地面对 M 的作用力为待求量。水平方向没有外力，所以碰撞瞬间水平方向上动量守恒，据此可以求出 M 在水平方向上速度的增量。碰撞结束后，m 相对于地面竖直弹起，因此可利用竖直方向动量定理分析地面对滑块 M 的平均作用力，此力与滑块对地面的平均作用力大小相等。本题在地面参考系中建立坐标系，如图 1.18 所示。

【计算详解】　碰撞前后滑块 M 均在水平方向运动，设其碰撞前后的速度分别为 V_1 和 V_2，根据水平方向上动量守恒，有

$$mv_1 + MV_1 = MV_2$$

解得

$$\Delta V = V_2 - V_1 = \frac{m}{M}v_1$$

设碰撞瞬间地面给 M 的平均作用力为 $\bar{F}$，对系统在竖直方向应用动量定理，有

$$(\bar{F} - Mg - mg)\Delta t = mv_2$$

计算可得

$$\bar{F} = \frac{mv_2}{\Delta t} + Mg + mg$$

【讨论与拓展】　本题的计算利用了单方向动量守恒和单方向动量定理。动量定理和动量守恒定律都是矢量形式，可在不同的坐标系进行分解，如果合外力在某方向的分力为零，则动量在该方向的分量就守恒；如果已知某方向动量的增量，即可求出冲量在该方向上的分量，或者已知某方向的受力和冲量情况，可分析该方向的动量的变化规律。动量定理和动量守恒定律的分量形式在很多实际应用问题中很常见。

【例题 1-16】　质量为 $m_1 = 5.6$ g 的子弹 A，以 501 m/s 的速度水平射入一静止在水平面上的质量为 $m_2 = 2$ kg 的木块 B 内，A 射入 B 后，B 向前移动了 50 cm 后停止，求：

（1）B 与水平面间的摩擦系数 μ；

（2）木块对子弹所做的功 W_1；

（3）子弹对木块所做的功 W_2；

（4）W_1 与 W_2 的大小是否相等？为什么？

【思路解析】　本题可以分为以下两个过程分析：

（1）子弹射入木块：可认为此过程木块没有移动，由于时间极其短暂，该过程可视为完全非弹性碰撞。将子弹和木块作为一个系统，在此过程中，其内力远大于地面给木块的摩擦力，因此子弹进入木块过程满足动量守恒。

（2）碰撞结束后，子弹与木块一起运动的过程：对子弹和木块组成的系统可应用动能定理，从而得到木块与水平面之间的摩擦系数；再对子弹和木块分别应用各自的动能定理，可求出木块对子弹做的功 W_1 和子弹对木块做的功 W_2。本题的求解主要应用动量守恒定律和动能定理，这两个原理对于惯性参考系均成立，本题选择在地面参考系中进行讨论。

【计算详解】 (1)子弹 A 射入木块 B，设碰撞结束后两者的共同速度为 u，根据动量守恒定律，有

$$m_1 v_1 = (m_1 + m_2)u$$

计算可得

$$u = \frac{m_1}{m_1 + m_2} v_1$$

碰撞结束后，A 和 B 一起相对于地面移动的距离为 s，对 A 和 B 组成的系统应用动能定理，可得

$$-\mu(m_1 + m_2)gs = 0 - \frac{1}{2}(m_1 + m_2)u^2$$

代入各参量数据，解方程可得摩擦系数为

$$\mu = \frac{u^2}{2gs} = \frac{m_1^2}{2gs(m_1 + m_2)^2} v_1^2$$

$$= \frac{(5.6 \times 10^{-3})^2}{2 \times 9.8 \times 0.5 \times (5.6 \times 10^{-3} + 2)^2} \times 501^2 = 0.2$$

(2)对子弹 A，由于木块对其做功，使其速度从 $v_1 = 501$ m/s 减为零，根据动能定理，有

$$W_1 = 0 - \frac{1}{2}m_1 v_1^2 = -\frac{1}{2} \times 5.6 \times 10^{-3} \times 501^2 = -703 \text{ J}$$

(3)对木块，在整个过程中，子弹对其做功，同时水平面的摩擦力也对其做功，木块初始时静止，而后移动 50 cm 后停止，根据动能定理，有

$$W_2 - \mu(m_1 + m_2)gs = 0$$

所以

$$W_2 = \mu(m_1 + m_2)gs$$
$$= 0.2 \times (5.6 \times 10^{-3} + 2) \times 9.8 \times 50 \times 10^{-2} = 1.97 \text{ J}$$

(4) W_1 和 W_2 数值上不相等，其和也不为零。这是因为 A 和 B 组成的系统内力做功之和不为零，它改变了系统的机械能。

【讨论与拓展】 "系统的内力不改变系统的动量，而可能会改变系统的机械能"在本题中得到充分的体现。在运用动能定理求 W_1 和 W_2 时，要正确分析子弹和木块在整个过程中各力的做功情况。例如对子弹，从初速 501 m/s 到同木块一起静止是由于木块对其做功的结果。而对于木块，起初与子弹碰撞后具有运动的初速度，是子弹对其做功导致的，后来速度又变为零，是地面和子弹对其做功导致的。

【例题 1-17】 有一质量为 M 的炮车，位于光滑的水平面上，起始时静止。现炮车发射出质量为 m 的炮弹，炮弹以速度 v' 相对于炮车发射出去，方向如图 1.19 所示。求炮车相对于地面的反冲速度。

【思路解析】 炮车发射炮弹瞬间，两者之间有一对非常大的作用力，但具体大小未知，因此本题取炮车和炮弹作为一个系统，则这一对力为系统的内力。发射炮弹瞬间，炮车给地面一非常大的作用力，反过来地面也给炮车一非常大的反作用力，记为 N，如图 1.19 所示，该力垂直于水平接触面，在竖直方向；系统所受重力也在竖直方向。显然系统在水平方

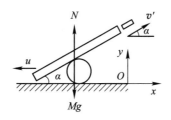

图 1.19

向上没有外力的作用，因此水平方向动量守恒。本题在地面参考系建立坐标系，水平向右为 x 正方向，竖直向上为 y 轴正方向。

【计算详解】　设炮弹相对于地面的速度为 $v_{弹地}$，其在水平方向的分量为 $v_{弹地x}$，设炮车在水平面上的反冲速度为 u，方向沿 x 轴负向，根据速度变换可知

$$v_{弹地x} = v_{弹车x} + v_{车地x}$$

即

$$v_{弹地x} = v'\cos\alpha - u$$

根据水平方向动量守恒，有

$$m(v'\cos\alpha - u) - Mu = 0$$

计算可得

$$u = \frac{mv'\cos\alpha}{M + m}$$

【讨论与拓展】　本题的炮车和炮弹组成的系统在发射炮弹的瞬间总动量并不守恒，但系统在水平方向上不受外力作用，所要求解的炮车反冲速度恰在水平方向，因此可应用水平单方向动量守恒进行分析，这是应用动量守恒求解问题时很常见的一种情形。

如果本题的炮车位于固定在地面、倾角为 α 的光滑斜面上，当炮车滑至某处速率为 v_0 时，如图 1.20 所示，从炮筒内沿水平方向发射出炮弹，欲使炮车在发射炮弹后的瞬时停止滑动，则炮弹出口的速率应为多少？

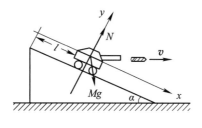

图 1.20

由于发射炮弹瞬间炮车给斜面一非常大的作用力，反过来斜面也会给炮车同样大小的反作用力，记为 N，该力垂直于斜面；其次炮车与炮弹之间也有一对非常大的相互作用内力。因此该问题与例题 1−17 的分析思路一样，依然取炮车和炮弹组成的系统为研究对象。炮车和炮弹的系统所受的外力为重力和斜面所给的作用力。建立如图 1.20 所示的坐标系，沿斜面向下为 x 轴正方向，垂直于斜面向上为 y 轴正方向。发射炮弹瞬间，N 远大于系统的重力，因此这一瞬间重力可忽略不计。取地面惯性参考系，炮车发射炮弹瞬间，沿斜面的 x 方向系统所受外力远远小于内力，因此沿斜面方向动量守恒，欲使炮车在发射炮弹后瞬

时静止，则有

$$(M+m)v_0=M\times 0+mv\cos\alpha$$

解得

$$v=\frac{(M+m)v_0}{m\cos\alpha}$$

因为发射瞬间斜面给炮车的作用力远大于系统的重力，所以重力可忽略不计。此处应用的依然是单方向上的动量守恒。

【例题 1-18】 一个半径为 R 的 $1/4$ 圆弧形滑槽，质量为 M，停在光滑的水平面上，另一质量为 m 的小物体自圆弧形滑槽顶点处由静止自由下滑，如图 1.21 所示。求当小物体滑到圆弧形滑槽最低处时，滑槽在水平面上移动的距离。

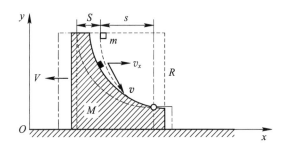

图 1.21

【思路解析】 题目中的接触面均光滑，当 m 向下滑动时，滑槽必然反向滑动。以 M 和 m 为一个系统，在 m 下滑过程中，竖直方向系统受到的外力有重力和 M 受到地面所给的支持力；水平方向上，系统所受的合外力为零，因此水平方向上动量守恒。M 的速度和位移均在水平方向，故本题利用水平方向上动量守恒来计算 M 在水平面上移动的距离。在地面参考系中建立坐标系，如图 1.21 所示。

【计算详解】 设下滑过程中某时刻，m 对地的速度为 v，M 对地的速度为 V，设 s 和 S 分别为 m 和 M 在水平方向上移动的距离，如图 1.21 所示。

系统的初动量为零，根据水平方向动量守恒，有

$$mv_x+M(-V)=0$$

因此对任一时刻都有

$$mv_x=MV$$

将上式两边同乘以 $\mathrm{d}t$，对整个下滑过程进行积分，可得

$$\int_0^t mv_x\,\mathrm{d}t=\int_0^t MV\,\mathrm{d}t$$

因为

$$s=\int_0^t v_x\,\mathrm{d}t,\qquad S=\int_0^t V\,\mathrm{d}t$$

所以

$$ms=MS$$

当小物体滑到滑槽底部时有 $s+S=R$，将此式代入上式，可得

$$S=\frac{m}{M+m}R$$

【讨论与拓展】 从上述分析可以看出，题目中的问题与 1/4 圆弧形滑槽是否光滑没有关系，以 M 和 m 为一个系统，只要地面光滑，即使滑槽是粗糙的，相互之间的摩擦力也是系统的内力，内力不改变系统的总动量，因此水平方向依旧动量守恒。该问题与前面几道问题一样，用到的都是动量守恒的分量形式。

本题也可采用质心运动定理求解，假设小物体滑落前 M 和 m 质心在水平方向的坐标分别为 x_M 和 x_m，设 m 滑落到底端时 M 和 m 质心在水平方向的坐标分别为 x'_M 和 x'_m，水平方向上合外力为零，根据质心运动定理可知 M 和 m 组成的系统水平方向的质心位置不改变，因此在地面参考系中有

$$\frac{Mx_M + mx_m}{M+m} = \frac{Mx'_M + mx'_m}{M+m}$$

将上式化简可得

$$M(x_M - x'_M) = m(x'_m - x_m)$$

M 移动的距离为 $S = x_M - x'_M$，则 $x'_m - x_m = R - S$，代入上式可得

$$S = \frac{m}{M+m}R$$

本题与"人船模型"属于同类问题，此类问题都可用以上两种方法进行分析。

模块 2　刚体力学基础

2.1　教 学 要 求

（1）理解刚体这一物理模型的意义，了解刚体运动的基本类型。

（2）理解刚体平动的特点及规律，会利用质心、质心运动定理解决刚体平动问题。

（3）理解刚体定轴转动的特点，掌握描述刚体定轴转动的角参量，以及角量和线量的关系。

（4）理解力矩的定义并掌握其基本运算。

（5）理解转动惯量的概念和物理意义，掌握转动惯量的基本运算，会应用平行轴定理、垂直轴定理、叠加原理求解转动惯量。

（6）理解刚体定轴转动定律并掌握其应用。

（7）理解转动中的功、能量的概念及其计算，掌握功能关系及应用。

（8）理解角动量定义、角动量定理、角动量守恒定律的内容及适用条件，并能根据这些原理分析和计算有关问题。

（9）了解进动现象。

2.2　内 容 精 讲

刚体是研究物体机械运动的又一理想化模型，刚体的运动分为平动、转动和一般运动。刚体的平动可归结为质点的运动，本章主要研究刚体绕固定轴转动的规律。定轴转动的运动学采用角运动参量描述其规律，与圆周运动类似。定轴转动的动力学是本模块的重点，主要研究力矩与刚体转动状态之间的关系，即刚体定轴转动的转动定律、转动动能定理、角动量定理及角动量守恒定律，理解这些原理的内容、适用范围及其相关应用。分析刚体定轴转动的动力学问题首先选取研究对象，然后分析受力和力矩，根据运动情况选取适当的原理进行分析。对于既有平动又有转动的复杂问题，对研究对象隔离分析，平动部分按照质点力学相关规律列方程，如牛顿运动定律、动量定理及动量守恒定律，动能定理、功能原理及机械能守恒定律等；转动部分根据转动相关规律列方程，如定轴转动定律、转动的动能定理及功能原理、角动量定理及角动量守恒定律等。学习刚体定轴转动的相关规律时，注意与质点动力学的相应原理进行对比，这样便于接受和记忆。

本模块的主要内容包括：刚体运动的概述，刚体平动的定义、特点，刚体的定轴转动定义和特点，力矩，转动定律，转动惯量，定轴转动中的功与能，转动的动能定理，角动量，角动量定理，角动量守恒定律，进动。

2.2.1 刚体及其运动分类

1. 刚体

在外力作用下能保持其大小和形状都不变的物体称为刚体。物体由大量质点组成，因此也可以理解为在力的作用下，刚体内任意两个质点之间的距离始终保持不变。任何物体在受到力的作用或外界其他因素作用时，都会发生不同程度的变形，因此刚体是力学中继质点后的又一个理想化模型。

刚体的运动可分为平动、转动以及一般运动，转动又分为定轴转动和定点转动，一般运动可以看作平动和各种转动合成的结果。本章主要讨论刚体的平动和定轴转动。

2. 刚体的平动

刚体运动时，若在刚体内所作的任意一条直线始终都保持和自身平行，这种运动就称为刚体的平动。

刚体平动时，刚体上所有质点的运动情况都是相同的，它们具有相同的速度、加速度以及轨迹。显然，刚体的平动一般可归结为一个点（常用质心）的运动，因此可用质心运动定理研究刚体平动的运动规律。

3. 刚体的定轴转动

1）刚体的定轴转动的特点

如果转动刚体的转轴相对于参考系固定不动，这时的运动称为刚体绕定轴转动。刚体的定轴转动有以下特点：

(1) 刚体上各质点都绕着转轴作圆周运动；

(2) 转动平面垂直于转轴；

(3) 刚体上不同点的转动半径一般不同；

(4) 所有质点的转动半径在相同的时间内扫过相同的角度；

(5) 任意时刻，刚体上任意点的角速度、角加速度均相同。

其中，转动平面是刚体上各质点作圆周运动轨迹所在的平面。转动中心为各质点圆周运动的圆心，在转轴上。转动半径为各质点作圆周运动的半径，其矢量的方向背离转动中心。

2）刚体的定轴转动的描述

刚体的定轴转动可采用角运动参量来描述：

$$\begin{cases} 角运动方程：\theta = \theta(t); \\ 角位移：\Delta\theta = \theta(t + \Delta t) - \theta(t); \\ 角速度：\omega = \dfrac{\mathrm{d}\theta}{\mathrm{d}t}; \\ 角加速度：\beta = \dfrac{\mathrm{d}\omega}{\mathrm{d}t} = \dfrac{\mathrm{d}^2\theta}{\mathrm{d}t^2}。 \end{cases}$$

(1) 刚体上转动半径为 r 的点，其线量与角量的关系为

$$v = r\omega, \quad a_\tau = r\beta, \quad a_n = r\omega^2, \quad \Delta s = r\Delta\theta$$

(2) 如果刚体作匀变速转动，则各角参量满足以下关系式：

$$\omega = \omega_0 + \beta t, \quad \Delta\theta = \omega_0 t + \frac{1}{2}\beta t^2, \quad \omega^2 - \omega_0^2 = 2\beta\Delta\theta$$

（3）角速度矢量 $\boldsymbol{\omega}$。角速度矢量的方向沿转轴的方向，指向用右手螺旋法则确定。如图 2.1 所示，右手四指环绕为旋转方向，右手大拇指的指向即为角速度的方向。

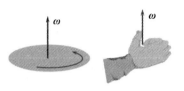

刚体绕固定轴 z 转动时，角速度的方向只能取两个方向，对应于刚体转动的两个相反的旋转方向，这种情况下，角速度可用代数方法处理，用正负表示。$\boldsymbol{\omega}$ 沿 z 轴正向，$\omega > 0$；$\boldsymbol{\omega}$ 沿 z 轴负向，$\omega < 0$。

图 2.1

（4）角加速度矢量 $\boldsymbol{\beta}$。

$$\boldsymbol{\beta} = \frac{\mathrm{d}\boldsymbol{\omega}}{\mathrm{d}t}$$

刚体绕固定 z 轴转动时，$\boldsymbol{\beta}$ 沿 z 轴正向，$\beta > 0$；$\boldsymbol{\beta}$ 沿 z 轴负向，$\beta < 0$。转动加快，$\boldsymbol{\beta}$、$\boldsymbol{\omega}$ 同方向；转动减慢，$\boldsymbol{\beta}$、$\boldsymbol{\omega}$ 反方向。

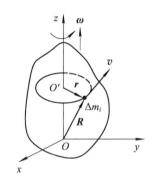

（5）如图 2.2 所示，刚体上某点 Δm_i 的转动半径为 r，相对于转动轴上 O 点的位置矢径为 $\boldsymbol{R}$，则其速度与角速度满足 $\boldsymbol{v} = \boldsymbol{\omega} \times \boldsymbol{r}$，也满足 $\boldsymbol{v} = \boldsymbol{\omega} \times \boldsymbol{R}$。

2.2.2　力矩

图 2.2

1. 力 F 对固定点 O 的力矩

$$\boldsymbol{M}_O = \boldsymbol{r} \times \boldsymbol{F}$$

如图 2.3 所示，$\boldsymbol{r}$ 为力 $\boldsymbol{F}$ 的作用点相对于固定点 O 的位置矢径，力矩是矢量。

力矩大小：$M_O = rF\sin\alpha = r_\perp F$。

力矩方向：垂直于 $\boldsymbol{r}$ 和 $\boldsymbol{F}$ 所决定的平面，方向用右手螺旋法则确定，使右手四指从 $\boldsymbol{r}$ 经小于 π 的夹角转向 $\boldsymbol{F}$，右手拇指的指向就是力矩的方向。

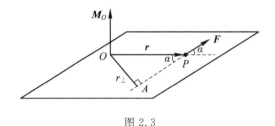

图 2.3

2. 力 F 对 z 轴的力矩

$$\boldsymbol{M}_z = \boldsymbol{r} \times \boldsymbol{F} \quad （方向用右手螺旋法则判定）$$

式中，$\boldsymbol{r}$ 为 $\boldsymbol{F}$ 的作用点对其转动中心的位置矢径，$F_\perp$ 表示力 $\boldsymbol{F}$ 垂直于转动轴方向的分力（垂直于转动轴方向的力在转动平面内）。

（1）如果力的方向与转动轴 z 平行，则力对 z 轴的力矩为零。

（2）如果力 $\boldsymbol{F}$ 不在转动平面内，将 $\boldsymbol{F}$ 进行分解，如图 2.4 所示。$\boldsymbol{F}_{/\!/}$ 表示与转轴平行的分量，$\boldsymbol{F}_{\perp}$ 表示和转轴垂直的分量，在转动平面内，$\boldsymbol{F}_{/\!/}$ 对 z 轴的力矩为零，力 $\boldsymbol{F}$ 对 z 轴的力矩可以表示为 $\boldsymbol{M}_z = \boldsymbol{r} \times \boldsymbol{F}_{\perp}$。

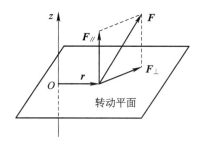

图 2.4

（3）力对 z 轴的力矩方向沿 z 轴，方向有两种可能性。$\boldsymbol{M}$ 沿 z 轴正向，$M>0$；$\boldsymbol{M}$ 沿 z 轴负向，$M<0$。

（4）如果刚体受多个力矩作用，则合力矩等于每个力矩的矢量和；一对内力对同一转轴的力矩之和为零，所以刚体的合力矩即所有外力矩的矢量之和；合力矩为力矩之和，不等于合力的力矩。

（5）重力对固定轴的力矩为 $\boldsymbol{M}_z = \boldsymbol{r}_G \times m\boldsymbol{g}$，相当于重心集中了整个物体的重力对转轴所产生的力矩。式中 $\boldsymbol{r}_G$ 表示刚体重心对其转动中心的位置矢径。

2.2.3　转动惯量

1. 转动惯量的定义和计算

刚体对 z 轴的转动惯量，等于刚体上各质点的质量与该质点转动半径平方乘积之和。

$$J = \sum \Delta m_i r_i^2 \quad（质量不连续分布，r_i 为 \Delta m_i 的转动半径）$$

$$J = \int r^2 \mathrm{d}m \quad（质量连续分布，r 为 \mathrm{d}m 的转动半径）$$

以上关系式中：$\Delta m_i r_i^2$ 表示 Δm_i 对 z 轴的转动惯量，$r^2 \mathrm{d}m$ 表示 $\mathrm{d}m$ 对 z 轴的转动惯量。

影响转动惯量的三个要素：（1）总质量；（2）质量分布；（3）转轴的位置。

具体计算时，刚体上的 $\mathrm{d}m$ 可根据刚体的具体形状给出。

线分布：$\mathrm{d}m = \lambda \mathrm{d}l$，$\lambda$ 为质量线密度（单位长度上的质量），$\mathrm{d}l$ 为线元的长度。

面分布：$\mathrm{d}m = \sigma \mathrm{d}s$，$\sigma$ 为质量面密度（单位面积上的质量），$\mathrm{d}s$ 为面元的面积。

体分布：$\mathrm{d}m = \rho \mathrm{d}V$，$\rho$ 为质量体密度（单位体积内的质量），$\mathrm{d}V$ 为体积元的体积。

2. 几个常用简单模型的转动惯量

（1）均匀细棒（长为 L，质量为 M，质量线密度为 $\lambda = M/L$）绕垂直通过质心转轴的转动惯量（图 2.5）为

$$J = \int_{-L/2}^{L/2} x^2 \lambda \mathrm{d}x = \frac{1}{12} M L^2$$

（2）均匀细棒（长为 L，质量为 M）绕垂直通过端点转轴的

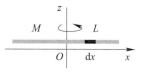

图 2.5

转动惯量（图 2.6）为

$$J = \int_0^L x^2 \lambda \, \mathrm{d}x = \frac{1}{3}ML^2$$

对比（1）和（2）两种情况可以看出，转动惯量与转轴位置有关。

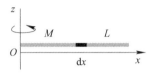

图 2.6

（3）均匀细圆环（半径为 R，质量为 m）绕垂直环面通过中心转轴的转动惯量（图2.7）为

$$J = \int_0^L R^2 \, \mathrm{d}m = R^2 \int_0^L \mathrm{d}m = mR^2$$

如果细圆环质量不均匀分布，结果不变。

（4）均匀薄圆盘（半径为 R，质量为 m）绕垂直盘面通过中心转轴的转动惯量（图2.8）为

$$J = \int_0^m r^2 \, \mathrm{d}m = \int_0^R \frac{2m}{R^2} r^3 \, \mathrm{d}r = \frac{1}{2}mR^2$$

对比（3）和（4）两种情况可以看出，转动惯量与质量分布有关。

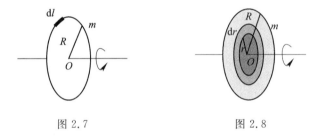

图 2.7　　　　　　　　　　图 2.8

（5）质量均匀的薄圆筒（半径为 R，质量为 m）绕过中心轴线转轴的转动惯量为 $J = mR^2$。

（6）质量均匀的圆柱（半径为 R，质量为 m）绕过中心轴线转轴的转动惯量为 $J = \frac{1}{2}mR^2$。

3. 计算转动惯量的三个定理

（1）叠加原理：根据转动惯量的定义，刚体对轴的转动惯量等于刚体各部分对同一转轴的转动惯量求和。叠加原理通常可用来分析由简单形状刚体构成的复杂刚体的转动惯量。应用叠加原理时需注意，叠加式中各部分的转动惯量必须针对同一转轴。

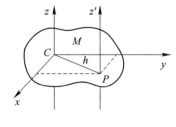

图 2.9

（2）平行轴定理：如图 2.9 所示，设刚体质量为 M，质心为 C，刚体对通过质心的某轴 z 的转动惯量为 J_z。如有另一与 z 轴平行的任意轴线 z'，z 与 z' 两轴间的垂直距离为 h，刚体对 z' 的转动惯量为 J_z'，则可以证明 $J_z' = J_z + mh^2$。可以看出，多个相互平行的轴对比，刚体绕过质心的轴转动惯量

是最小的。应用平行轴定理时需注意，两轴互相平行，其中一轴必过质心。

（3）垂直轴定理（只适用平面形状的薄板）：建立如图 2.10 所示的直角坐标系，其中 x、y 轴在薄板平面内，z 轴垂直于薄板平面，则有下列的关系：$J_z = J_x + J_y$。

如图 2.11 所示，以薄圆盘质心 O 为坐标原点，建立 xyz 坐标系，z 垂直于圆盘面，x 轴和 y 轴在圆盘面内。由垂直轴定理可知 $J_x = J_y = \dfrac{1}{2}J_z = \dfrac{1}{4}MR^2$，即均质薄圆盘绕直径轴（过质心）的转动惯量。

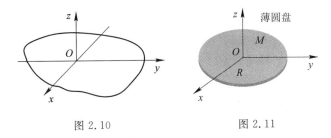

图 2.10　　　　　　　　　图 2.11

几种典型的质量均匀分布刚体的转动惯量如表 2.1 所示。

表 2.1　几种典型的质量均匀分布刚体的转动惯量

刚　体	转轴位置	转动惯量 J
细棒（质量为 m，长为 l）	过质心与棒垂直	$\dfrac{1}{12}ml^2$
细棒（质量为 m，长为 l）	过端点与棒垂直	$\dfrac{1}{3}ml^2$
细环（质量为 m，半径为 R）	过环心与环面垂直	mR^2
细环（质量为 m，半径为 R）	直径	$\dfrac{1}{2}mR^2$
圆盘（质量为 m，半径为 R）	过盘心与盘面垂直	$\dfrac{1}{2}mR^2$
圆盘（质量为 m，半径为 R）	直径	$\dfrac{1}{4}mR^2$
球体（质量为 m，半径为 R）	过球心	$\dfrac{2}{5}mR^2$
薄球壳（质量为 m，半径为 R）	过球心	$\dfrac{2}{3}mR^2$

2.2.4　刚体的定轴转动定律

1. 定轴转动定律内容

刚体绕定轴转动时，作用在刚体上的所有外力对固定轴的力矩之和（合力矩），等于刚体对该轴的转动惯量与角加速度的乘积。

$$M_z = J_z\frac{\mathrm{d}\omega}{\mathrm{d}t} = J_z\frac{\mathrm{d}^2\theta}{\mathrm{d}t^2} = J_z\beta_z$$

式中：M_z 为刚体受到的对 z 轴的合力矩；J_z 为刚体对 z 轴的转动惯量。

2. 注意事项

(1) M_z，J_z，ω，β_z 与转轴有关，转动定律中各参量必须针对惯性系中的同一转轴才成立。

(2) 转动定律表示力矩的瞬时作用规律，是解决刚体绕定轴转动动力学问题的基本方程。

(3) 转动惯量的物理意义分析：根据 $M_z = J_z\beta_z$ 可知：M_z 一定，J_z 越大，β_z 越小，则刚体绕固定轴转动的运动状态愈难改变，刚体维持原转动状态的能力大，因此转动惯量是描述刚体转动惯性大小的物理量。

(4) 理解和应用转动定律时，可与质点平动的规律进行对比，注意对应的物理量的含义：力——力矩，质量——转动惯量，速度——角速度，加速度——角加速度。

3. 转动定律的应用

对于既有平动又有转动的系统，首先将研究对象隔离分析，平动部分分析受力根据牛顿运动定律列方程，转动部分分析受力及力矩根据转动定律列方程，然后再结合角参量与线量的关系，最后联立方程组求解。

转动：$M \leftrightarrows \beta \leftrightarrows \omega \leftrightarrows \theta$

平动：$\boldsymbol{F} \leftrightarrows \boldsymbol{a} \leftrightarrows \boldsymbol{v} \leftrightarrows \boldsymbol{r}$

线量和角量的关系：$v = r\omega$，$a_\tau = r\beta$，$a_n = r\omega^2$，$\Delta s = r\Delta\theta$。

2.2.5　刚体绕定轴转动的功与能

1. 刚体绕定轴转动的动能

刚体的动能，即刚体上所有质点的动能之和，可表示为

$$E_k = \sum_i \frac{1}{2}\Delta m_i r_i^2 \omega^2 = \frac{1}{2}\omega^2 \sum_i \Delta m_i r_i^2 = \frac{1}{2}J_z\omega^2$$

定轴转动刚体的动能，等于刚体对转轴的转动惯量与角速度平方乘积的一半。

注意跟质点动能对比：$\frac{1}{2}mv^2 \Leftrightarrow \frac{1}{2}J_z\omega^2$，质量——转动惯量，速度——角速度。

2. 力矩的功

元功，指力矩与刚体的元角位移的乘积，表示为

$$dA = M_z d\theta$$

力矩的功，指刚体从角坐标 θ_1 转到 θ_2，力矩对刚体所做的功(力矩在空间上的累积效应)，表示为

$$A = \int_{\theta_1}^{\theta_2} M_z d\theta$$

(1) 力矩的功就是力的功。

(2) 对于绕定轴转动的刚体，一对内力矩对同一转轴做功之和为零(对比：对于质点系，一对内力做功之和通常不为零)。

(3) 合力矩做功等于各个分力矩做功的代数和，即

$$A = \int_{\theta_1}^{\theta_2} M_z d\theta = \int_{\theta_1}^{\theta_2} \sum_i M_{iz} d\theta = \sum_i \int_{\theta_1}^{\theta_2} M_{iz} d\theta$$

（4）M_z 与角速度 ω 同向时，$A>0$；M_z 与 ω 反向时，$A<0$。

（5）力矩做功的功率：$P=\dfrac{\mathrm{d}A}{\mathrm{d}t}=\dfrac{M\mathrm{d}\theta}{\mathrm{d}t}=M\omega$。

3．刚体绕定轴转动的动能定理

绕固定轴转动的刚体在外力作用下，角坐标从 θ_1 转到 θ_2，角速度从 ω_1 变到 ω_2，合力矩做功与刚体转动动能的关系为

$$A=\int_{\theta_1}^{\theta_2} M_z \mathrm{d}\theta=\frac{1}{2}J\omega_2^2-\frac{1}{2}J\omega_1^2$$

绕定轴转动的刚体在某一过程中动能的增量，等于在该过程中作用在刚体上的合力矩所做的功。

4．刚体的重力势能

刚体的重力势能，等于刚体上所有质点相对于共同的零势能参考点所具有的势能之和，即

$$E_p=\sum \Delta m_i g h_i=mg\,\frac{\sum \Delta m_i h_i}{m}=mgh_C$$

式中，h_C 为刚体质心到零势能参考点的距离，故刚体的重力势能相当于刚体的全部质量集中在质心时相对于零势能参考点所具有的势能。

5．刚体的机械能

刚体的机械能是刚体的动能与重力势能之和。对于刚体或包含刚体的系统，功能原理及机械能守恒定律仍然成立。

$$E=\frac{1}{2}J\omega^2+mgh_C$$

2.2.6　角动量定理和角动量守恒定律

1．质点对固定点的角动量

$$\boldsymbol{L}_O=\boldsymbol{r}\times\boldsymbol{P}=\boldsymbol{r}\times m\boldsymbol{v}\quad\text{（方向利用右手螺旋法则判定）}$$

$$\text{大小：}|\boldsymbol{L}_O|=rmv\sin\varphi$$

如图 2.12 所示，r 为质点相对于固定点 O 点的位置矢径；$\boldsymbol{P}=m\boldsymbol{v}$ 为质点的动量，S 为某时刻 r 和 P 所确定的平面，φ 为该时刻 r 和 P 的夹角，该时刻质点对 O 点的角动量方向如图 2.12 所示，右手四指从 r 经小于 π 的夹角转向动量 P，右手大拇指的指向就是角动量的方向。

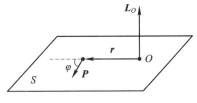

图 2.12

如果质点作圆周运动，且以圆心作为固定点，则角动量大小：$L_O = r \times mv = r^2 m\omega$，方向垂直于圆形轨迹平面，满足右手螺旋法则。

2. 质点的角动量定理和角动量守恒定律

质点的角动量定理：在惯性系中，质点对任意固定点 O 点的角动量在一段时间内的增量，等于合力矩在该段时间内所产生的冲量矩。

$$\frac{\mathrm{d}\boldsymbol{L}_O}{\mathrm{d}t} = \boldsymbol{r} \times \boldsymbol{F} = \boldsymbol{M}_O, \quad \mathrm{d}\boldsymbol{L}_O = \boldsymbol{M}_O \mathrm{d}t, \quad \int_{t_1}^{t_2} \boldsymbol{M}_O \cdot \mathrm{d}t = \boldsymbol{L}_{O2} - \boldsymbol{L}_{O1}$$

式中，$\boldsymbol{M}_O \mathrm{d}t$ 称为元冲量矩；$\int_{t_1}^{t_2} \boldsymbol{M}_O \cdot \mathrm{d}t$ 称为冲量矩，表示力矩在时间上的累积效应。

质点的角动量守恒定律：当合力矩 $\boldsymbol{M}_O = 0$ 时，$\boldsymbol{L}_O$ 为常矢量，$\boldsymbol{L}_O$ 守恒。

3. 刚体对固定轴的角动量

刚体绕固定 z 轴转动时，刚体上所有质点对同一转轴的角动量方向一致，刚体对 z 轴的角动量大小等于刚体上所有质点对 z 轴角动量大小求和。

$$L_z = \sum_i \Delta m_i v_i r_i = \sum_i \Delta m_i r_i^2 \omega = J_z \omega$$

对同一固定转轴，刚体上所有质点的角动量方向一致，同 $\boldsymbol{\omega}$ 方向，刚体的角动量矢量可表示为 $\boldsymbol{L}_z = J_z \boldsymbol{\omega}$。在定轴转动问题中，刚体的角动量方向只有两种可能，所以通常可不带矢量符号，用正、负描写其方向。

4. 刚体定轴转动的角动量定理和角动量守恒定律

刚体定轴转动的角动量定理：定轴转动刚体角动量在某一段时间的增量，等于该段时间内作用在刚体上的冲量矩。

$$M_z \mathrm{d}t = \mathrm{d}L_z = \mathrm{d}(J_z \omega)$$

$$\int_{t_1}^{t_2} M_z \mathrm{d}t = \int_{\omega_1}^{\omega_2} \mathrm{d}(J\omega) = J\omega_2 - J\omega_1$$

注意与质点的动量定理进行对比：冲量——冲量矩，动量——角动量。

刚体定轴转动的角动量守恒定律：当刚体所受合力矩 $M_z = 0$ 时，则 L_z 的大小和方向都保持不变。

角动量定理和角动量守恒定律在工程实际和日常生活中都有着广泛的应用，角动量守恒定律是自然界普遍适用的定律之一。理解和应用时需注意：

（1）角动量定理和角动量守恒定律只适用于惯性参考系。

（2）角动量是矢量，守恒意味着大小和方向时刻都保持不变。

（3）角动量守恒不仅适用于刚体，也适用于可变形质点系；不仅适用于宏观物体，也适用于微观粒子。

（4）内力矩会改变系统某部分的角动量，但不会改变整个系统的总角动量。

2.2.7　进动

高速自转物体的自转轴发生转动的现象称为进动。比如陀螺或回转仪高速自转时，其自转轴绕着铅直轴的转动就称为旋进（进动），进动角速度与自旋角速度的关系为 $\Omega \propto \dfrac{1}{\omega}$。

以如图 2.13 所示的陀螺仪进动为例,陀螺仪自旋方向如图示(从垂直于自转轴方向看,为逆时针),从上往下看,其进动方向为逆时针方向;如果自旋方向与图中相反,从上往下看,进动方向则为顺时针方向。

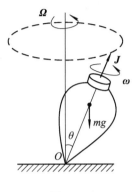

图 2.13

2.3　例　题　精　析

【例题 2-1】　飞轮对自身轴的转动惯量为 J_0,初角速度为 ω_0,此后飞轮经历制动过程,作用在飞轮上的阻力矩为 M。分以下两种情况求飞轮的角速度减到 $\omega_0/2$ 时所需的时间,以及在这一段时间内飞轮转过的圈数 N。

(1) M 为小于零的常量;

(2) 阻力矩 $M=-k\omega$($k>0$,且为常量)。

【思路解析】　本题已知转动惯量和力矩,求转动规律,可利用转动定律求解。以飞轮为研究对象,以初始 ω_0 的转动方向为正方向。

【计算详解】　(1) M 为常量时,根据转动定律可知 $\beta=\dfrac{M}{J_0}$,角加速度也为常量,因此飞轮制动为匀减速转动。

根据转动定律有

$$J_0\frac{\mathrm{d}\omega}{\mathrm{d}t}=M$$

$$\mathrm{d}\omega=\frac{M}{J_0}\mathrm{d}t$$

由题意 $t=0$ 时 $\omega=\omega_0$,$t=t_1$ 时 $\omega=\dfrac{\omega_0}{2}$,对上式积分有

$$\int_{\omega_0}^{\omega_0/2}\mathrm{d}\omega=\int_0^{t_1}\frac{M}{J_0}\mathrm{d}t$$

所以

$$t_1=-\frac{J_0\omega_0}{2M}$$

t_1 时间内飞轮转过的角度为

$$\Delta\theta = \omega_0 t_1 + \frac{1}{2}\beta t_1^2 = \frac{J_0\omega_0^2}{2M} - \frac{1}{2}\frac{M}{J_0}\left(\frac{J_0\omega_0}{2M}\right)^2 = \frac{3J_0\omega_0^2}{8M}$$

因而飞轮在 t_1 时刻转过的圈数为

$$N = \frac{\Delta\theta}{2\pi} = \frac{3J_0\omega_0^2}{16\pi M}$$

（2）当阻力矩为 $M = -k\omega$ 时，根据转动定律有

$$J_0\frac{\mathrm{d}\omega}{\mathrm{d}t} = -k\omega$$

分离变量，再进行积分有

$$\int_{\omega_0}^{\omega_0/2} \frac{\mathrm{d}\omega}{\omega} = \int_0^{t_1} -\frac{k}{J_0}\mathrm{d}t$$

所以

$$t_1 = \frac{J_0}{k}\ln 2$$

t_1 时间内飞轮转过的角度为

$$\Delta\theta = \int_0^{t_1}\omega\,\mathrm{d}t = \int_{\omega_0}^{\omega_0/2} -\frac{J_0}{k}\mathrm{d}\omega = \frac{J_0\omega_0}{2k}$$

因而飞轮在 t_1 时刻转过的圈数为

$$N = \frac{\Delta\theta}{2\pi} = \frac{J_0\omega_0}{4k\pi}$$

【讨论与拓展】 这是一道转动定律与转动运动学相结合的问题，已知力矩，求转动运动学规律。如果是恒力矩，则角加速度为常量，因此运算中可借助匀变速转动的运动学方程。当力矩随时间变化时，由转动定律可知角加速度并非常量，这种情况下求解角速度、角位移、转动时间等不能用匀变速转动的运动学方程，需用积分方法来分析。

【例题 2-2】 如图 2.14 所示，刚体由两个均质薄圆盘和一个均质细杆焊接在一起，整体可绕竖直 z 轴旋转。两圆盘与细杆位于同一平面，且圆心与细杆在同一直线上。已知 A 圆盘质量为 m，半径为 r；C 圆盘质量为 M，半径为 R；细杆质量为 m_0，长为 L。z 轴在距细杆左端 $\frac{2}{3}L$ 的位置处，求该刚体对 z 轴的转动惯量。

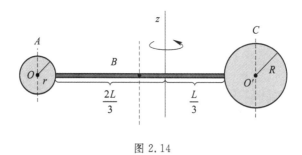

图 2.14

【思路解析】 均质细杆 B 对过质心垂直轴的转动惯量为 $J_B' = \frac{1}{12}m_0 L^2$；均质薄圆盘 A

绕过质心 O 的直径轴的转动惯量为 $J'_A = \dfrac{1}{4}mr^2$，均质薄圆盘 C 绕过质心 O' 的直径轴的转动惯量为 $J'_C = \dfrac{1}{4}MR^2$。本题接下来可巧妙地应用平行轴定理和叠加原理来计算转动惯量。

【计算详解】　设 A、B、C 对 z 轴的转动惯量分别为 J_{Az}、J_{Bz}、J_{Cz}，本题中两个圆盘的直径轴与细杆过质心的垂直轴均取与 z 平行的转轴。根据平行轴定理，可得 A、B 和 C 对共同 z 轴的转动惯量分别为

$$J_{Az} = J'_A + m\left(r + \frac{2}{3}L\right)^2 = \frac{1}{4}mr^2 + m\left(r + \frac{2}{3}L\right)^2$$

$$J_{Bz} = J'_B + m_0\left(\frac{L}{6}\right)^2 = \frac{1}{12}m_0L^2 + m_0\left(\frac{L}{6}\right)^2$$

$$J_{Cz} = J'_C + M\left(R + \frac{L}{3}\right)^2 = \frac{1}{4}MR^2 + M\left(R + \frac{L}{3}\right)^2$$

根据叠加原理，整个刚体对 z 轴的转动惯量为 $J_z = J_{Az} + J_{Bz} + J_{Cz}$。

【讨论与拓展】　该模型中均质圆盘对直径轴的转动惯量可应用垂直轴定理得到，以上分析综合利用了计算刚体转动惯量的三个定理。应用平行轴定理时需注意，必须要有两条平行转轴，且其中一轴必过刚体质心；应用叠加原理时应注意，各部分必须要针对同一转轴叠加；垂直轴定理只适用于薄平板形状的刚体。在转动惯量的计算中，一定要熟练掌握这些原理的应用。

比如由均质细杆叠加均质正方形平面的转动惯量，再由均质正方形平面叠加均质正方体的转动惯量，按照这种叠加思想求解可综合运用以上三个定理，分析思路和方法与上面问题类似。

如图 2.15(a) 所示，质量为 m，边长为 l，均匀分布的正方形面，分析绕过质心平行于左右两边的转轴 z 的转动惯量 J_z。将正方形划分成许多垂直于 z 轴的细杆，根据均匀细杆绕过质心的垂直轴转动惯量，将所有细杆对共同转轴 z 的转动惯量叠加可得 $J_z = \dfrac{1}{12}ml^2$。

如图 2.15(b) 所示，质量为 m，边长为 l，均匀分布的正方形面，分析绕过质心垂直于正方形面的转轴 z 的转动惯量 J_z。根据垂直轴定理可知 $J_z = \dfrac{1}{12}ml^2 + \dfrac{1}{12}ml^2 = \dfrac{1}{6}ml^2$。

如图 2.15(c) 所示，质量为 m，边长为 l，均匀分布的正方体，分析绕过质心与竖直棱

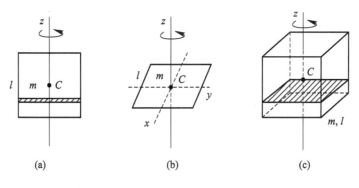

(a)　　　　　　　　(b)　　　　　　　　(c)

图 2.15

边平行的转轴 z 的转动惯量 J_z。将正方体划分成许多垂直于 z 轴的厚度很薄的正方形面，根据图 2.15(b)的结论，将所有正方形平面对共同 z 轴的转动惯量叠加，可得正方体对 z 的转动惯量为 $J_z = \dfrac{1}{6}ml^2$。

如果讨论正方形面以某一条边为轴转动，或正方体以某一条棱边为轴转动，转动惯量均可利用以上结论，根据平行轴定理进行转换。

【例题 2-3】　在半径为 R 的球体中，挖掉一个半径为 $r=R/2$ 的球形空腔，两球心之间的距离 $d=r$，如图 2.16 所示，形成一空腔球体，其质量为 m 且均匀分布。试分别求下面两种情况下该空腔球体的转动惯量。

(1) 对于通过两球心的 z_1 轴；

(2) 对于通过大球球心且垂直于两球心连线的 z_2 轴。

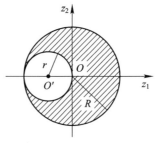

图 2.16

【思路解析】　这是一个有"缺陷"的刚体，如果我们对半径为 r 的球形空腔进行"填充"，则形成一个半径为 R 的完整均质球体。根据叠加原理可知，对同一转轴，完整球体的转动惯量 J_0，可看作半径为 r 的小球体的转动惯量 J' 与题目中待求的空腔球体的转动惯量 J 之和，即 $J_0 = J + J'$，由此可知空腔球体的转动惯量为 $J = J_0 - J'$。上面关系式中三个转动惯量必须对同一转轴才成立。本题根据以上关系式，利用均质球体对直径轴的转动惯量结论，用叠加原理进行计算。

【计算详解】　(1) 题目中空腔球体的质量密度为

$$\rho = \frac{m}{\dfrac{4}{3}\pi R^3 - \dfrac{4}{3}\pi r^3}$$

设 m' 为填充后形成的半径为 r 的小球体的质量，所填充的小球体的质量密度必须跟原空腔球体的质量密度相同，因此所填充的小球体的质量为

$$m' = \frac{4}{3}\pi r^3 \rho = \frac{4}{3}\pi r^3 \frac{m}{\dfrac{4}{3}\pi R^3 - \dfrac{4}{3}\pi r^3} = \left(\frac{R}{2}\right)^3 \frac{m}{R^3 - \left(\dfrac{R}{2}\right)^3} = \frac{1}{7}m$$

由表 2.1 可知均质球体对直径轴的转动惯量，则对于通过两球心的 z_1 轴，有

$$J_0 = \frac{2}{5}(m + m')R^2$$

$$J' = \frac{2}{5}m'r^2 = \frac{1}{10}m'R^2$$

将 m' 代入上面两式可得

$$J_0 = \frac{16}{35}mR^2, \quad J' = \frac{1}{70}mR^2$$

根据叠加原理可知空腔球体对 z_1 轴的转动惯量为

$$J = J_0 - J' = \frac{31}{70}mR^2$$

（2）根据平行轴定理，将小球体对直径轴的转动惯量转化为对 z_2 轴的转动惯量，有

$$J' = \frac{2}{5}m'r^2 + m'd^2 = \frac{1}{10}m'R^2 + \frac{1}{4}m'R^2 = \frac{1}{20}mR^2$$

大球体对 z_2 轴的转动惯量为

$$J_0 = \frac{2}{5}(m+m')R^2 = \frac{16}{35}mR^2$$

根据叠加原理，空腔球体对 z_2 轴的转动惯量为

$$J = J_0 - J' = \frac{57}{140}mR^2$$

【讨论与拓展】　本题的这种处理方法叫"补偿法"，对于这类有"缺陷"的刚体，利用一般的叠加思想和积分运算很麻烦，而利用补偿法可巧妙而简单地进行运算。需要注意的是，所补偿的空腔部分的质量密度必须与原物体的质量密度相同，这样才可以得到一个"天衣无缝"的完整物体。补偿法通常都是借助简单体的转动惯量结论，利用叠加原理进行分析，这种方法比按转动惯量的定义直接积分简单很多。比如一个带有圆孔的薄圆盘、带有柱形空腔的均质圆柱体等均可利用补偿法进行简单分析，"补偿法"在电磁学中也有非常重要的应用。

【例题 2-4】　如图 2.17(a)所示的系统，质量为 m_1 的物体静止在光滑水平面上，与一条质量不计的绳索相连接，绳索跨过一半径为 R，质量为 M 的滑轮，并系在另一质量为 m_2 的物体上，m_2 竖直悬挂。滑轮可视为均质圆盘，滑轮与绳间无相对滑动，且滑轮轴承处光滑无摩擦阻力。

（1）两物体的加速度为多少？水平和竖直两段绳索的张力各为多少？

（2）物体 m_2 从静止落下距离 s 时，其速率是多少？

【思路解析】　这是一道既有平动又有转动的问题，滑轮有质量。本题的研究对象为物

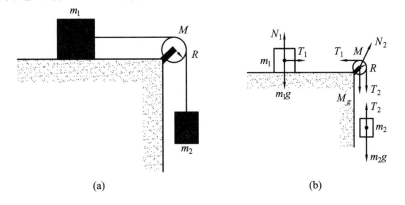

(a)　　　　　　　　(b)

图 2.17

体 m_1、m_2 和滑轮，各处的受力情况如图 2.17(b)所示，物体 m_2 受到拉力和重力作用；物体 m_1 受到拉力、重力和支持力作用，重力和支持力抵消；滑轮受两端绳子的拉力、自身重力和转轴的支撑力作用，重力和支撑力对转轴的力矩为零。具体分析时，先规定运动的正方向，本题设滑轮转动的顺时针方向为正方向，根据右手螺旋法则可知滑轮转轴垂直纸面向里为正方向。同一问题中的正方向需统一，所以 m_1 向右为正方向，m_2 向下为正方向。对 m_1、m_2 分析受力，根据牛顿运动定律列方程；对滑轮分析力矩，根据转动定律列方程。

滑轮被视为质量均匀分布的圆盘，对中心转轴的转动惯量为 $J = \dfrac{1}{2}MR^2$，物体平动的加速度与滑轮边缘的角加速度相等。根据以上分析和关系式可得到本题相应结果。

【计算详解】 （1）设 m_1、m_2 的加速度的大小为 a，滑轮的角加速度大小为 β，水平和竖直绳子的张力分别为 T_1 和 T_2。

根据牛顿运动定律对 m_1 和 m_2 列方程，有

$$T_1 = m_1 a$$
$$m_2 g - T_2 = m_2 a$$

根据转动定律可知，滑轮的转动动力学方程为

$$T_2 R - T_1 R = \frac{1}{2}MR^2 \beta$$

滑轮边缘的切向加速度与物体运动的加速度大小相等，可得

$$a = R\beta$$

联立以上四个方程求解，可得

$$a = \frac{m_2 g}{m_1 + m_2 + \dfrac{M}{2}}$$

$$T_1 = \frac{m_1 m_2 g}{m_1 + m_2 + \dfrac{M}{2}}$$

$$T_2 = \frac{\left(m_1 + \dfrac{M}{2}\right) m_2 g}{m_1 + m_2 + \dfrac{M}{2}}$$

（2）由以上加速度 a 的结论可知，m_1 和 m_2 均作匀加速直线运动，所以 m_2 由静止开始降落距离 s 时的速率 v 为

$$v = \sqrt{2as} = \sqrt{\frac{2m_2 g s}{m_1 + m_2 + \dfrac{M}{2}}}$$

【讨论与拓展】 （1）以上问题在分析之前都规定了正方向，比如规定了转动部分的正方向，根据右手螺旋法则可确定转轴的正方向，由此可判定力矩的正负；平动部分的正方向可确定力的正负，这样平动部分和转动部分就可以列出具体的动力学方程。需要注意的是，同一问题中转动和平动的正方向需统一。

（2）从本题拉力的结果可以看出，滑轮两边绳子的张力不相等，这与中学大多数情况

下的结论是不同的。通常对于轻质滑轮，两边绳子的张力是相同的，而对于有质量的滑轮，当其加速转动时，两边绳子的张力不相等。

如图 2.18 所示：滑轮可绕水平 O 轴转动，绳子两端受到的拉力分别为 $\boldsymbol{F}_1$ 和 $\boldsymbol{F}_2$，两者的作用点对转轴 O 的位置矢量为 $\boldsymbol{r}_1$ 和 $\boldsymbol{r}_2$，假设滑轮半径为 r，则 $r_1=r_2=r$。规定滑轮逆时针转动方向为正方向，则合力矩可表示为 $M=-r_1F_1+r_2F_2=-rF_1+rF_2=r(F_2-F_1)$。力矩是刚体转动状态变化的原因，根据 $M=J\beta$ 可以看出，当滑轮加速转动时，$M\neq0$，显然 $F_1\neq F_2$。故滑轮加速转动时，绳子两边的张力通常是不相等的。

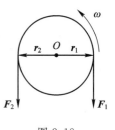

图 2.18

（3）本题中如果桌面是粗糙面，m_1 运动过程还会受到摩擦力 f 作用，求解时 m_1 的动力学方程为 $T_1-f=m_1a$，其他方程形式完全相同，各量计算的结果一定不同。

【例题 2-5】 在如图 2.19 所示的装置中，物体的质量为 m_1、m_2，两均质定滑轮的质量分别为 M_1、M_2，半径分别为 R_1 和 R_2，设绳子长度不变，质量不计，绳子与滑轮间无相对滑动，滑轮轴承处光滑无摩擦阻力，求 m_1、m_2 的加速度及绳子各处的张力。

【思路解析】 m_1、m_2 的受力以及绳子各段的张力如图 2.19 所示。本题与例题 2-4 的不同之处在于有两个并非同一转轴的滑轮，而转动定律方程中各个量只有对同一转轴才成立，因此本题针对两个滑轮必须给出两个动力学方程。分析过程与例题 2-5 类似。

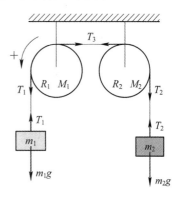

图 2.19

【计算详解】 规定滑轮逆时针转动为正方向，则 m_1 向下运动为正方向，m_2 向上运动为正方向，m_1 与 m_2 加速度的大小相同，并且等于两个滑轮边缘处的切向加速度大小。

平动部分根据牛顿运动定律有

$$m_1g-T_1=m_1a$$
$$T_2-m_2g=m_2a$$

转动部分根据转动定律有

$$T_1R_1-T_3R_1=\frac{1}{2}M_1R_1^2\beta_1$$

$$T_3R_2-T_2R_2=\frac{1}{2}M_2R_2^2\beta_2$$

两滑轮边缘切向加速度大小与 m_1 和 m_2 的加速度 a 相等，因此角量和线量满足

$$a=R_1\beta_1,\quad a=R_2\beta_2$$

联立以上六个方程，计算可得

$$a=\frac{2(m_1-m_2)g}{2(m_1+m_2)+(M_1+M_2)}$$

$$T_1=\frac{4m_1m_2+m_1(M_1+M_2)}{2(m_1+m_2)+(M_1+M_2)}g$$

$$T_2 = \frac{4m_1 m_2 + (M_1 + M_2)m_2}{2(m_1 + m_2) + (M_1 + M_2)}g$$

$$T_3 = \frac{4m_1 m_2 + m_1 M_2 + m_2 M_1}{2(m_1 + m_2) + (M_1 + M_2)}g$$

【讨论与拓展】 转动定律 $M = J\beta$ 要成立，三个参量需针对同一转轴。本题特别要注意的就是两个滑轮并非同一转轴，因此必须分别对各自转轴列转动定律方程，这样所得方程的个数就会增多，联立所有方程细心求解即可。

总结与例题 2-4 和例题 2-5 的同类问题，如图 2.20 所示的各装置：轻绳不可伸长，滑轮与绳间无相对滑动，轴承处的摩擦力可略去不计，这类问题的分析思路都是一样的。(1)隔离研究对象，平动部分分析受力，转动部分分析力及所产生的力矩；(2)规定正方向，这样就可以确定力的正负和力矩的正负；(3)根据牛顿运动定律列平动部分方程，根据转动定律列转动部分方程；(4)分析平动物体和转动物体的关联，即角量和线量的关系；(5)解方程组可得绳子各处的张力、平动物体的加速度、转动物体的角加速度等；(6)分析结果，通常滑轮两端绳子的张力不同；平动部分作匀加速直线运动，转动部分作匀加速转动；系统的机械能守恒等，因此这类问题也可采用动能定理和机械能守恒定律分析。

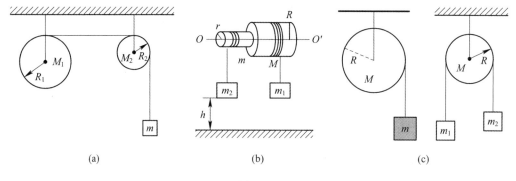

图 2.20

对于上述问题还可以变换一个角度思考，如图 2.21 所示，两个相同的滑轮，滑轮转动惯量为 J，图(a)绳子上挂一个质量为 m 的物体，图(b)在绳子上施加竖直向下的拉力 F，且 $F = mg$，那么两种情况下滑轮转动的角加速度会相同吗？

以下分析中，规定滑轮转动的顺时针方向为正方向。受力分析如图 2.21 所示，图(a) $T < mg = F$，故两滑轮加速度必不相同，下面具体分析。

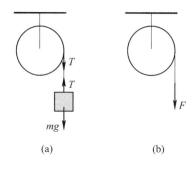

图 2.21

图 2.21(a)：$TR = J\beta_1$，$mg - T = ma$，$a = R\beta_1$，可得 $\beta_1 = \dfrac{mgR}{J + mR^2}$。

图 2.21(b)：$FR = J\beta_2$，则 $\beta_2 = \dfrac{FR}{J} = \dfrac{mgR}{J}$，显然 $\beta_1 < \beta_2$。

如果将图 2.21(a) 中质量为 m 的重物（角加速度为 β_1'）变为质量为 $3m$ 的重物（角加速度为 β_2'），则 β_1' 和 β_2' 的关系又如何？

根据以上计算结果可知

$$\beta_1' = \frac{mgR}{J + mR^2}, \quad \beta_2' = \frac{3mgR}{J + 3mR^2}$$

显然 $\beta_1' < \beta_2'$，如果 $J = 0$，则 $\beta_1' = \beta_2'$。

【例题 2-6】　如图 2.22 所示，劲度系数为 k 的弹簧一端固定，另一端通过一条轻绳绕过定滑轮和质量为 m 的物体相连接，滑轮对转轴的转动惯量为 J。开始时外力作用在物体上使物体静止且弹簧无伸长，迅速去掉外力后当 m 下降距离为 h 时，m 的加速度和速度的大小是多少？设在物体下落过程中绳与滑轮无相对滑动，滑轮轴承处无摩擦。

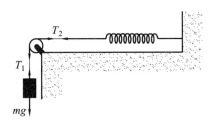

图 2.22

【思路解析】　物体下落过程中，弹簧的伸长量不断发生变化，因此水平段和竖直段绳子的张力在随时间而变化。可以预判：物体 m 并非作匀加速直线运动，滑轮也并非匀变速转动。根据牛顿运动定律和转动定律求解运动变量，需要用微积分方法进行计算。

【计算详解】　设物体 m 下降 h 时，其加速度为 a，速度为 v，此时滑轮的角加速度为 β，角速度为 ω。m 的受力分析和两段绳子的张力如图 2.22 所示。设物体向下降落为正方向，则滑轮逆时针转动为正方向。

根据牛顿第二定律对 m 列方程，有

$$mg - T_1 = ma$$

根据转动定律对滑轮列方程，有

$$T_1 R - T_2 R = T_1 R - khR = J\beta$$

角量和线量的关系为

$$a = R\beta$$

联立以上三个方程可得

$$a = \frac{(mg - kh)R^2}{mR^2 + J} = \frac{mg - kh}{m + \dfrac{J}{R^2}}$$

可以看出，加速度随着下降高度发生变化，当物体下降距离为 x 时，加速度可表示为

$$a = \frac{mg - kx}{m + \dfrac{J}{R^2}}$$

由加速度定义可知

$$a = \frac{\mathrm{d}v}{\mathrm{d}t} = \frac{mg - kx}{m + \dfrac{J}{R^2}}$$

将等式两边同乘以 $\mathrm{d}x$，可得

$$\frac{\mathrm{d}v}{\mathrm{d}t}\mathrm{d}x = \frac{mg - kx}{m + \dfrac{J}{R^2}}\mathrm{d}x$$

对上式化简并进行积分，得

$$\int_0^v v\,\mathrm{d}v = \int_0^h \frac{mg - kx}{m + \dfrac{J}{R^2}}\mathrm{d}x$$

计算可得物体下降 h 时，速度为

$$v = \sqrt{\frac{2mgh - kh^2}{m + \dfrac{J}{R^2}}}$$

【讨论与拓展】　本题如果将物体、滑轮、弹簧、轻绳和地球看作一个系统，因绳子不可伸长，T_1 和 T_2 对系统时刻做功为零，对于系统的运动只有 m 的重力和弹簧弹力在做功，因此系统的机械能守恒。取 m 初始静止的位置处为重力势能零参考点，取弹簧原长时为弹性势能的零参考点，根据机械能守恒，有

$$\frac{1}{2}mv^2 + \frac{1}{2}J\omega^2 + \frac{1}{2}kh^2 - mgh = 0$$

将 $v = R\omega$ 代入上式，计算可得

$$v = \sqrt{\frac{2mgh - kh^2}{m + \dfrac{J}{R^2}}}$$

根据加速度定义可得

$$a = \frac{\mathrm{d}v}{\mathrm{d}t} = \frac{\mathrm{d}v}{\mathrm{d}h}\frac{\mathrm{d}h}{\mathrm{d}t}$$

将速度表达式代入上式，计算可得

$$a = \frac{mg - kh}{m + \dfrac{J}{R^2}}$$

对比两种方法可以看出，第一种方法需要分析过程细节，第二种方法根据过程特点，对始、末状态列机械能守恒方程。本题中由于绳子张力在不断变化，机械能守恒比牛顿运动定律和转动定律的求解过程更简单。

【拓展例题 2-6-1】　如图 2.23 所示装置与例题 2-6 属于同类题，不同之处在于物体 m 放在光滑斜面上。弹簧的劲度系数为 k，滑轮转动惯量为 J，开始时用手固定物体，使弹

簧处于自然长度。放手后求物体下滑距离为 s 时的加速度和速度。(忽略滑轮轴上的摩擦，绳在滑轮上不打滑)

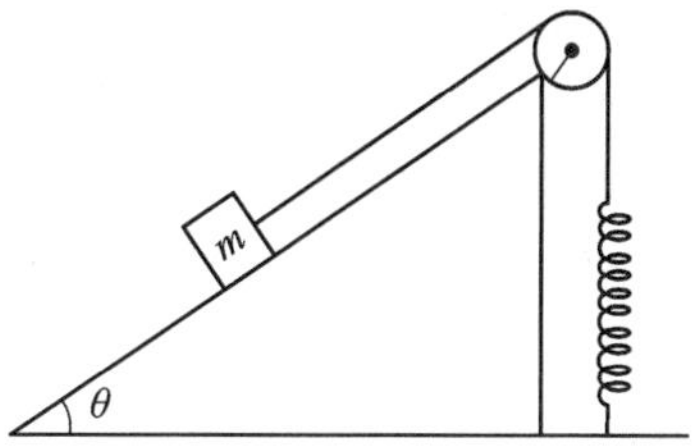

图 2.23

【解析】 通过上面例题的讨论发现，在这类有变力(弹簧弹力——保守力)作用的问题中，用机械能守恒分析更简单。

以弹簧、物体、滑轮和地球为研究系统，根据系统机械能守恒，有

$$mgs\sin\theta=\frac{1}{2}mv^2+\frac{1}{2}J\omega^2+\frac{1}{2}ks^2,\qquad v=R\omega$$

解得

$$v=\sqrt{\frac{2mgs\sin\theta-ks^2}{m+\frac{J}{R^2}}},\quad a=\frac{\mathrm{d}v}{\mathrm{d}t}=\frac{mg\sin\theta-ks}{m+\frac{J}{R^2}}$$

如果斜面为粗糙面，则该问题需用动能定理来分析。

【拓展例题 2-6-2】 现有一不变的力矩 M 作用在绞车上的鼓轮使轮转动，如图 2.24 所示。轮的半径为 r，质量为 m_1，缠在鼓轮上的绳子系一质量为 m_2 的重物，使其沿倾角为 α 的斜面滑动，重物和斜面之间的滑动摩擦系数为 μ，绳子的质量忽略不计，鼓轮可看作绕中心轴线转动的均质圆柱。开始时此系统静止，试求鼓轮转过 φ 角时的角速度。

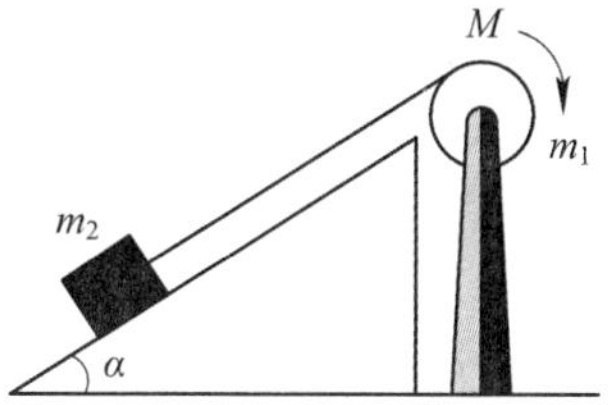

图 2.24

【解析】 本题因为有摩擦力，所以机械能并不守恒。作用在鼓轮上的为恒力矩 M，鼓轮转过的角度为 φ，可计算外力矩所做的功为 $M\varphi$；鼓轮转过角度 φ 时，m_2 在斜面上移动的距离为 $s=r\varphi$，m_2 沿斜面向上运动时，重力和摩擦力的功也可以求得，因此本题以鼓轮 m_1 和物体 m_2 为系统，根据动能定理来求解。取 m_2 沿斜面向上运动为正方向，根据动能定理，有

$$M\varphi-m_2gr\varphi\sin\alpha-\mu m_2gr\varphi\cos\alpha=\frac{1}{2}m_2(r\omega)^2+\frac{1}{2}\left(\frac{1}{2}m_1r^2\right)\omega^2$$

计算可得

$$\omega = \sqrt{4\varphi \frac{M - m_2 rg(\sin\alpha + \mu\cos\alpha)}{(m_1 + 2m_2)r^2}}$$

【例题 2-7】 图 2.25 所示为测量刚体转动惯量的一种装置,待测物体 A 装在转动架上,转动架上有一与 A 可绕共同竖直 z 轴转动、半径为 R、转动惯量为 J_0 的鼓轮,细绳的一端绕在鼓轮上,另一端通过定滑轮悬挂质量为 m 的物体。初始时刻,外力矩作用在转动架上,使得各处物体静止,迅速撤掉外力矩,实验测得 m 自静止下落高度 h 的时间为 t,求待测物体 A 对转轴 z 的转动惯量。忽略各轴承的摩擦,忽略滑轮和细绳的质量,细绳不可伸长,滑轮与细绳之间无相对滑动。

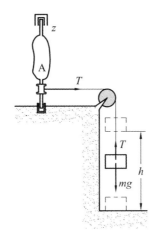

图 2.25

【思路解析】 本题中的滑轮为轻滑轮,所以水平段和竖直段绳子的张力相同。本题用两种方法讨论,第一种方法根据牛顿运动定律和转动定律分析,第二种方法以待测物体 A、重物 m、鼓轮和地球作为系统分析,系统的机械能守恒。设待测物体 A 对转轴 z 的转动惯量为 J_z。

【计算详解】 规定 m 向下运动为正方向,同时也就确定了鼓轮与滑轮转动的正方向。

方法一:首先根据牛顿运动定律和转动定律对 m 和鼓轮列动力学方程,有

$$mg - T = ma$$
$$TR = (J_z + J_0)\beta$$
$$a = R\beta$$

由以上方程组可知 m 的加速度 a 为常数,所以有

$$h = \frac{1}{2}at^2$$

联立以上四个方程,计算可得 A 的转动惯量为

$$J_z = mR^2\left(\frac{gt^2}{2h} - 1\right) - J_0$$

方法二:选 m 初始的静止位置为重力势能的零参考点,根据机械能守恒,有

$$\frac{1}{2}mv^2 + \frac{1}{2}J_0\omega^2 + \frac{1}{2}J_z\omega^2 - mgh = 0$$

将 $v = R\omega$ 代入上式,可得

$$2mgh = (mR^2 + J_0 + J_z) \frac{v^2}{R^2}$$

将上式两边对时间求导,可得

$$2mg \frac{\mathrm{d}h}{\mathrm{d}t} = 2 \frac{(mR^2 + J_0 + J_z)}{R^2} v \frac{\mathrm{d}v}{\mathrm{d}t}$$

将 $\frac{\mathrm{d}h}{\mathrm{d}t} = v$, $\frac{\mathrm{d}v}{\mathrm{d}t} = a$, $h = \frac{at^2}{2}$ 代入上式,化简可得

$$J_z = mR^2 \left(\frac{gt^2}{2h} - 1 \right) - J_0$$

【讨论与拓展】 这是一道关于"落体法"测量转动惯量的问题,实验测量转动惯量常见的方法还有复摆、三线摆、扭摆等。对于落体法测量转动惯量,从本题的分析可以看出,已知重物质量、鼓半径及转动惯量,通过测量重物下降距离和时间,可以求得待测物体的转动惯量。上面讨论采用了两种方法:采用牛顿运动定律和转动定律处理此类问题时可掌握过程受力和运动细节;采用机械能守恒的方法是利用了系统的特征,对机械能守恒方程求导,从而得到运动学参量,这样就可以根据题目中的已知量来求解,也不失为一种巧妙的方法。

如果本题中滑轮有质量,则需考虑滑轮的转动情况。假设滑轮转动惯量为 J_0',半径为 R',设水平段绳子的张力为 T_1,竖直段绳子的张力为 T_2,如图 2.26 所示。设鼓轮的角加速度为 β,角速度为 ω,滑轮的角加速度为 β',角速度为 ω'。根据转动定律和牛顿运动定律,有

$$mg - T_2 = ma$$
$$T_1 R = (J_z + J_0)\beta$$
$$T_2 R' - T_1 R' = J_0' \beta'$$
$$a = R\beta = R'\beta'$$

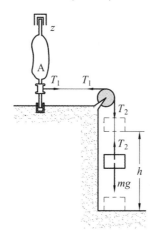

图 2.26

根据系统的机械能守恒,有

$$\frac{1}{2}mv^2 + \frac{1}{2}J_0\omega^2 + \frac{1}{2}J_z\omega^2 + \frac{1}{2}J_0'\omega'^2 - mgh = 0, \quad v = R\omega = R'\omega'$$

两种方法的求解过程与上面例题类似。

【例题 2-8】 利用角动量守恒证明行星运动的开普勒第二定律：行星对太阳的位置矢径在相等的时间内扫过相等的面积。

【思路解析】 如图 2.27 所示，行星 m 可以看作只在太阳万有引力的作用下沿着椭圆轨道运动。以太阳中心作为参考点 O，由于任何时刻引力的方向都与行星相对于恒星的位矢 r 反方向平行，所以行星受到的万有引力对太阳中心的力矩等于零，因此行星运动过程中对太阳的角动量保持不变，即角动量守恒。r 和 v 所确定的平面为椭圆轨迹平面，按照质点角动量的定义 $\boldsymbol{L}=\boldsymbol{r}\times m\boldsymbol{v}$，角动量方向始终垂直于这个面且满足右手螺旋法则，方向如图 2.27 所示。本题可根据行星对太阳的角动量守恒进行证明。

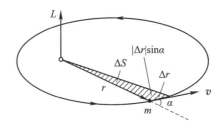

图 2.27

【计算详解】 设某时刻行星对太阳的位矢与速度的夹角为 α，则该时刻行星对太阳中心 O 的角动量的大小为

$$L = mrv\sin\alpha$$

其中，速率 $v=\left|\dfrac{\mathrm{d}\boldsymbol{r}}{\mathrm{d}t}\right|$，将其代入上式，可得

$$L = mrv\sin\alpha = mr\left|\frac{\mathrm{d}\boldsymbol{r}}{\mathrm{d}t}\right|\sin\alpha = m\lim_{\Delta t\to 0}\frac{r\mid\Delta\boldsymbol{r}\mid\sin\alpha}{\Delta t}$$

如图 2.27 所示，阴影部分的三角形面积可表示为 $\Delta S = \dfrac{1}{2}r\mid\Delta\boldsymbol{r}\mid\sin\alpha$，将其代入上式可得

$$L = 2m\lim_{\Delta t\to 0}\frac{\Delta S}{\Delta t} = 2m\frac{\mathrm{d}S}{\mathrm{d}t}$$

式中，$\mathrm{d}S/\mathrm{d}t$ 为行星对太阳的位矢在单位时间内扫过的面积，叫作行星运动的掠面速度，因为行星相对于太阳中心的角动量守恒，所以意味着这一掠面速度始终保持不变，则有

$$\frac{\mathrm{d}S}{\mathrm{d}t} = 常数$$

因此行星对太阳的位矢在相等的时间内扫过相等的面积，开普勒第二定律得证。

【讨论与拓展】 该问题以太阳中心为参考点，行星受到的万有引力始终指向参考中心，这样的力称为"有心力"，它对参考中心的力矩为零。因此如果一个物体运动过程中只受"有心力"，则这个物体对参考中心的角动量守恒。需要注意的是，有心力的方向可以指向参考中心也可以背离参考中心，无论哪种情况对参考中心的力矩都始终为零。

通常在行星相对于恒星运动，或卫星相对于地球运动等问题中，研究对象可视为只受万有引力作用，因此运动过程中对参考中心的角动量守恒，由于万有引力是保守力，如果将恒星与行星(或地球与卫星)看成一个系统，则运动过程系统只受保守内力作用，因此机械能也守恒。这类问题的处理通常结合两个守恒定律给予分析。

【例题 2-9】　水星绕太阳运行轨道的近日点到太阳的距离为 $r_1 = 4.59 \times 10^7$ km，远日点到太阳的距离为 $r_2 = 6.98 \times 10^7$ km，太阳质量 $M = 1.99 \times 10^{30}$ kg，水星的质量用 m 表示，引力常量为 $G = 6.67 \times 10^{-11}$ Nm^2/kg^2，求水星越过近日点和远日点时的速率 v_1 和 v_2。

【思路解析】　以太阳中心为参考点，水星绕太阳运行可视为只受万有引力这一"有心力"作用的椭圆运动，取水星和太阳作为系统来研究，则整个运动过程系统的角动量守恒，机械能守恒。

【计算详解】　由于近日点和远日点处水星的速度方向与它相对于太阳的位矢方向垂直，因此近日点和远日点角动量的大小可表示为 $r_1 m v_1$ 和 $r_2 m v_2$，根据角动量守恒，有

$$r_1 m v_1 = r_2 m v_2$$

取无穷远处为万有引力势能零点，根据机械能守恒，可得

$$\frac{1}{2} m v_1^2 - G \frac{Mm}{r_1} = \frac{1}{2} m v_2^2 - G \frac{Mm}{r_2}$$

联立以上两个方程可得

$$v_1 = \left[2GM \frac{r_2}{r_1(r_1 + r_2)} \right]^{1/2}$$

$$= \left[2 \times 6.67 \times 10^{-11} \times 1.99 \times 10^{30} \times \frac{6.98}{4.59 \times (4.59 + 6.98) \times 10^{10}} \right]^{1/2}$$

$$= 5.91 \times 10^4 \quad (\text{m/s})$$

$$v_2 = v_1 \frac{r_1}{r_2} = 5.91 \times 10^4 \times \frac{4.59}{6.98} = 3.88 \times 10^4 \text{ m/s}$$

【讨论与拓展】　由机械能守恒关系式可得

$$\frac{1}{2} m v_2^2 - \frac{1}{2} m v_1^2 = G \frac{Mm}{r_2} - G \frac{Mm}{r_1} = -\left(G \frac{Mm}{r_1} - G \frac{Mm}{r_2} \right)$$

上式左边是从近日点到远日点的动能增量，右边是势能增量的负值，也可理解为从近日点到远日点万有引力做的功，可以看出万有引力做负功，动能减小，反之若万有引力做正功，动能增加。本题的计算结果说明，通常有心力作用下的非圆周运动，有心力都会做功。

【拓展例题 2-9-1】　如图 2.28 所示，质量为 m 的小球系于轻绳一端，位于水平面上，绳的另一端穿过光滑水平面上的小孔受到竖直向下的拉力 F，刚开始小球以角速度 ω_0 绕 O 点作半径为 r_0 的匀速率圆周运动。如果缓慢将绳子下拉，使得末状态小球在半径为 $\dfrac{r_0}{2}$ 的圆周轨道上作匀速率圆周运动，求此过程小球动能的增量。

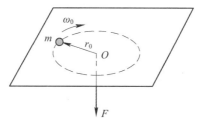

图 2.28

【解析】 本题中 m 在水平面上运动，水平方向受到的拉力始终指向 O，竖直方向的重力和支持力互相抵消，以 O 为参考中心，在光滑水平面上，m 的运动过程只受有心力作用，故 m 对 O 的角动量守恒。设小球末状态的角速度为 ω，根据角动量守恒，可得

$$mr_0^2\omega_0 = m\left(\frac{r_0}{2}\right)^2\omega$$

由此可求得末状态 m 的角速度为

$$\omega = 4\omega_0$$

从而动能的增量为

$$\Delta E_k = \frac{1}{2}J_2\omega_2^2 - \frac{1}{2}J_1\omega_1^2 = \frac{1}{2}m\left(\frac{r_0}{2}\right)^2(4\omega_0)^2 - \frac{1}{2}mr_0^2\omega_0^2 = \frac{3}{2}mr_0^2\omega_0^2$$

动能增量大于零，说明此过程有心力做功不为零。小球从初状态到末状态的过程轨迹是螺旋线，有心力的分力会做功。

【拓展例题 2-9-2】 如图 2.29 所示，劲度系数为 k，原长为 l_0 的弹簧，一端固定在光滑水平面上的 O 点，另一端系一个质量为 m 的小球。开始时，弹簧被拉长 λ，并给予小球与弹簧垂直的初速度 v_0。求当弹簧恢复其原长 l_0 时，小球的速度 v。小球速度的方向可借助图中的 α 角来表示。

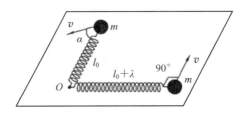

图 2.29

【解析】 小球在水平面上开始运动后，水平方向只受弹簧弹性力作用。以弹簧固定端点 O 作为参考点，弹簧若被拉伸，弹力指向 O；弹簧若被压缩，弹力背离 O，这样的力仍然称为有心力，因此小球对 O 点的角动量守恒。又因为弹性力是保守力，所以将小球与弹簧看成一个系统，其机械能守恒。本题利用两个守恒定律来求解小球末状态速度的大小和方向，取弹簧原长处为弹性势能放的零参考点。

$$(l_0 + \lambda)mv_0 = l_0mv\sin(\pi - \alpha)$$

$$\frac{1}{2}mv_0^2 + \frac{1}{2}k\lambda^2 = \frac{1}{2}mv^2$$

求解以上两个方程可得

$$v = \sqrt{v_0^2 + \frac{k}{m}\lambda^2}$$

$$\alpha = \arcsin\frac{v_0(l_0 + \lambda)}{l_0\sqrt{v_0^2 + \dfrac{k}{m}\lambda^2}} = \arcsin\frac{v_0(l_0 + \lambda)}{l_0 v}$$

【例题 2-10】 有一质量非均匀分布的薄圆盘，总质量为 M，半径为 R。圆盘各处的质量面密度 σ 与该处到圆盘中心 O 点的距离成正比。圆盘在粗糙水平面上可绕过中心 O 垂直于盘面的 z 轴转动，刚开始在外力矩的作用下，圆盘以角速度 ω_0 匀速转动。撤掉外力矩

后，圆盘将在摩擦力矩的作用下减速旋转，求圆盘旋转多长时间后停止？

【思路解析】　本题的分析分四步：（1）求质量非均匀圆盘对 z 轴的转动惯量；（2）求圆盘受到的摩擦力对 z 轴的力矩；（3）根据转动动力学规律进行分析。本题圆盘质量虽然非均匀分布，但质量密度对称分布，因此求圆盘的转动惯量和摩擦力矩时可将圆盘划分成许多的同心细圆环。

【计算详解】　本题计算圆盘的转动惯量和摩擦力矩时，将其看成许多同心圆环的组合。如图 2.30 所示，将圆盘划分成许多宽为 dr 的同心细圆环，取半径为 r 的细圆环，其面积为

$$ds = 2\pi r\, dr$$

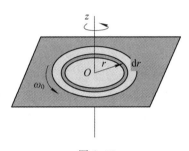

图 2.30

根据题意，圆盘的质量面密度可表示为 $\sigma = kr$（k 为大于零的比例系数），半径 r 处细圆环的质量可表示为

$$dm = \sigma ds = 2\pi k r^2 dr$$

圆盘的总质量是所有细圆环质量之和，因此有

$$m = \int dm = \int_0^R 2k\pi r^2 dr = \frac{2k\pi R^3}{3}$$

由此可得比例系数

$$k = \frac{3m}{2\pi R^3}$$

则半径 r 处细圆环的质量为

$$dm = \frac{3m}{R^3} r^2 dr$$

圆盘对 z 轴的转动惯量等于所有细圆环对 z 轴的转动惯量求和，即

$$J = \int r^2 dm = \int_0^R \frac{3m}{R^3} r^4 dr = \frac{3}{5} mR^2$$

细圆环定向旋转时，圆环上各点的摩擦力沿各处切线与运动方向相反，因此对共同转轴的力矩方向一致，所以细圆环旋转过程所受的摩擦力对转轴的力矩大小为

$$dM_f = -r\mu\, dmg = -2\pi k\mu g r^3 dr$$

圆盘上所有细圆环在绕固定轴定向旋转时摩擦力矩方向一致，因此圆盘摩擦力矩的大小为所有细圆环摩擦力矩求和，即

$$M_f = \int dM_f = \int_0^R -2\pi k\mu g r^3 dr = -\frac{1}{2}\pi k\mu g R^4 = -\frac{3}{4}\mu mgR$$

根据转动定律可得角加速度为

$$\beta = \frac{M_f}{J} = \frac{-\dfrac{3}{4}\mu m g R}{\dfrac{3}{5}mR^2} = -\frac{5\mu g}{4R}$$

又因为角加速度 β 是常数，因此圆盘在摩擦力矩的作用下作匀减速转动，根据匀变速转动的运动学方程可得

$$0 = \omega_0 + \beta \Delta t$$

则圆盘停止旋转所经过的时间为

$$\Delta t = -\frac{\omega_0}{\beta} = \frac{\omega_0}{\dfrac{5\mu g}{4R}} = \frac{4R\omega_0}{5\mu g}$$

【讨论与拓展】 （1）本题中的圆盘质量是非均匀分布的，因此转动惯量不能用均匀圆盘的结论，需根据质量具体的分布用积分的方法计算。圆盘可以划分成点，也可以划分成细圆环，本题因为质量密度以盘心对称分布，所以将圆盘划分成细圆环，利用圆环的结论进行一维积分比较简单。如果非均匀圆盘的质量不具有对称分布的特点，则需将其划分成点，按照具体分布进行二重积分运算。

（2）因为本题摩擦力矩为恒力矩，待求时间还可根据角动量定理求出。

$$\int_{t_1}^{t_2} M_f \mathrm{d}t = 0 - J\omega_0$$

$$M_f \Delta t = -J\omega_0, \ \Delta t = -\frac{J\omega_0}{M_f} = \frac{4R\omega_0}{5\mu g}$$

如果本题还要分析圆盘从去掉外力矩开始到停下来所转过的角度，除了利用运动学方程 $\Delta \theta = \omega_0 \Delta t + \dfrac{1}{2}\beta(\Delta t)^2$ 求解外，因为是恒力矩，还可根据转动动能定理来计算，$-M_f \Delta \theta = 0 - \dfrac{1}{2}J\omega_0^2$，也可方便地求出 $\Delta \theta$。这类问题用转动定律分析有助于了解过程细节规律，利用角动量定理和动能定理则计算上更简单一些。

【例题 2-11】 如图 2.31(a)所示，将单摆和一等长的均质细直杆悬挂在天花板上的同一位置，细杆与单摆的摆锤具有相等的质量 m。开始时杆静止悬挂于铅垂位置，将单摆的摆锤拉到高度为 h_0 处，令它自静止状态下摆，于铅垂位置和细杆发生完全弹性碰撞，求碰撞后细杆下端达到的最大高度 h，以及摆锤上摆的最大高度 h'，如图 2.31(b)所示。

【思路解析】 以摆锤、细杆、转轴和地球作为研究对象。本题的具体讨论分三个过程：

（1）摆锤自由下落过程：受拉力和重力作用，拉力不做功，因此机械能守恒。

（2）单摆与杆碰撞瞬间：摆锤和杆此刻都在铅垂位置，两者之间的相互作用内力对共同转轴力矩之和为零；杆的重力对轴的力矩为零；转轴对杆的作用力对轴的力矩也等于零。碰撞瞬间，小球在竖直方向受力平衡，对轴的力矩为零，因此碰撞瞬间系统的角动量守恒。因为是完全弹性碰撞，所以碰撞前后系统的机械能也守恒。

（3）碰撞后，杆在竖直平面内向右自由摆动，仅受重力矩作用，机械能守恒；碰撞后，摆锤作自由摆动，拉力不做功，仅重力做功，故机械能守恒。

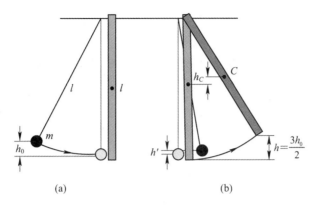

图 2.31

【计算详解】 设细杆和单摆摆线的长度为 l，碰撞前摆锤的速度大小为 v_0，方向水平向右；碰撞后细杆的角速度大小为 ω，摆锤的速度大小为 v。重力势能零参考点取单摆的最低位置。

（1）摆锤自由下落过程：摆球和地球机械能守恒，可得摆锤碰撞前的速度为

$$v_0 = \sqrt{2gh_0}$$

（2）碰撞瞬间：设逆时针为转动的正方向，根据右手螺旋法则可知角动量垂直纸面向外为正方向，根据角动量守恒，有

$$mlv_0 = mlv + J\omega$$

根据机械能守恒，有

$$\frac{1}{2}mv_0^2 = \frac{1}{2}mv^2 + \frac{1}{2}J\omega^2$$

将细杆的转动惯量 $J = \dfrac{ml^2}{3}$ 代入以上两式，联立求解可得

$$v = \frac{v_0}{2}, \qquad \omega = \frac{3v_0}{2l}$$

（3）碰撞后，细杆的转动：如图 2.31(b) 所示，细杆的质心在竖直方向上高度的变化量为 h_C，则细杆下端达到的高度 $h = 2h_C$。根据机械能守恒，有

$$\frac{1}{2}J\omega^2 = mgh_C$$

由此可得

$$h = 2h_C = \frac{3}{2}h_0$$

碰撞后，摆锤的运动：根据机械能守恒，有

$$\frac{1}{2}mv^2 = mgh'$$

将 $v = v_0/2$ 和 $v_0 = \sqrt{2gh_0}$ 代入上式，可得碰撞后摆锤上升的最大高度为

$$h' = \frac{h_0}{4}$$

【讨论与拓展】 （1）本题分析时规定了转动的逆时针为正方向，最后解得 $v=\dfrac{v_0}{2}$，$\omega=\dfrac{3v_0}{2l}$，结果均大于 0，说明摆锤与杆碰撞结束后都沿逆时针方向旋转。在碰撞类问题中，有的问题需要分析碰撞结束后转动部分"向左转还是向右转?"，或者"顺时针还是逆时针?"，这类问题首先要规定正方向，结合最后的结果分析，若 $\omega>0$，则说明碰撞结束后物体沿着规定的正方向转动；若 $\omega<0$，则沿规定正方向的反向转动。

（2）本题摆锤与杆碰撞瞬时可否利用水平方向动量守恒关系式？碰撞瞬间，转轴对杆的作用力很复杂，通常在水平方向上的投影不恒为零，则系统在水平方向上动量不守恒。但是转轴对杆的力对轴的力矩为零，因此碰撞瞬时的角动量守恒，这也是初学者经常混淆的问题。因此碰撞对象里如果有可绕固定轴转动的物体，在此类碰撞瞬间，不宜用动量定理或动量守恒定律，应该用角动量定理及角动量守恒定律来处理。

如图 2.32(a)、(b)所示，子弹与沙摆的碰撞瞬间可以用动量守恒，也可以用角动量守恒；子弹与可绕水平定轴旋转的细杆碰撞瞬间，转轴对杆的作用力在水平方向的分力通常不为零，因此只能应用角动量守恒分析。以上两种情况均可用来测量子弹的速度。如图 2.32(c)，在杆上施加一瞬时冲力 **F**，求冲力作用结束后细杆的运动情况，这种情况下只能用角动量定理分析。

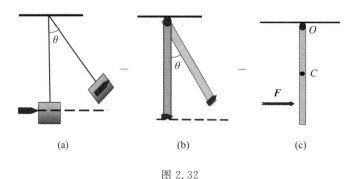

图 2.32

【例题 2-12】 如图 2.33 所示，质量为 m、半径为 R 的均质圆柱，可绕过轴线的水平轴 O 自由转动，初始时刻圆柱静止。今有质量为 $m_0(m_0<m)$ 的黏性小球从 A 点自由下落，击中并粘在圆柱边缘的 B 处。已知 A、B 两点间的距离为 h，小球掉落前 OB 与水平方向

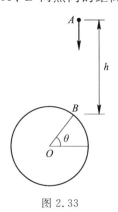

图 2.33

的夹角为 θ。求：小球击中圆柱后，圆柱刚开始转动时的角速度；当小球与圆柱一起转动到最低点时的角速度。

【思路解析】 本题中，黏性小球与圆柱为完全非弹性碰撞，以小球、圆柱、转轴和地球作为研究对象。具体分析可分解为三个过程来讨论：

（1）小球自由下落过程：仅受自身重力作用，机械能守恒。

（2）小球与圆柱碰撞瞬间：两者的相互作用内力对共同转轴 O 的力矩之和为零，小球的重力远小于两者相互作用冲力，因此碰撞瞬间小球重力可忽略不计。显然碰撞瞬间合力矩为零，因此角动量守恒。

（3）小球与圆柱一起转动的过程：系统仅受小球重力矩作用，机械能守恒。

【计算详解】 本题均质圆柱的转轴为过轴线的中心对称轴。圆柱可以划分成很多个垂直于轴线的均质薄圆盘，由圆盘对 O 轴的转动惯量结论，根据叠加原理，可得质量为 m、半径为 R 的均质圆柱对 O 轴的转动惯量为 $\dfrac{mR^2}{2}$。

（1）小球自由下落过程：取碰撞前圆柱上 B 点处为势能零点，设小球降落至 B 点的速度大小为 v，根据机械能守恒，有

$$m_0 gh = \frac{1}{2} m_0 v^2$$

所以

$$v = \sqrt{2gh}$$

（2）小球和圆柱碰撞瞬间：取圆柱顺时针转动为正方向，设碰撞结束后，小球与圆柱的角速度为 ω_0，根据角动量守恒，有

$$m_0 vR\cos\theta = J\omega_0 = \left(\frac{1}{2}mR^2 + m_0 R^2\right)\omega_0$$

联立以上两式计算可得

$$\omega_0 = \frac{2m_0 vR\cos\theta}{(m+2m_0)R^2} = \frac{2m_0\sqrt{2gh}\cos\theta}{(m+2m_0)R}$$

（3）碰撞结束后：小球与圆柱一起向下转动过程中，取小球最低点为势能零点，设小球运动到最低点时，小球与圆柱的角速度为 ω，根据机械能守恒可得

$$\frac{1}{2}J\omega_0^2 + m_0 gR(1+\sin\theta) = \frac{1}{2}J\omega^2$$

将 $J = \dfrac{1}{2}mR^2 + m_0 R^2$ 代入上式可得

$$\omega = \left[\frac{4m_0 g(1+\sin\theta)}{(m+2m_0)R} + \frac{8m_0^2 gh\cos^2\theta}{(m+2m_0)^2 R^2}\right]^{1/2}$$

【讨论与拓展】 本题中小球与定轴转动的圆柱发生了完全非弹性碰撞，角动量守恒。这与子弹与杆撞击的问题类似，无论子弹嵌入细杆还是从细杆中穿出，该过程均有摩擦损耗，故这类问题的共性是碰撞瞬间角动量守恒，机械能不守恒。

总结：如图 2.34 所示均为例题 2-11 和例题 2-12 的同类碰撞问题，无论竖直面内的碰撞还是水平面内的碰撞，分析思路和步骤与例题 2-11 和例题 2-12 类同。分析此类题目时注意，将问题拆分成不同过程，按顺序对每一过程进行讨论，针对每一具体过程的特

点列出相应方程,求出相应的物理量,层层递进即可求出待求量。这样分析不仅条理清楚,
也不容易出错。

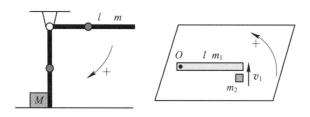

图 2.34

【例题 2 - 13】　如图 2.35 所示,空心细圆环可绕竖直固定 z 轴自由转动,转动惯量为
J_0,半径为 R。初始时圆环的角速度为 ω_0,质量为 m 的小球静止在圆环最高处 A 点,由于
某种微小干扰,小球沿环向下滑动。求小球滑至与环心 O 在同一高度的 B 点处和圆环的最
低处 C 点时,圆环的角速度和小球相对于圆环的速度分别为多少?设圆环的内壁和小球都
是光滑的,小球可视为质点,圆环的截面半径 $r \ll R$,轴承处摩擦忽略不计。

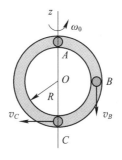

图 2.35

【思路解析】　以小球、细圆环、转轴和地球组成的系统作为研究对象,绕 z 轴转动过
程中,系统所受合力矩为零,因此角动量守恒;小球与细圆环内壁均光滑,所以系统的机械
能也守恒,本题利用以上两个守恒定律进行分析。

【计算详解】　设小球在 B 点时相对于圆环的速度大小为 v_B,方向如图沿圆环切线方
向向下,该速度也是小球在 B 点相对于地面的竖直分速度,B 点处小球跟随圆环相对于转
轴的速度为 ωR,这是小球相对于地面的水平分速度。

根据角动量守恒有

$$J_0 \omega_0 = J_0 \omega + mR^2 \omega$$

取环心的水平面位置为重力势能零点,根据机械能守恒,有

$$\frac{1}{2} J_0 \omega_0^2 + mgR = \frac{1}{2} J_0 \omega^2 + \frac{1}{2} m(v_B^2 + \omega^2 R^2)$$

可得小球在 B 点时,圆环的角速度和小球相对于圆环的速度大小为

$$\omega = \frac{J_0 \omega_0}{J_0 + mR^2}$$

$$v_B = \sqrt{2gR + \frac{J_0 \omega_0^2 R^2}{J_0 + mR^2}}$$

　　设小球运动到 C 点处，相对于圆环的速度大小为 v_C，方向如图沿圆环切线方向。根据角动量守恒，有

$$J_0\omega_0 = J_0\omega, \quad \omega = \omega_0$$

　　C 点处的角速度就是初角速度 ω_0，将其代入下面机械能守恒关系式中：

$$\frac{1}{2}J_0\omega_0^2 + mgR = \frac{1}{2}J_0\omega^2 + \frac{1}{2}mv_C^2 - mgR$$

解得

$$v_C = \sqrt{4gR}$$

　　【讨论与拓展】　角动量守恒定律和机械能守恒定律都成立于惯性参考系，本题是在地面惯性系中列守恒方程，题目要求的是小球相对于圆环的速度，所以列方程时需考虑小球相对于地面的速度。

　　【例题 2–14】　如图 2.36 所示，一人张开双臂手握哑铃坐在可绕竖直光滑轴转动的转椅上，外力矩使转椅转动起来后，撤掉外力矩，当此人收回双臂时，人、哑铃和转椅的角速度和转动动能如何变化？

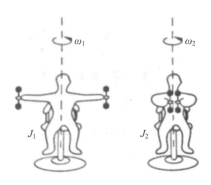

图 2.36

　　【思路解析】　将人、哑铃和转椅看作一个系统，外力矩使其转动起来，撤掉外力矩后，系统对竖直转轴的合力矩为零，因此系统的角动量守恒。

　　【计算详解】　设人张开双臂时转动惯量和角速度分别为 J_1、ω_1，收起双臂时转动惯量和角速度分别为 J_2、ω_2，根据角动量守恒，有

$$J_1\omega_1 = J_2\omega_2$$

因为 $J_1 > J_2$，所以有

$$\omega_2 > \omega_1$$

则动能的增量为

$$\Delta E_k = \frac{1}{2}J_2\omega_2^2 - \frac{1}{2}J_1\omega_1^2 = \frac{1}{2}(J_2\omega_2 \cdot \omega_2 - J_1\omega_1 \cdot \omega_1) > 0$$

因此角速度增加，转动动能也增加。

　　【讨论与拓展】　本题中，人手握哑铃的双臂伸展和收起的过程，系统并非刚体。刚体定轴转动中，一对内力矩对同一转轴的力矩之和为零，一对内力矩做功之和也为零。但在一般的质点系中，一对内力做功之和通常不为零，本题系统动能增加的原因就是内力做功导致的。其次，角动量守恒不仅成立于刚体系统，也成立于非刚体系统。本题忽略转椅各处

摩擦，去掉外力后人转动过程的合力矩为零，角动量守恒依然适用。该问题与花样滑冰规律类似（忽略冰面摩擦）。

【例题 2 - 15】　两个有一定厚度的均质圆盘，半径分别为 R_1 和 R_2，质量分别为 m_1 和 m_2，可绕各自过质心的中心对称轴转动，刚开始角速度分别为 ω_{10} 和 ω_{20}，且两者转动方向相同。现将两圆盘以不同方式啮合，求两圆柱在相互间摩擦力的作用下到达稳定时的角速度。

（1）同轴啮合，即转轴在同一条直线上，两者相互靠近并接触，如图 2.37(a)所示。

（2）两圆盘的转轴相互平行，缓慢移动它们，使其互相接触，如图 2.37(b)所示。

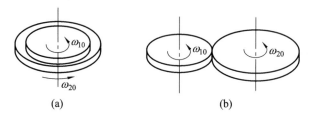

(a)　　　　　　　　　　(b)

图 2.37

【思路解析】　第一种情况，将两圆盘看成一个系统，两圆盘间的摩擦力是一对内力，对共同转轴的力矩之和为零，所以系统的角动量守恒，最终具有共同的角速度。第二种情况，两圆盘之间的摩擦力对各自转轴的力矩不相等，这种情况只能用角动量定理来求解。

【计算详解】　（1）设两圆盘的转动惯量分别为 J_1 和 J_2，最终的共同角速度为 ω，根据角动量守恒，有

$$J_1 = \frac{1}{2} m_1 R_1^2$$

$$J_2 = \frac{1}{2} m_2 R_2^2$$

$$J_1 \omega_{10} + J_2 \omega_{20} = (J_1 + J_2)\omega$$

联立以上三式求解可得

$$\omega = \frac{m_1 R_1^2 \omega_{10} + m_2 R_2^2 \omega_{20}}{m_1 R_1^2 + m_2 R_2^2}$$

（2）两圆盘稳定的最终状态是两者间没有相对滑动，即接触处的线速度大小相同，且两者的末角速度 ω_1 和 ω_2 方向相反，因此有

$$\omega_1 R_1 = -\omega_2 R_2$$

两圆盘接触时，相互间的摩擦力大小相同、方向相反，设摩擦力大小为 f，对两圆盘分别应用角动量定理，有

$$-\int_0^t f R_1 \, \mathrm{d}t = J_1 \omega_1 - J_1 \omega_{10}$$

$$-\int_0^t f R_2 \, \mathrm{d}t = J_2 \omega_2 - J_2 \omega_{20}$$

联立以上两式，可得

$$\frac{R_1}{R_2} = \frac{J_1(\omega_1 - \omega_{10})}{J_2(\omega_2 - \omega_{20})}$$

将 $\omega_1 R_1 = -\omega_2 R_2$，$J_1 = \dfrac{m_1 R_1^2}{2}$，$J_2 = \dfrac{m_2 R_2^2}{2}$ 代入上式计算可得

$$\omega_1 = \frac{m_1 R_1 \omega_{10} - m_2 R_2 \omega_{20}}{(m_1 + m_2) R_1}$$

$$\omega_2 = \frac{m_2 R_2 \omega_{20} - m_1 R_1 \omega_{10}}{(m_1 + m_2) R_2}$$

【讨论与拓展】　本题第一种情况将两个圆盘组成系统，相互间的摩擦力对同一转轴的力矩之和为零，因此角动量守恒；第二种情况，两者边缘相互摩擦力作用对各自转轴的力矩无法抵消，角动量不守恒，刚体中一对内力矩对同一转轴的力矩之和为零，显然第二种情况不满足，所以利用角动量定理对两个圆盘分别讨论。因此将研究对象组成一个系统还是分别讨论应该根据问题特点来判定，当然本题的第一问也可对两个圆盘分别应用角动量定理进行分析。

模块 3　振 动 和 波

3.1　教 学 要 求

（1）掌握简谐振动的基本特征；能建立物体做简谐振动时的微分方程；能根据所给初始条件写出一维简谐振动的运动方程，并理解其物理意义。

（2）掌握描述简谐振动物理参量（特别是相位）的物理意义及求法。

（3）掌握旋转矢量法。

（4）理解两个同方向、同频率简谐振动合成规律以及合振动振幅极大和极小的条件；了解拍的含义及形成拍的条件。

（5）了解相互垂直的两个简谐振动合成的处理方法。

（6）理解简谐振动的能量。

（7）了解阻尼振动、受迫振动和共振。

（8）理解机械波产生的条件；了解波阵面、波线的意义及其相互关系。

（9）掌握波动参量的物理意义及其关系。

（10）掌握根据已知质点的简谐振动方程建立平面简谐波表达式（波函数）的方法，以及波函数的物理意义；理解波形图线。

（11）了解一维波动微分方程。

（12）理解波的能量传播特征及能流、能流密度概念。

（13）了解惠更斯原理；理解波的叠加原理。

（14）掌握波的相干条件；能熟练地应用相位差或波程差概念分析和确定相干波叠加后振幅加强和减弱的条件。

（15）掌握驻波的特点及形成条件，能建立驻波的波函数并进行分析讨论；理解驻波和行波的区别。

（16）理解机械波的多普勒效应及其产生原因，并能应用公式进行简单的计算。

3.2　内 容 精 讲

振动与波动是自然界最为普遍的运动形式。物体在其稳定平衡位置附近所做的往复运动称为机械振动，简称振动。从广义上讲，一个物理量（如位置、电量、电流、电压、温度……）在某一确定值附近随时间做周期性的变化，则该物理量的运动形式都称为振动。

简谐振动是一种最简单、最基本的振动，较复杂的振动可以看作是多个简谐振动的叠加，因此简谐振动是研究一切复杂振动的基础，也是研究波动的基础。

振动在空间中的传播形成波，波动是振动相位的传播。在线性介质中，任何复杂的波都可分解为一系列简谐波的叠加，因此，简谐波是一种最简单、最基本的波，研究简谐波的波动规律是研究较复杂的波的基础。

本模块的内容包括：简谐振动；简谐振动的参量；旋转矢量；单摆和复摆；简谐振动的能量；简谐振动的合成；阻尼振动和受迫振动，共振；机械波的产生和传播；波长，波的周期和频率，波速；简谐波的波函数，波的能量，惠更斯原理，波的衍射，波的干涉；驻波；多普勒效应。

3.2.1 简谐振动

1. 简谐振动的定义

判断一个物体是否做简谐振动，可以从该物体的动力学方程或运动学方程入手。

（1）动力学方程：物体所受的合外力与其离开平衡位置的位移成正比而反向，可得

$$\frac{\mathrm{d}^2 x}{\mathrm{d}t^2} + \omega^2 x = 0$$

式中，ω 为常量。任一物理量随时间的变化遵守这一形式的微分方程时，该物理量的运动形式就是简谐振动。

（2）运动学方程：物体运动位置的坐标 x 按余弦（或正弦）函数规律随时间变化，即

$$x = A\cos(\omega t + \varphi)$$

式中，A、ω、φ 为常量，$A>0$，$\omega>0$。任一物理量随时间的变化遵守这一形式的变化规律时，该物理量的运动形式就是简谐振动。

可以看出，微分方程的通解即为简谐振动的运动学方程。

2. 振动参量

由简谐振动定义可知，决定简谐振动的参量为振幅、角频率（周期或频率）、相位。

（1）振幅 A：描述振动幅度的物理量，表示物体离开平衡位置的最大距离，恒为正，由振动的初始状态决定，表征系统的能量。

（2）角频率 ω、周期 T 和频率 ν：描述振动时间周期性的物理量，由系统本身的固有性质决定。例如，弹簧谐振子系统的 $\omega = \sqrt{\dfrac{k}{m}}$，$k$ 为弹簧的劲度系数，m 为物体的质量。

（3）相位（$\omega t + \varphi$）和初相 φ：描述振动瞬时运动状态的物理量。相位反映某时刻的振动情况（位置、速度、加速度等），初相反映初始时刻的振动情况，其数值由初始条件决定。

3. 单摆与复摆

单摆和复摆的小角度（$\theta < 5°$）摆动为简谐振动，振动的角频率分别如下。

（1）单摆：

$$\omega = \sqrt{\frac{g}{l}}$$

式中，l 为单摆绳长。

（2）复摆：

$$\omega = \sqrt{\frac{mgh}{J}}$$

式中，J 为复摆绕悬挂轴的转动惯量；h 为悬挂轴到复摆质心的距离。

4. 简谐振动参量的确定方法

(1) 解析法：角频率 ω 由系统本身决定，由初始条件(x_0、v_0 为初始位移和速度)确定振幅和初相。

$$A = \sqrt{x_0^2 + \frac{v_0^2}{\omega^2}}$$

$$\tan\varphi = -\frac{v_0}{\omega x_0}$$

(2) 旋转矢量法：质点作匀速圆周运动时，它在直径上投影的运动即为简谐振动，因此用一个长度等于振幅 A 的旋转矢量 $\boldsymbol{A}$ 表示一个简谐运动，逆时针旋转的角速度为 ω，矢量的初角位置为初相位 φ。如图 3.1 所示，当 $t=0$ 时，$\boldsymbol{A}$ 与 x 轴正向的夹角为 φ，任意 t 时刻与 x 轴正向的夹角为($\omega t+\varphi$)，这时矢量 $\boldsymbol{A}$ 的末端在 x 轴上的投影为

$$x = A\cos(\omega t + \varphi)$$

(3) 振动曲线法：以振动平衡位置为坐标原点，位置坐标为纵轴，时间 t 为横轴的 x-t 关系曲线称为振动曲线，如图 3.2 所示。振动曲线在 x 轴投影的最大值即为振幅 A，相邻两个相同振动状态之间的时间间隔即为周期 T，$t=0$ 时的振动状态即为初相 φ。

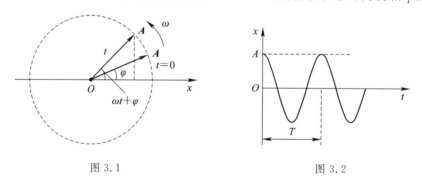

图 3.1　　　　　　　　　　图 3.2

5. 两个同频率简谐振动的比较

两个频率相同的简谐振动

$$x_1 = A_1\cos(\omega t + \varphi_1)$$
$$x_2 = A_2\cos(\omega t + \varphi_2)$$

之间的相位差即为初相差($\varphi_2-\varphi_1$)。当 $\varphi_2-\varphi_1>0$ 时，x_2 比 x_1 超前($\varphi_2-\varphi_1$)；反之，当 $\varphi_2-\varphi_1<0$ 时，x_2 比 x_1 落后($\varphi_1-\varphi_2$)。当 $\varphi_2-\varphi_1=2k\pi$ 时，两者同相；当 $\varphi_2-\varphi_1=2k\pi+\pi(k=0,\pm1,\pm2,\cdots)$ 时，两者反相。

6. 速度与加速度

由运动学方程易知，速度为

$$v = \frac{dx}{dt} = -A\omega\sin(\omega t+\varphi) = A\omega\cos\left(\omega t+\varphi+\frac{\pi}{2}\right)$$

加速度为

$$a = \frac{d^2x}{dt^2} = -A\omega^2\cos(\omega t+\varphi) = A\omega^2\cos(\omega t+\varphi+\pi)$$

可见，v 比 x 超前 $\frac{\pi}{2}$，a 比 v 超前 $\frac{\pi}{2}$，x 与 a 反相。

7. 简谐振动的能量

在振动过程中，简谐振动系统的机械能是守恒的，动能和势能都是周期性交替变化，变化的周期为振动周期的一半。动能和势能相互转化，动能最大时，势能为零；反之，势能最大时，动能为零。

动能：$E_k = \frac{1}{2}mv^2 = \frac{1}{2}m\omega^2 A^2 \sin^2(\omega t + \varphi)$；

势能：$E_p = \frac{1}{2}kx^2 = \frac{1}{2}kA^2 \cos^2(\omega t + \varphi)$；

总机械能：$E = E_k + E_p = \frac{1}{2}kA^2$；

平均能量：$\bar{E}_k = \bar{E}_p = \frac{1}{2}E = \frac{1}{4}kA^2$。

3.2.2 简谐振动的合成

1. 同方向、同频率简谐振动的合成

两个同频率、同方向的简谐振动为
$$x_1 = A_1 \cos(\omega t + \varphi_1)$$
$$x_2 = A_2 \cos(\omega t + \varphi_2)$$
其合振动仍是简谐振动，且频率不变，即
$$x = x_1 + x_2 = A\cos(\omega t + \varphi)$$
合振动的振幅与原振幅相关，并取决于两个分振动的相位差，即
$$A = \sqrt{A_1^2 + A_2^2 + 2A_1 A_2 \cos(\varphi_2 - \varphi_1)}$$
合振动的初相为
$$\tan\varphi = \frac{A_1 \sin\varphi_1 + A_2 \sin\varphi_2}{A_1 \cos\varphi_1 + A_2 \cos\varphi_2}$$

2. 同方向、不同频率简谐振动的合成

同方向、不同频率简谐振动的合成运动不再是简谐振动。合振动的振幅在 $A = A_1 + A_2$ 和 $A = |A_1 - A_2|$ 之间周期性地变化。当两个分振动的频率都很大，而两者的频率之差很小时，合振动振幅时强时弱地周期性变化，产生拍现象。拍频为单位时间内合振动振幅大小变化的次数，等于两个分振动的频率之差，即
$$\nu = \frac{|\omega_2 - \omega_1|}{2\pi} = |\nu_2 - \nu_1|$$

3. 相互垂直的两个同频率简谐振动的合成

相互垂直的两个同频率简谐振动的合运动轨迹一般为椭圆运动。椭圆的形状和运动方向由两个分振动的相位差决定。两个分振动的相位差 $\Delta\varphi = k\pi(k=0,\pm1,\pm2,\cdots)$ 时，椭圆退化为直线，合运动为沿这条直线的简谐振动。当两个分振动的振幅相同时，椭圆退化

为圆。

4. 相互垂直的两个不同频率简谐振动的合成

若两个分振动周期成简单整数比，合运动是周期性运动，其运动轨迹为具有一定规则的、稳定的封闭曲线，即李萨茹图形。

3.2.3　阻尼振动和受迫振动

1. 阻尼振动

当物体不仅受到线性回复力，还受到线性阻力时，物体运动的微分方程可以表示为

$$\frac{\mathrm{d}^2 x}{\mathrm{d}t^2} + 2n\frac{\mathrm{d}x}{\mathrm{d}t} + \omega_0^2 x = 0$$

式中，$2n = \dfrac{\mu}{m}$，$\omega_0^2 = \dfrac{k}{m}$，$\mu$ 为阻力系数。

当 $n^2 < \omega_0^2$ 时，为欠阻尼情况，振幅随时间按指数规律减小，物体的振动没有周期重复性；当 $n^2 > \omega_0^2$ 时，为过阻尼情况，物体经过相当长的时间才能达到平衡位置；当 $n^2 = \omega_0^2$ 时，为临界阻尼情况，振动物体将很快地、平滑地回到平衡位置。

2. 受迫振动

受迫振动是系统在驱动力作用下的振动。稳态时的振动频率等于驱动力的频率，当驱动力的频率等于振动系统的固有频率时发生共振，这时系统最大限度地从外界吸收能量。

3.2.4　机械波的产生和传播

1. 机械波的形成条件

做机械振动的波源和弹性介质是机械波产生的两个必备的条件。在弹性介质中，由于各质元之间存在着相互作用，前一质元的振动状态是后一质元在下一时刻的振动状态。用相位描述，就是在波的传播方向上介质的各质元的相位不同，后者比前者落后一个相位差，所以波动过程就是振动相位的传播。在传播过程中，介质中的各质元并不随波前进，而只是在各自的平衡位置附近振动。

2. 横波与纵波

机械波按振动方向与传播方向间的关系可分为横波和纵波。

横波：质元振动方向与波的传播方向垂直的波叫作横波。

纵波：质元振动方向与波的传播方向在同一直线上的波叫作纵波。

横波的外形特征是在横向具有突起的"波峰"和凹下的"波谷"，而纵波的外形特征是在纵向具有"稀疏"和"稠密"的区域。

只有固体才能传播机械横波，纵波在固体、液体和气体中都可以传播。

3. 波的几何描述

为了形象地描述波在空间的传播情况，常用几何图形来表示。

波线：沿波的传播方向，作带箭头的矢量线。

波面：不同波线上相位相同的点所构成的曲面，也称作波阵面。

波前：传播在最前面的波面。（注：一列波的波面有任意多个，但波前只有一个）

波面是平面的机械波叫作平面波，波面是球面的机械波叫作球面波，波面是柱面的机械波叫作柱面波。平面波、球面波和柱面波的波面和波前如图 3.3 所示，由图可知波面与波线是相互垂直的。

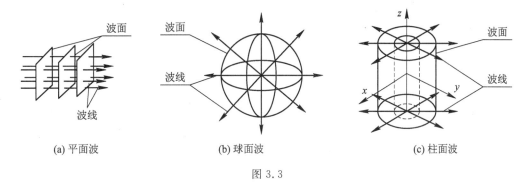

(a) 平面波　　　　　　　　　　(b) 球面波　　　　　　　　　　(c) 柱面波

图 3.3

4. 描写波动的参量

波动具有时间周期性和空间周期性，因而描述波动既要考虑每一质元振动的时间周期性，还要考虑所有质元振动状态的空间周期性，主要涉及以下参量。

（1）波长 λ：在同一波线上两个相邻的、相位差为 2π 的质元之间的距离叫作波长。质元做一次完全振动，在介质中传播的距离等于一个波长。可见波长反映了波的空间周期性。

（2）周期 T 和频率 ν：波传播一个波长所需的时间叫作周期，周期的倒数叫作频率，它们与介质的性质无关，仅与波源的振动情况有关。

（3）波速 u：振动状态在介质中的传播速度即波的传播速度称为波速，可以表示为

$$u = \frac{\lambda}{T} = \nu\lambda$$

机械波的传播速率由介质的性质（介质密度和弹性模量）决定，与波源无关。

可见，波向前传播一个波长的距离，质元经历一个周期的时间完成一次全振动，相位变化 2π。

3.2.5　平面简谐波

1. 平面简谐波的波函数

简谐振动在弹性介质中传播形成的机械波，称为简谐波，波面为平面的简谐波称为平面简谐波。此处主要讨论平面简谐波在均匀、无吸收的介质中的传播。

1）波函数

描述介质中各质元的振动位移 y 是如何随质元的位置坐标 x 和时间 t 的变化而变化的，可表示为

$$y = f(x, t) = A\cos\left[\omega\left(t - \frac{x}{u}\right) + \varphi_0\right]$$

或

$$y = f(x, t) = A\cos\left[2\pi\left(\frac{t}{T} - \frac{x}{\lambda}\right) + \varphi_0\right]$$

或

$$y = f(x,t) = A\cos\left[\frac{2\pi}{\lambda}(ut - x) + \varphi_0\right]$$

式中，$\omega = \frac{2\pi}{T}$；A 为波面上质元振动的振幅，也称作波幅；φ_0 是坐标原点 O 处的振动初相。

　　2）波图形

　　介质质元的平衡位置坐标为横坐标，质元偏离平衡位置的振动位移为纵坐标，画出某一时刻所有质元的位移随平衡位置坐标的变化曲线，称为波形图。

　　2. 波函数的物理意义

　　（1）当 x 给定时，波函数表示给定处质元的振动方程。

　　（2）当 t 给定时，波函数表示给定时刻波线上各质元离开各自平衡位置的位移分布情况，即该时刻的波形。

　　（3）当 x、t 同时变化时，波函数反映了波形的传播。从图 3.4 可以看出，波速就是整个波形向前推进的速度。波在 Δt 时间内向前传播了 Δx 的距离、$\Delta\varphi$ 的相位，它们量之间的关系满足

$$\frac{\lambda}{\Delta x} = \frac{T}{\Delta t} = \frac{2\pi}{\Delta\varphi}$$

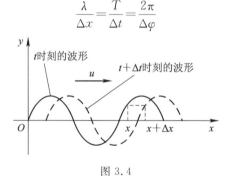

图 3.4

　　3. 波动微分方程

　　对于机械波，从动力学角度或从平面简谐波的波函数应为波动微分方程的解的角度，都可得到

$$\frac{\partial^2 y}{\partial x^2} = \frac{1}{u^2}\frac{\partial^2 y}{\partial t^2}$$

　　波动微分方程不仅适用于机械波，也适用于其他波。一般情况下，物理量 $\xi(x,y,z,t)$ 在线性、均匀、各向同性且无吸收的三维介质空间中以波的形式传播，其波动方程可表示为

$$\frac{\partial^2\xi}{\partial x^2} + \frac{\partial^2\xi}{\partial y^2} + \frac{\partial^2\xi}{\partial z^2} = \frac{1}{u^2}\frac{\partial^2\xi}{\partial t^2}$$

　　4. 波的能量

　　机械波的能量包括介质中所有质元的振动动能和弹性介质的形变势能。在波传播过程中，任一质元的动能和势能都随时间变化，这是因为波在传播过程中，任一质元都是在不断地吸收能量和放出能量的，能量以波速 u 在介质中传播。动能和势能在任何时刻量值都相等，且是同相位的，即动能和势能同时达到最大值，同时为零。

质量为 Δm 的质元的动能 E_k、势能 E_p 和总能量 E 可表示为

$$E_k = E_p = \frac{1}{2}\Delta m\omega^2 A^2 \sin^2\left[\omega\left(t - \frac{x}{u}\right) + \varphi_0\right]$$

$$E = E_k + E_p = \Delta m\omega^2 A^2 \sin^2\left[\omega\left(t - \frac{x}{u}\right) + \varphi_0\right]$$

描写波动能量的物理量主要涉及以下几个。

（1）能量密度 w：单位体积中波的能量。即

$$w = \frac{E}{\Delta V} = \rho\omega^2 A^2 \sin^2\left[\omega\left(t - \frac{x}{u}\right) + \varphi_0\right]$$

式中，ρ 为质元质量密度。

（2）平均能量密度 $\overline{w}$：一个周期内能量密度的平均值。即

$$\overline{w} = \frac{1}{T}\int_0^T w\,\mathrm{d}t = \frac{1}{2}\rho\omega^2 A^2$$

（3）能流密度 I：单位时间内，沿波速方向垂直通过单位面积的平均能量。即

$$I = \overline{w}u = \frac{1}{2}\rho A^2 \omega^2 u$$

能流密度也叫作波的强度，简称波强。从上式可以看出，波强的大小与波的振幅的平方（A^2）成正比。

5. 平面波和球面波的振幅

平面波在理想无吸收的、各向同性、均匀介质中传播时振幅不变。

球面波在理想无吸收的、各向同性、均匀介质中传播时，各处的振幅与该处离开波源的距离 r 成反比。取离波源为单位距离处的振幅为 A_0，球面简谐波的波函数可以表示为

$$y(r,t) = \frac{A_0}{r}\cos\left[\omega\left(t - \frac{r}{u}\right) + \varphi_0\right], \quad r > 0$$

由此式可以看出，球面波的振幅即使在介质不吸收能量的情况下，也会随 r 的增大而减小。

3.2.6 惠更斯原理

1. 波的衍射

当机械波遇到障碍物时，其传播方向会发生改变，并能绕过障碍物边缘继续向前传播，这种现象称为波的衍射现象。

2. 惠更斯原理

行进中的波面上任意一点都可看作是新的次波源，而从波面上发出的许多次波所形成的包络面（公切面）就是原波面在一定时间内所传播到的新波面，这就是惠更斯原理。

惠更斯原理比较直观和形象地说明了波的传播问题。若已知某时刻的波面，则利用次波概念即可确定以后时刻的波面。因而应用惠更斯原理可以定性地解释波的衍射现象。

3.2.7 波的干涉

1. 波的叠加原理

当几列机械波相遇时，相遇区域中任一点振动为各列波单独存在时在该点引起的振动

位移的矢量和。相遇后，它们仍然保持各自原有的特征(振幅、频率、波长、振动方向)不变，并按原来的方向继续前进。

2. 波的干涉现象

两列波满足频率相同、振动方向相同、相位差恒定的波称为相干波，产生相干波的波源称为相干波源。

几列相干波在空间相遇而叠加，某些地方振动始终加强，而另一些地方振动始终减弱或消失，在空间形成稳定的叠加图像，这种现象称为波的干涉现象。

3. 相干波的条件

两列波的相干条件：频率相同，振动方向相同和相位差恒定。

两列相干波源 S_1、S_2 分别传播距离 r_1、r_2 后在某点相遇引起的振动分别为

$$y_1 = A_1 \cos\left[\omega\left(t - \frac{r_1}{u}\right) + \varphi_1\right]$$

$$y_2 = A_2 \cos\left[\omega\left(t - \frac{r_2}{u}\right) + \varphi_2\right]$$

两振动的相位差 $\Delta\varphi$ 为

$$\Delta\varphi = (\varphi_2 - \varphi_1) - \frac{2\pi}{\lambda}\delta$$

合振动的振幅 A 表示为

$$A = \sqrt{A_1^2 + A_2^2 + 2A_1 A_2 \cos\Delta\varphi}$$

合振动的强度 I 为

$$I = I_1 + I_2 + 2\sqrt{I_1 I_2}\cos\Delta\varphi$$

其中，$\delta = r_2 - r_1$，称为波程差；I_1、I_2 分别表示两列波的强度。

可见相遇时的相位差 $\Delta\varphi$ 由相干波源的初相差 $(\varphi_2 - \varphi_1)$ 和由于两波的传播路程(称为波程)不同而产生的相位差 $\frac{2\pi}{\lambda}\delta$ 两部分共同决定。波源的初相差是恒定的，对于空间中的不同点，会有不同的恒定波程差，即有不同的恒定振幅和不同的恒定强度值。这就解释了相干波在空间相遇而叠加，在空间中形成一种稳定强度的分布。

$$\begin{cases} 干涉相长：\Delta\varphi = \pm 2k\pi, A = A_1 + A_2, I = I_1 + I_2 + 2\sqrt{I_1 I_2} \\ 干涉相消：\Delta\varphi = \pm(2k+1)\pi, A = |A_1 - A_2|, I = I_1 + I_2 - 2\sqrt{I_1 I_2} \end{cases} \quad k = 0,1,2,\cdots$$

3.2.8　驻波

1. 形成条件

两列振幅相同，振动方向和频率也相同，而传播方向相反的相干波的叠加形成驻波。这两列波叠加后，各质元以相同的频率、振幅按一定的规律在各自平衡位置附近振动。它们的振动状态并不向外传播，只是波形驻足在原地起伏变化，驻而不行，这是驻波和行波的重要区别。

2. 驻波的波函数

设形成驻波的两列行波的波函数分别为 y_1 和 y_2，即

$$y_1 = A\cos 2\pi\left(\nu t - \frac{x}{\lambda}\right)$$

$$y_2 = A\cos 2\pi\left(\nu t + \frac{x}{\lambda}\right)$$

则 y_1 和 y_2 形成驻波的波函数为

$$y = y_1 + y_2 = 2A\cos 2\pi\frac{x}{\lambda}\cos 2\pi\nu t$$

波节条件：$\quad\quad\quad\quad\quad 2\pi\frac{x}{\lambda} = (2k+1)\frac{\pi}{2} = k\pi + \frac{\pi}{2}$

波腹条件：$\quad\quad\quad\quad\quad 2\pi\frac{x}{\lambda} = 2k\frac{\pi}{2} = k\pi$

其中：$k = 0, \pm 1, \pm 2, \cdots$。

两个相邻的波节（或波腹）间距为 $\lambda/2$，相邻的波节与波腹间距为 $\lambda/4$。

3. 驻波的特点

频率特点：各质点均以同频率做简谐振动。

波形特点：波形曲线随时间周期性变化，但不沿驻线移动。

振幅特点：驻波的振幅沿弦线周期性变化。对任一给定点，振幅是确定的。有些点振幅为零，这些点就是驻波波节；有些点振幅最大，这些点就是驻波波腹。

相位特点：相邻两波节之间的各质元的振动相位相同，而同一波节两侧相邻的两段中的各质元的振动相位相反。驻波中不存在相位的传播。

能量特点：驻波没有能量的定向传播，能量只是在波节和波腹之间进行动能和势能的转化。

4. 半波损失

入射波在反射时出现 π 的相位突变的现象称为半波损失。入射波和反射波在反射点处相位差 π，无能量损失，合成驻波，反射点处为波节。

波由波疏介质垂直入射波密介质，再返回波疏介质（或一列波在固定端反射），在反射点将发生半波损失。当波从波密介质射向波疏介质时，反射点出现波腹，两列波在反射点无相位差。

3.2.9　多普勒效应

1. 多普勒效应

由于观察者（接收器）或波源、或二者同时相对于介质运动，而使得观察者接收到的频率发生变化的现象，称为多普勒效应。观察者接收到的频率为

$$\nu_R = \frac{u \pm v_R}{u \pm v_S}\nu_S$$

式中，ν_R、ν_S 分别是观察者接收到的频率和波源的振动频率；v_R、v_S 分别是观察者和波源相对于介质的运动速率。可以发现，波源和观察者相向而行，接收频率大于发射频率；相背而行，接收频率小于发射频率。

2. 激波

当波源的速率超过波速时，任意时刻波源本身（后发出的波面）将超越先发出波的波面，在波源前方不可能有任何波动产生，在某段时间内，此波源发出一系列同相位面，这时波阵面形成以点波源为定点的圆锥面，这种波称为冲击波或激波。

3.3　例题精析

【例题 3 - 1】　物体沿 x 轴做简谐振动，其振幅为 0.12 m，周期为 2 s。当 $t = 0$ 时，物体位于 $x = 0.06$ m 处并向 x 轴正向运动。求：

（1）初相 φ；

（2）$t = 0.5$ s 时，物体的位置坐标、速度和加速度；

（3）从 $x = -0.06$ m 且向 x 轴负向运动到 $x = 0$ 处所需的最短时间。

【思路解析】　本题是典型的简谐振动的运动学问题，我们可以通过找到简谐振动的三要素频率、振幅、相位，得到简谐振动运动学方程的一般表达式，进而通过质点运动学知识求解后续问题。此题的重点是需求解相位，相位由初始条件中的位置和速度信息共同决定。

【计算详解】　设物体的运动学方程为

$$x = A\cos(\omega t + \varphi)$$

（1）根据题设已知：$A = 0.12$ m，$T = \dfrac{2\pi}{\omega} = 2$ s，所以 $\omega = \pi$ rad/s。又 $t = 0$，$x_0 = 0.06 = 0.12\cos\varphi$，可得

$$\cos\varphi = \frac{1}{2}$$

因 $v_0 > 0$，所以 $\sin\varphi < 0$，因此 $\varphi = -\dfrac{\pi}{3}$ 或 $\dfrac{5\pi}{3}$。

（2）可以得到物体振动的运动学方程为

$$x = 0.12\cos\left(\pi t - \frac{\pi}{3}\right) \quad \text{m}$$

因此，物体的速度和加速度方程分别为

$$v = -0.12\pi\sin\left(\pi t - \frac{\pi}{3}\right) \quad \text{m/s}$$

$$a = -0.12\pi^2\cos\left(\pi t - \frac{\pi}{3}\right) \quad \text{m/s}^2$$

当 $t = 0.5$ s 时，物体的位置坐标、速度和加速度分别为

$$x = 0.104 \text{ m}, \ v = -0.19 \text{ m/s}, \ a = -1.03 \text{ m/s}^2$$

（3）将 $x = -0.06$ m、$v < 0$ 代入运动学方程得

$$-0.06 = 0.12\cos\left(\pi t - \frac{\pi}{3}\right), \quad \sin\left(\pi t - \frac{\pi}{3}\right) < 0$$

因此相位 $\left(\pi t - \dfrac{\pi}{3}\right) = \dfrac{2\pi}{3}$，此时 $t = 1$ s。

当物体位于 $x = 0$ 处，相位可取 $\dfrac{\pi}{2}$ 或 $\dfrac{3\pi}{2}$，题目要求用时最短，即相位差最小，所以相位

可取 $\frac{3\pi}{2}$，那么物体在这段时间内运动的相位差 $\Delta\varphi = \frac{3\pi}{2} - \frac{2\pi}{3} = \frac{5\pi}{6}$，对应的时间差为

$$\Delta t = \frac{\Delta\varphi}{\omega} = \frac{5\pi/6}{\pi} = \frac{5}{6}\ \mathrm{s}$$

其实此问题用旋转矢量法求解会更为简便。如图 3.5 所示，初态物体 $x = -0.06$ m，$v < 0$，所以相位为 $\frac{2\pi}{3}$，要第一次到达平

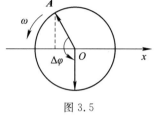

图 3.5

衡位置，显然旋转矢量需旋转至相位为 $\frac{3\pi}{2}$ 处，这样就可非常方便地获得旋转前后两个状态的相位差，进而获得最短时间。

【讨论与拓展】 初相由初始条件决定，往往用旋转矢量法能直观地看到位移值与速度的方向，这样可以简便地获得初相，并且采用旋转矢量法也方便获得相位差，从此题的第 3 问解题过程中就可以看出。若将此题改为物体在平衡位置且向 x 轴负向运动开始计时，试求这种情况下的初相和运动方程。

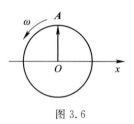

图 3.6

我们可采用旋转矢量法在图 3.6 中画出 $x = 0$，$v < 0$ 时的矢量，易知初相 $\varphi = \frac{\pi}{2}$，那么这种情况下的运动学方程是

$$x = 0.12\cos\left(\pi t + \frac{\pi}{2}\right)$$

【例题 3 – 2】 如图 3.7 所示，一根轻弹簧在 60 N 的拉力下伸长 30 cm，现把质量为 4 kg 的物体悬挂在该弹簧的下端并使之静止，再把物体向下拉 10 cm，然后由静止释放并开始计时。求：

（1）物体的振动方程；

（2）物体在平衡位置上方 5 cm 时弹簧对物体的拉力；

（3）物体从第一次经过平衡位置时刻起到它运动到平衡位置上方 5 cm 处所需要的最短时间。

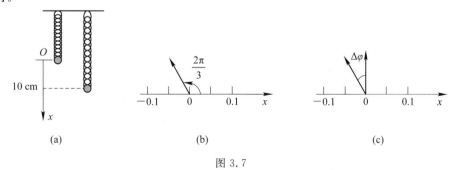

| (a) | (b) | (c) |

图 3.7

【思路解析】 简谐振动的三要素频率、振幅、相位中，频率由系统本身决定，此题是弹簧谐振子系统，其角频率 $\omega = \sqrt{\dfrac{k}{m}}$；振幅由初始条件决定，显然物体又下拉的 10 cm，即为振幅值。

【计算详解】 根据胡克定律可知弹簧的劲度系数 $k=\dfrac{f}{\Delta l}=200$ N/m，所以有

$$\omega=\sqrt{\dfrac{k}{m}}\approx 7.07\ \text{rad/s}$$

（1）选平衡位置为原点，x 轴指向下方，如图 3.7(a)所示。当 $t=0$ 时，

$$x_0=A\cos\varphi=0.1\ \text{m},\quad v_0=A\sin\varphi=0$$

由此可得

$$A=0.1\ \text{m},\quad \varphi=0$$

振动方程可表示为

$$x=0.1\cos(7.07t)$$

（2）物体的加速度方程为

$$a=-5\cos(7.07t)$$

当物体在平衡位置上方 5 cm 时，$x=-0.05$ m，$v<0$ 可用旋转矢量在图 3.7(b)中表示出来，那么此时物体振动的相位为 $\dfrac{2\pi}{3}$，加速度 $a=2.5$ m/s^2。

弹簧对物体的拉力为

$$f=m(g-a)=4\times(9.8-2.5)=29.2\ \text{N}$$

（3）物体第一次经过平衡位置时，$x=0.1\cos(7.07t)=0$，$v<0$，可用旋转矢量在图 3.7(c)中表示出来，那么此时物体振动的相位为 $\dfrac{\pi}{2}$。物体继续向上运动，它第一次运动到平衡位置上方 5 cm 处时，$x=0.1\cos(7.07t)=-0.05$，$v<0$，如图 3.7(c)所示，此时物体的振动的相位为 $\dfrac{2\pi}{3}$，这两个状态的相位差 $\Delta\varphi=\dfrac{2\pi}{3}-\dfrac{\pi}{2}=\dfrac{\pi}{6}$，对应的时间差为

$$\Delta t=\dfrac{\Delta\varphi}{\omega}=\dfrac{\pi/6}{7.07}=0.074\ \text{s}$$

【讨论与拓展】 简谐振动的频率由系统本身决定，此题中弹簧振子除受到线性回复力外，还受到一个恒定不变的力，我们要证明这时的系统也做简谐振动，只需将坐标选点选在物体受力平衡处，那么获得的动力学方程也满足 $\dfrac{\text{d}^2x}{\text{d}t^2}+\omega^2x=0$，并且 $\omega=\sqrt{\dfrac{k}{m}}$，与物体只受线性回复力时的频率相同。同理，易证明以下几种情况（见图 3.8）：① 光滑斜面上；② 倒立装置；③ 忽略水的黏滞阻力且浮力恒定，弹簧振子的运动也为简谐振动，且频率都相同。

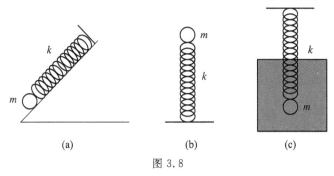

　　　　(a)　　　　　　　　(b)　　　　　　　　(c)

图 3.8

由于弹簧的串并联会改变整个弹簧系统的劲度系数，因此虽然物体和弹簧相同，但系统的谐振频率却不相同，如图 3.9 所示，图(a)中的两个系统频率不相同，但图(b)中的两个系统频率相同。

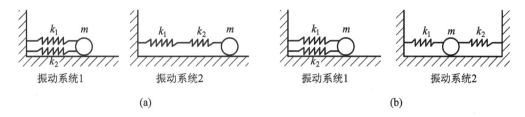

图 3.9

【例题 3－3】　已知某简谐振动的振动曲线如图 3.10 所示，位移的单位为厘米，时间单位为秒。请写出此简谐振动的振动方程。

【思路解析】　振动曲线上的每一点表示物体离开平衡的位移，最大位移就是振幅。周期是相邻两个振动状态之间的时间间隔，或者通过两个时刻之间的相位差获得。初相则是通过 $t=0$ 时的位移和速度获得，而速度的正负则要看物体下一时刻向哪里运动。

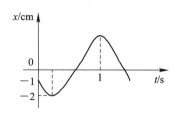

图 3.10

【计算详解】　设物体的运动学方程为

$$x = A\cos(\omega t + \varphi)$$

由图直接可以获得 $A=2$ cm。

再来求初相 φ。根据图中条件可知，$t=0$ 时，

$$x_0 = -0.01 = 0.02\cos\varphi, \quad \cos\varphi = -\frac{1}{2}$$

因为 $v_0 < 0$，所以 $\sin\varphi < 0$，因此 $\varphi = \frac{2\pi}{3}$。

最后来求角频率 ω。从图中可以看出 $t=1$ s 时，$x=A$，此时振动相位为 2π。那么 1 s 内物体相位变化了 $\Delta\varphi = 2\pi - \frac{2\pi}{3} = \frac{4\pi}{3}$，根据 ω 就是旋转矢量的运动角速度，可以得到

$$\omega = \frac{\Delta\varphi}{\Delta t} = \frac{4\pi/3}{1} = \frac{4\pi}{3} \text{ rad/s}$$

所以运动学方程为

$$x = 2\cos\left(\frac{4}{3}\pi t + \frac{2}{3}\pi\right) \text{ cm}$$

【讨论与拓展】　实际中，不仅可根据给定振动的位移-时间曲线写出运动方程，也可能是根据给定的速度-时间曲线或加速度-时间曲线写出运动方程。

【拓展例题 3－3－1】　若例题 3－3 中的纵坐标变为速度，单位为 cm/s，写出该简谐振动的运动方程。

【解析】　设物体的运动学方程为

$$x = A\cos(\omega t + \varphi)$$

那么速度方程为

$$v = A\omega\cos\left(\omega t + \varphi + \frac{\pi}{2}\right)$$

可见两者的角频率是相同的，依然可通过相位差与时间比值获得 $\omega = \dfrac{4\pi}{3}\,\text{rad/s}$。

再来求振幅，速度振幅 $A\omega = 2\ \text{cm/s}$，则

$$A = \frac{2}{\omega} = \frac{3}{2\pi}\ \text{cm}$$

最后求初相。速度初相 $\left(\varphi + \dfrac{\pi}{2}\right) = \dfrac{2\pi}{3}$，则 $\varphi = \dfrac{\pi}{6}$。

所以运动学方程为

$$x = \frac{3}{2\pi}\cos\left(\frac{4}{3}\pi t + \frac{\pi}{6}\right)\ \text{cm}$$

【例题 3-4】　在悬线下端挂一个小球，构成一单摆，如图 3.11 所示。把它从平衡位置拉开，使悬线与铅垂方向成一个小角 $\theta_0(<5°)$，然后无初速度放手任其摆动。

（1）如果从放手时开始计算时间，θ_0 是否就是初相位？

（2）若偏角大小不同，那么周期和振幅 θ_A 相同吗？

【思路解析】　单摆在摆角小于 5° 时的运动为简谐振动，描述小球位置的物理量是角位移。此题中角位移是悬线与铅垂方向的夹角，因而 θ_0 是振幅而非初相位。

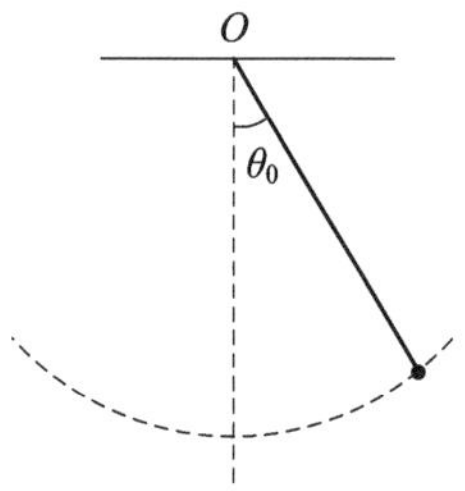

图 3.11

【计算详解】　（1）θ_0 不是初相位。θ_0 是小球的最大角位移，是描述小球位置的物理量。在小角度摆动时，小球的运动为简谐振动，其振动方程为

$$\theta = \theta_A\,m\cos(\omega t + \varphi)$$

选逆时针为正方向，式中的 θ 为小球 t 时刻的角位移，φ 为小球的初相位，表示 $t=0$ 时小球的运动状态。

当 $t=0$ 时，$\theta_A = \theta_0$，$\cos\varphi = 1$，所以初相位 $\varphi = 0$。

（2）角频率是谐振系统本身的物理量，只与系统自身有关，因而无论偏角大小是多少，单摆的周期都不变，为

$$T = 2\pi\sqrt{\frac{l}{g}}$$

所以，此单摆的运动学方程为

$$\theta = \theta_0\cos\left(\sqrt{\frac{g}{l}}\,t\right)$$

偏角大小不同，单摆的振幅 θ_A 就不相同。

【讨论与拓展】　单摆中描述小球位置的物理量是角位移，它是一个角度，但不是相位。同样地，若把单摆的角位移方程对时间求导数，可以得到单摆的角速度方程为

$$\Omega = -\omega\theta_A\sin(\omega t + \varphi) = \omega\theta_A\cos\left(\omega t + \varphi + \frac{\pi}{2}\right)$$

该方程描述了单摆角速度随时间的变化情况。注意：Ω 表示小球运动的角速度，ω 表示单摆的角频率。当用旋转矢量法来描述单摆的振动时，ω 为旋转矢量的角速度，可见 Ω、ω 都

可以表示角速度，但两者的含义却不相同，不可将两者混淆。

【例题 3 - 5】 一长度为 l、质量为 m 的均匀细杆，杆竖直时下端与劲度系数为 k 的处于原长的轻弹簧相连，弹簧另一端固定，这时弹簧与杆垂直，如图 3.12 所示。求此系统做微小振动（绕 O 转动）的周期。

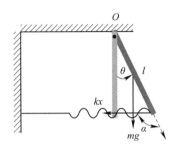

图 3.12

【思路解析】 此题属于振动的动力学问题，解这类题时要在确定研究对象后，先分析研究对象的受力和运动，如果受到的合力（或合力矩）与位移（或角位移）成正比，方向相反，或所选研究系统运动微分方程与简谐振动的特征式相符，则系统的运动必为简谐振动。我们只需与标准式对比，即可获得角频率（或周期）。

【计算详解】 选杆作为研究对象，如图 3.12 所示，在杆和弹簧受扰动时进行受力分析。

重力 mg 方向向下，弹力 $F = kl\sin\theta$，方向向左。选逆时针为正，杆受到的力矩 M 为

$$M = -mg\,\frac{l}{2}\sin\theta - kl\sin\theta l\sin\alpha$$

微小振动 θ 较小时，$\alpha \approx \dfrac{\pi}{2}$，$\sin\theta \approx \theta$。根据刚体的转动定律，可得

$$M = -mg\,\frac{l}{2}\theta - kl\theta = J\beta = \frac{1}{3}ml^2\,\frac{\mathrm{d}^2\theta}{\mathrm{d}t^2}$$

将上式可写为

$$\frac{\mathrm{d}^2\theta}{\mathrm{d}t^2} + \frac{3mg + 6kl}{2ml}\theta = 0$$

此式符合简谐振动的特征方程，所以该系统做简谐振动，其角频率为

$$\omega = \sqrt{\frac{3mg + 6kl}{2ml}}$$

所以振动周期为

$$T = \frac{2\pi}{\omega} = 2\pi\sqrt{\frac{2ml}{3mg + 6kl}}$$

【讨论与拓展】 谐振系统皆为能量守恒系统，本题也可用能量法进行求解。

由于杆和弹簧及地球组成的系统，不受其他外力的作用，系统的机械能守恒，因此可选平衡位置为弹性势能、重力势能的零点。杆偏角为 θ 时，系统的机械能为

$$E = \frac{1}{2}J\left(\frac{\mathrm{d}\theta}{\mathrm{d}t}\right)^2 + mg\,\frac{l}{2}(1 - \cos\theta) + \frac{1}{2}k(l\sin\theta)^2 = 恒量$$

两边对时间求一阶导数，得

$$\frac{\mathrm{d}E}{\mathrm{d}t} = J\ \frac{\mathrm{d}\theta}{\mathrm{d}t}\ \frac{\mathrm{d}^2\theta}{\mathrm{d}t^2} + mg\ \frac{l}{2}\sin\theta\ \frac{\mathrm{d}\theta}{\mathrm{d}t} + kl^2\sin\theta\cos\theta\ \frac{\mathrm{d}\theta}{\mathrm{d}t} = 0$$

θ 较小时，$\sin\theta \approx \theta$，$\cos\theta \approx 1$，并将 $J = \frac{1}{3}ml^2$ 代入上式，化简后为

$$\frac{\mathrm{d}^2\theta}{\mathrm{d}t^2} + \frac{3mg + 6kl}{2ml}\theta = 0$$

得到了与应用动力学方法求解相同的结果。

【例题 3-6】　一个质量为 m 的物体放在无摩擦的水平桌面上。两个劲度系数分别为 k_1 和 k_2 的弹簧与物体相连并固定在支架上，此时两弹簧均处于原长状态，如图 3.13 所示。试求：

（1）使物体偏离其平衡位置而振动，求其振动频率；

（2）如果物体的振幅为 A，当物体通过平衡位置时，有质量为 m_0 的黏土竖直地落到物体上并粘在一起，求其新的振动频率、振幅和简谐振动的能量。

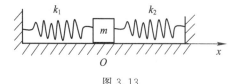

图 3.13

【思路解析】　此题属于振动的动力学问题，可通过受力分析写出物体运动与谐振动得到与特征式相符的微分方程，即角频率。而黏土落在物体上，改变了系统中物体的质量，因而新系统的角频率会发生改变。新系统的振幅依然由初始条件决定，黏土与物体碰撞通过动量守恒定律可求解新系统在平衡位置时的动能，再通过系统机械能守恒，便可求解新系统的振幅。

【计算详解】　（1）设 m 离开平衡位置 O 的位移是 x，此时物体所受合力为

$$F = -k_1 x - k_2 x = -(k_1 + k_2)x$$

由牛顿第二定律有

$$m\frac{\mathrm{d}^2 x}{\mathrm{d}t^2} = -(k_1 + k_2)x$$

即

$$\frac{\mathrm{d}^2 x}{\mathrm{d}t^2} + \frac{k_1 + k_2}{m}x = 0$$

可知

$$\omega = \sqrt{\frac{k_1 + k_2}{m}}$$

$$\nu = \frac{\omega}{2\pi} = \frac{1}{2\pi}\sqrt{\frac{k_1 + k_2}{m}}$$

（2）黏土粘到物体上后，振动系统的质量发生变化，因而此时系统的振动频率为

$$\nu' = \frac{1}{2\pi}\sqrt{\frac{k_1 + k_2}{m_0 + m}}$$

物体在平衡位置时，位移 $x = 0$，速度最大，$v = v_{\max} = A\omega$。假定黏土与物体碰撞作用时

间很短，则碰撞过程中沿水平方向动量守恒，即

$$mv = (m + m_0)v'$$

则

$$v' = \frac{m}{m + m_0}v = \frac{mA}{m + m_0}\sqrt{\frac{k_1 + k_2}{m}} = \frac{\sqrt{m(k_1 + k_2)}}{m + m_0}A$$

由于作用时间很短，所以碰撞后位移 x 仍可看作是零。由 $v' = v'_{max} = A'\omega'$，可得

$$A' = \frac{v'}{\omega'} = \frac{mA}{m + m_0}\sqrt{\frac{k_1 + k_2}{m}}\sqrt{\frac{m + m_0}{k_1 + k_2}} = \sqrt{\frac{m}{m + m_0}}A$$

显然，碰撞后系统的振幅变小。

黏土粘上物体后系统的能量为

$$E' = \frac{1}{2}(m + m_0)v'^2 = \frac{1}{2}(m + m_0)\frac{m^2A^2}{(m + m_0)^2}\frac{k_1 + k_2}{m} = \frac{(k_1 + k_2)mA^2}{2(m + m_0)}$$

或通过势能求解为

$$E' = \frac{1}{2}(k_1 + k_2)A'^2 = \frac{1}{2}(k_1 + k_2)\frac{m}{m + m_0}A^2 = \frac{(k_1 + k_2)mA^2}{2(m + m_0)}$$

【讨论与拓展】 碰撞问题在谐振系统中也常遇到，如将此题中的条件换成当物体通过最大位移时黏土下落，第(2)问的答案会有什么变化？

显然无论黏土在任何位置落在物体上，系统的质量都是相同的，那么振动频率就与第(2)问结果相同。

m 在最大位移处，速度为 0，黏土落在 m 上后速度不变，故系统不损失能量。因而系统的振幅为 A，比第(2)问结果要大。

此种情况系统的能量就是最大位移处的势能，即

$$E'' = \frac{1}{2}(k_1 + k_2)A^2$$

因而系统能量也比第(2)问结果大。

【例题 3 - 7】 有三个同方向、同频率的简谐振动，它们的振动表达式分别为

$$x_1 = 0.2\cos\left(\omega t + \frac{5\pi}{4}\right) \text{ m}$$

$$x_2 = 0.1\cos\left(\omega t + \frac{\pi}{12}\right) \text{ m}$$

$$x_3 = 0.1\cos\left(\omega t + \frac{5\pi}{12}\right) \text{ m}$$

试写出合振动的表达式。

【思路解析】 同方向、同频率简谐振动的合成，可以直接通过公式获得，但采用旋转矢量法求解显得更为简洁。本题是三矢量合成，可先选其中两矢量合成，再与另一矢量合成，从而求解出合振动的表达式。

【计算详解】 如图 3.14 所示，先求 $x_2 + x_3 = x'$，由于 $|\varphi_3 - \varphi_2| = \left|\frac{5\pi}{12} - \left(-\frac{\pi}{12}\right)\right| = \frac{\pi}{3}$，$A_2 = A_3$，因此 $\theta = \frac{\pi/3}{2} = \frac{\pi}{6}$。那么 x_2 和 x_3 两振动合成的初相为

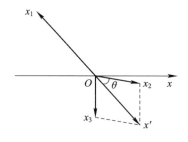

图 3.14

$$\varphi' = \varphi_2 - \theta = -\frac{\pi}{12} - \frac{\pi}{6} = -\frac{\pi}{4}$$

可知，x' 的振幅为

$$A' = A_2\cos\theta + A_3\cos\theta = 0.173 \text{ m}$$

所以 $x_2 + x_3$ 的合成振动表达式为

$$x' = A'\cos(\omega t + \varphi') = 0.173\cos\left(\omega t - \frac{\pi}{4}\right) \text{ m}$$

再求 $x' + x_3 = x$ 的合振动。由于 x_1 与 x' 反相，所以 x_1 与 x' 合振动的振幅为 $A = A_1 - A' = 0.2 - 0.173 = 0.027$ m，初相 $\varphi = \frac{5\pi}{4}$。

于是，合振动的表达式为

$$x = A\cos(\omega t + \varphi) = 0.027\cos\left(\omega t + \frac{5\pi}{4}\right) \text{ m}$$

【讨论与拓展】 多谐振动的合成可采用旋转矢量法先观察，选择合适的两矢量合成会使解题过程中变得简单。此题中若先选 x_1 和 x_2 两振动合成，会使计算变得较复杂。

【例题 3-8】 已知某音叉与频率为 511 Hz 的音叉 A 同时振动时，每秒听到声音加强 1 次；而与频率为 512 Hz 的音叉 B 同时振动时，每秒听到声音加强 2 次，则该音叉的频率是多少？

【思路解析】 两个频率接近的音叉靠近并同时振动时，听到声音时强时弱的周期性变化，这一现象是拍。拍频是合振幅或振动强度变化的频率（不是合位移变化的频率），题目中声音加强是两振动的合振幅最大时，通过合振幅的周期性变化值即可获得拍频。

【计算详解】 每秒听到声音加强 1 次，拍频是 $\frac{1}{1} = 1$ Hz；每秒听到声音加强 2 次，拍频是 $\frac{2}{1} = 2$ Hz。设该音叉的频率为 ν_0，它与 A 同时振动时的拍频为 1 Hz，故

$$\nu_{01} = |\nu_1 - \nu_0| = |511 - \nu_0| = 1 \text{ Hz}$$

它与 B 同时振动时的拍频为 2 Hz，故

$$\nu_{02} = |\nu_2 - \nu_0| = |512 - \nu_0| = 2 \text{ Hz}$$

可得

$$\nu_0 = 510 \text{ Hz}$$

【讨论与拓展】 拍的现象用来校准乐器是拍现象广泛的应用实例之一。此外，拍的现象还可用于测定超声波的频率无线电波的频率等。

【例题 3 - 9】 沿绳子传播的平面简谐波的波函数为

$$y = 0.05\cos(40\pi t - 0.5\pi x)$$

式中，y、t、x 均取国际单位制。求：

(1) 波的振幅、波速、频率和波长；

(2) 绳子上各质点振动时的最大速度和最大加速度；

(3) 求 $x = 1$ m，$t = 0.025$ s 时的相位，它是原点在哪一时刻的相位？这一相位所代表的运动状态在 $t = 0.05$ s 时刻到达哪一点？

【思路解析】 此题是已知波函数求波动有关物理参量的问题。将给定波函数与平面简谐波的标准波函数进行比较，或根据各物理量的定义通过运算，都可以求得结果。

【计算详解】 (1) 将题给方程的波函数改写为标准式，即

$$y = 0.05\cos 40\pi\left(t - \frac{0.5\pi}{40\pi}x\right)$$

波函数标准式为

$$y = A\cos\left[2\pi\nu\left(t - \frac{x}{u}\right) + \varphi_0\right]$$

比较可得振幅 $A = 0.05$ m，频率 $\nu = \dfrac{40\pi}{2\pi} = 20$ Hz，波速 $u = 80$ m/s，波长 $\lambda = \dfrac{u}{\nu} = 4$ m。

(2) 由于振动速度为

$$v = \frac{\partial y}{\partial t} = -0.05 \times 80\pi\sin(80\pi t - 0.5\pi x) \quad \text{m/s}$$

当正弦函数这一项取值为 -1 时，振动速度有最大值，为

$$v_{\max} = 0.05 \times 80\pi = 12.57 \text{ m/s}$$

(3) $x = 1$ m 处的振动比原点落后的时间为

$$\frac{x}{u} = \frac{1}{80} = 0.0125 \text{ s}$$

故 $x = 1$ m，$t = 0.025$ s 时的相位是原点($x = 0$)在 $t = 0.025 - 0.0125 = 0.0125$ s 时的相位，即

$$\varphi = 40\pi \times 0.0125 = 0.5\pi$$

设这一相位所代表的运动状态在 $t = 0.05$ s 时刻到达 x_2 点，则

$$x_2 = x + u\Delta t = 1 + 80 \times (0.05 - 0.025) = 3 \text{ m}$$

【讨论与拓展】 波传播的速度与质元振动的速度是不同的。对横波而言，波速和质元振动的速度方向相互垂直；对纵波而言，波速和质元振动的速度方向在一条直线上。波传播的速度由介质的性质决定，与波源无关；而质元振动的速度是质元离开平衡位置位移变化的快慢，波源确定了，振动情况就确定了，它不随介质的变化而变化。

【拓展例题 3 - 9 - 1】 一声波在空气中的波长为 0.25 m，波速为 340 m/s，当它进入另外一种介质时，波长变为 0.79 m。那么声波在此介质中的频率和传播速度是否发生改变？

【解析】 通过常识我们知道声音的频率只由此声波发生的声源决定，声源不变，频率就不发生改变。当声波进入另一种介质时，介质的密度和弹性性质与空气不同，波速就会发生变化。通过

$$\nu = \frac{u}{\lambda}$$

可得

$$\nu = \frac{340}{0.25} = \frac{u}{0.790}$$

计算可得声波在此介质中的传播速度 $u = 1074.4$ m/s。

另外，例题 3-9 的第(3)问中若采用波形图求解会更直观，根据已知条件先画出波形图和原点的振动曲线，如图 3.15 所示。

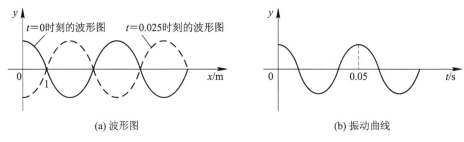

(a) 波形图   (b) 振动曲线

图 3.15

从图 3.15(a)可以看出，$x = 1$ m 处的质元振动到平衡位置，且下一时刻向 y 轴负方向运动。从图 3.15(b)中原点处的质元振动情况可以看出，在 $t = 0.0125$ s 时的振动情况也是这样的。由此结合振动曲线与波动曲线可以较直观地给出答案。

【例题 3-10】 有一平面谐波在空间传播，波速为 u，已知波的传播方向和由此波引起的点的振动方程为

$$y_A = 3\cos\left(4\pi t + \frac{\pi}{2}\right)$$

在下列四种选定的坐标系(图 3.16)中，写出各自的波函数。

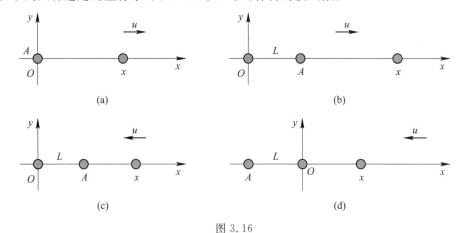

(a)   (b)

(c)   (d)

图 3.16

【思路解析】 此题是由振动方程求波函数，根据已知条件求得 O 点(一般为波源)的振动方程，然后根据波的传播方向找到任一点与波源的时间差，比较两者之间的相位，即可获得波函数。

【计算详解】 (1) 图 3.16(a)中 A 点就位于坐标原点 O，因而 O 点的振动方程为

$$y_O = 3\cos\left(4\pi t + \frac{\pi}{2}\right)$$

波的传播方向为 x 轴正方向，波是由 O 点向 x 轴正向传播，那么 x 轴正向任一点的振动都落后于 O 点，落后的时间 Δt 和该点与 O 点的距离 $(x-0)$ 与波速 u 的比值，即

$$\Delta t = \frac{x}{u}$$

所以任一点的振动方程即沿 x 轴正方向传播的波函数为

$$y = 3\cos\left[4\pi\left(t - \frac{x}{u}\right) + \frac{\pi}{2}\right]$$

（2）图 3.16(b) 图中 A 点位于 x 轴正半轴，距离 O 点 L，波的传播方向为 x 轴正方向，波先传到 O 点再传播到 A 点，O 点先于 A 点 $\frac{L}{u}$ 时间振动，因而 O 点的振动方程为

$$y_O = 3\cos\left[4\pi\left(t + \frac{L}{u}\right) + \frac{\pi}{2}\right]$$

参照图(a)的情况，那么在 x 轴上选取任一点位置坐标为 x，其振动落后于 O 点 Δt 为

$$\Delta t = \frac{x}{u}$$

所以波函数为

$$y = 3\cos\left[4\pi\left(t + \frac{L}{u} - \frac{x}{u}\right) + \frac{\pi}{2}\right] = 3\cos\left[4\pi\left(t - \frac{x-L}{u}\right) + \frac{\pi}{2}\right]$$

对于(b)图的情况，也可以直接找到任一点与 A 点振动先后情况求解波函数。

在(b)图中选取的 x 位置落后于 A 点起振，落后的时间 Δt 为该点与 A 点的距离 $(x-L)$ 与波速 u 的比值，即

$$\Delta t = \frac{x-L}{u}$$

所以任一点的振动方程即波函数为

$$y = 3\cos\left[4\pi\left(t - \frac{x-L}{u}\right) + \frac{\pi}{2}\right]$$

（3）图 3.16(c) 中，波的传播方向为 x 轴负方向，虽然 A 点的坐标位置与图 3.16(b) 相同，但选取的 x 位置超前于 A 点起振，超前的时间为

$$\Delta t = \frac{x-L}{u}$$

所以这种情况下任一点的振动方程即波函数为

$$y = 3\cos\left[4\pi\left(t + \frac{x-L}{u}\right) + \frac{\pi}{2}\right]$$

（4）在图 3.16(d) 中，波的传播方向也为 x 轴负方向，因而选取的 x 位置超前于 A 点起振，超前的时间为

$$\Delta t = \frac{x+L}{u}$$

这种情况下任一点的振动方程即波函数为

$$y = 3\cos\left[4\pi\left(t + \frac{x+L}{u}\right) + \frac{\pi}{2}\right]$$

【讨论与拓展】　此题讲解了多种情况下如何由已知点的振动方程和波传播方向求解波函数。可以发现：

（1）即使振动方程和坐标系都相同，那么波函数也不一定相同，还与波的传播方向有关，如图 3.16(b) 和图 3.16(c) 情况。

（2）即使振动方程和传播方向都相同，那么波函数也不一定相同，还与坐标系的建立有关，如图 3.16(a) 和图 3.16(b) 情况。

因而可以采用如下步骤建立波函数：

（1）确定传播方向，以及此波引起的 A 点（可以是任意点，不一定是波源）的振动方程；

（2）建立坐标系；

（3）在 x 轴上任取一点 P，根据波的传播方向写出 P 点的振动超前或落后 A 点的时间 Δt；

（4）在 A 点振动方程中，加上 Δt（超前时）或减去 Δt（落后时），即可得到此坐标系中的波函数。

另外要说明的是，纵波、横波的波函数形式相同。

【例题 3-11】　一个平面简谐波以速度 $u = 0.5$ m/s 沿 x 轴负方向传播。已知原点的振动曲线如图 3.17 所示。试写出：

（1）原点的振动表达式；

（2）此列波的波函数；

（3）同一时刻相距 1 m 的两点之间的位相差。

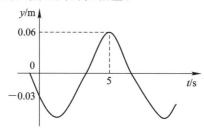

图 3.17

【思路解析】　此题也是求解波函数，最关键的问题是需要知道某点的振动方程，图中给出了原点的振动曲线，我们只需从振动曲线中求解振动方程即可，而求解振动方程的关键是找到初相，初相可以从 $t = 0$ 时刻的振动状态获得。

【计算详解】　由图可知 $A = 0.06$ m，设原点处的振动方程为

$$y_O = 0.06 \cos(\omega t + \varphi_0) \text{ m}$$

（1）当 $t = 0$ 时，有

$$y_O \Big|_{t=0} = -0.03 \text{ m}$$

考虑到

$$\frac{\mathrm{d}y_O}{\mathrm{d}t} \Big|_{t=0} < 0$$

有

$$\varphi_0 = \frac{2\pi}{3}$$

当 $t=5$ s 时，

$$y_O\big|_{t=5}=0$$

考虑到

$$\frac{\mathrm{d}y_O}{\mathrm{d}t}\Big|_{t=1}>0$$

故有

$$\varphi\big|_{t=5}=\frac{3\pi}{2}$$

那么，角频率 ω 为

$$\omega=\frac{\Delta\varphi}{\Delta t}=\frac{\frac{3\pi}{2}-\frac{2\pi}{3}}{5}=\frac{\pi}{6}\text{ m}$$

所以，原点的振动表达式为

$$y_O=0.06\cos\left(\frac{\pi}{6}t+\frac{2\pi}{3}\right)$$

（2）沿 x 轴负方向传播，波动表达式为

$$y=0.06\cos\left[\frac{\pi}{6}\left(t+\frac{x}{u}\right)+\frac{2\pi}{3}\right]\text{ m}$$

将波速 $u=0.5$ m/s 代入上式，化简后得

$$y=0.06\cos\left(\frac{\pi}{6}t+\frac{\pi}{3}x+\frac{2\pi}{3}\right)\text{ m}$$

（3）由波速和角频率可得到波长为

$$\lambda=\frac{u}{\nu}=2\pi\frac{u}{\omega}=2\pi\times\frac{0.5}{\pi/6}=6\text{ m}$$

同一时刻相距 1 m 的两点之间的位相差为

$$\Delta\varphi=2\pi\frac{\Delta x}{\lambda}=2\pi\times\frac{1}{6}=\frac{\pi}{3}$$

【讨论与拓展】　若此题不是给了原点的振动曲线，而是换一种表达方式表达原点的振动情况，我们依然也可以先获得振动方程，再根据波动传播方向求解波函数。例如下题。

【例题 3 - 12】　某一波源做简谐振动，振幅 $A=0.01$ m，周期 $T=0.01$ s，经平衡位置向正方向运动时作为计时起点。设此振动以速度 $u=400$ m/s 沿直线传播，求：

（1）该波沿某一波线的方程；

（2）距波源为 16 m 处的质点的振动方程和初相；

（3）距波源为 15 m 和 16 m 的两质点的相差？

【思路解析】　分析题目中经平衡位置向正方向运动的相位结合已知条件就可获得波源的振动方程。

【计算详解】　（1）经平衡位置向正方向运动，即

$$y_O\big|_{t=0}=0,\quad \frac{\mathrm{d}y_O}{\mathrm{d}t}\Big|_{t=0}>0$$

那么波源的初相 $\varphi_0 = -\dfrac{\pi}{2}$。结合已知条件 $A = 0.01$ m，$T = 0.01$ s，振动方程可表示为

$$y_O = 0.01\cos\left(200\pi t - \frac{\pi}{2}\right) \text{ m}$$

以 $u = 400$ m/s 沿某一波线传播，波线上任一点 r 都落后于波源振动，所以波函数为

$$y = 0.01\cos\left[200\pi\left(t - \frac{r}{u}\right) - \frac{\pi}{2}\right]$$

$$= 0.01\cos\left[200\pi\left(t - \frac{r}{400}\right) - \frac{\pi}{2}\right] \text{ m}$$

（2）$r = 16$ m 处，落后于原点 $\Delta t = \dfrac{16}{u} = 0.04$ s 起振，它的初相就是原点 0.04 s 时的相位，即

$$\varphi\Big|_{r=16} = -\omega\Delta t + \varphi_0 = -\frac{2\pi}{0.01} \times 0.04 - \frac{\pi}{2} = -\frac{17\pi}{2}$$

其振动方程为

$$y\Big|_{r=16} = 0.01\cos\left(200\pi t - \frac{17\pi}{2}\right) \text{ m}$$

（3）由波速和周期可得到波长为

$$\lambda = uT = 400 \times 0.01 = 4 \text{ m}$$

$r = 15$ m 与 $r = 16$ m 两质元的相位差为

$$\Delta\varphi = \frac{2\pi}{\lambda}\Delta r = \frac{\pi}{2}$$

【讨论与拓展】 此题主要练习求解波函数和相位差。求解有关简谐波的各类问题非常灵活，关键是要掌握描述波动的各物理量的定义和物理意义。

【例题 3-13】 某一平面简谐波沿 x 轴正向传播，波的振幅 $A = 10$ cm，波的角频率 $\omega = 7\pi$ rad/s。当时间 $t = 1.0$ s 时，$x = 10$ cm 处的 a 质元正通过其平衡位置向 y 轴负方向运动，而 $x = 20$ cm 处的 b 质元正通过 $y = 5.0$ cm 的位置向 y 轴正方向运动。设该波波长 $\lambda > 10$ cm，求该平面波的表达式。

【思路解析】 此题是已知两个位置的振动状态，求解波函数。先分析两个振动状态，获得它们的相位差，可以得到波长。再通过距离差和时间差来计算原点处的初相位，即可获得波函数。

【计算详解】 由已知条件 $A = 0.1$ m，$\omega = 7\pi$ rad/s，代入波函数的标准形式得

$$y = 0.01\cos\left(7\pi t - \frac{2\pi x}{\lambda} + \varphi_0\right)$$

当 $t = 1.0$ s 时，$x = 0.1$ m 处的 a 质元和 $x = 0.2$ m 处的 b 质元正的相位可以通过旋转矢量法（如图 3.18）获得，即

$$\varphi_a = \frac{\pi}{2}, \qquad \varphi_b = -\frac{\pi}{3}$$

再根据

$$\frac{\Delta\varphi}{2\pi} = \frac{\Delta x}{\lambda}$$

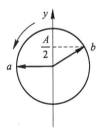

图 3.18

可得到波长为

$$\lambda = 2\pi \frac{\Delta x}{\Delta \varphi} = 2\pi \times \frac{0.2 - 0.1}{\pi/2 + \pi/3} = 0.24 \text{ m}$$

由于波沿 x 轴正向传播，先由 O 点传到 a 质元再传到 b 质元，它们之间的距离差相等，相位差也相等，因此 O 点的相位为

$$\varphi_O \Big|_{t=1} = \varphi_a + \Delta \varphi = \frac{\pi}{2} + \left(\frac{\pi}{2} + \frac{\pi}{3}\right) = \frac{4\pi}{3}$$

根据

$$\varphi_O \Big|_{t=1} - \varphi_0 = \omega \Delta t$$

求解当 $t = 0$ 时，φ_0 为

$$\varphi_0 = \varphi_O \Big|_{t=1} - \omega \Delta t = \frac{4\pi}{3} - 7\pi \times 1 = -\frac{17\pi}{3}$$

因而可得波函数为

$$y = 0.01\cos\left(7\pi t - \frac{25\pi x}{3} - \frac{17\pi}{3}\right) \text{ m}$$

或写成

$$y = 0.01\cos\left(7\pi t - \frac{25\pi x}{3} + \frac{\pi}{3}\right) \text{ m}$$

【讨论与拓展】　请注意标准波函数中的初相，是坐标原点 O 处在 $t=0$ 时刻的相位。若题目中的已知条件给的是其他点、其他时刻，则不能直接代到标准波函数中求解，需要进行换算。

【例题 3-14】　如图 3.19 所示，A、B 为在垂直于 xOy 平面的方向上做振动的相干波源，振幅相同，波的强度为 I_0，相位差为 $\frac{\lambda}{2}$，在以下两种情况下：

（1）A、B 波源的初相相同；

（2）A、B 波源的初相差为 π。

试求在 a、b、c、d、e 各方向上，在距波源较远之处合成波的强度 I。

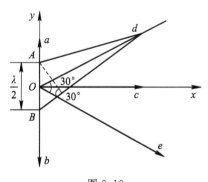

图 3.19

【思路解析】　合成波的强度由两波相遇时两振动的相位差决定，而相位差又由初相差和传播距离差而产生的相位差共同决定。此题中已知初相差，只要求解传播距离带来的相位差即可。所以应该重点分析 a、b、c、d、e 各方向上波传播的距离差。

【计算详解】　由波的干涉叠加可知，两波在相遇处两振动的相位差为

$$\Delta\varphi = (\varphi_2 - \varphi_1) - \frac{2\pi}{\lambda}\delta$$

合振动的强度 I 为

$$I = I_1 + I_2 + 2\sqrt{I_1 I_2}\cos\Delta\varphi = 2I_0(1 + \cos\Delta\varphi)$$

（1）A、B 波源的初相位相同，两波在相遇处两振动的相位差为

$$\Delta\varphi_1 = \frac{2\pi}{\lambda}\delta_{AB}$$

在 a 方向和 b 方向上，从图中可看出，相遇处的波程差为

$$\delta_{AB,a/b} = \frac{\lambda}{2}$$

在 a 方向和 b 方向上各点由 A 和 B 所引起的分振动相位差为

$$\Delta\varphi_{1,a/b} = \pi$$

故

$$I_a = I_b = 2I_0(1 + \cos\Delta\varphi_{1,a/b}) = 0$$

在 c 方向上各点，A、B 传播的距离相同，即 $\delta_{AB,c} = 0$，所引起的分振动相位相同，相互加强，$\Delta\varphi_{1,c} = 0$。故

$$I_c = 2I_0(1 + \cos\Delta\varphi_{1,c}) = 4I_0$$

在 d 方向和 e 方向上各点，A、B 波相遇处波程差为

$$\delta_{AB,d/e} \approx \overline{AB}\sin30° = \frac{\lambda}{2} \times \frac{1}{2} = \frac{\lambda}{4}$$

所引起的分振动的相位差为

$$\Delta\varphi_{1,d/e} = \frac{2\pi}{\lambda}\delta_{AB,d/e} = \frac{2\pi}{\lambda} \times \frac{\lambda}{4} = \frac{\pi}{2}$$

故

$$I_d = I_e = 2I_0(1 + \cos\Delta\varphi_{1,d/e}) = 2I_0$$

（2）若 A、B 波源的初相差为 π，则两波在相遇处两振动的相位差 $\Delta\varphi_2$ 为

$$\Delta\varphi_2 = \pi + \frac{2\pi}{\lambda}\delta_{AB}$$

第（1）问中已经求解了在每个方向上的波程差，现根据初相差即可获得相位差。

在 a、b 方向上各点，A、B 两波源所产生的两分振动的相位差为

$$\Delta\varphi_{2,a/b} = \pi + \frac{2\pi}{\lambda}\delta_{AB,a/b} = 2\pi$$

由此可见，振动相互加强，故

$$I_a = I_b = 2I_0(1 + \cos\Delta\varphi_{2,a/b}) = 4I_0$$

在 c 方向上，两波源所引起的两分振动相位差为

$$\Delta\varphi_{2,c} = \pi$$

振动相互抵消，故

$$I_c = 2I_0(1 + \cos\Delta\varphi_{2,c}) = 0$$

在 d、e 方向上，两波源所引起的两分振动的相位差为

$$\Delta\varphi_{2,d/e} = \pi + \frac{2\pi}{\lambda}\delta_{AB,d/e} = \frac{3\pi}{2}$$

因为 $\Delta\varphi = \frac{\pi}{2}$，合振动的振幅 $A = \sqrt{2}A_0$，故

$$I_d = I_e = 2I_0(1 + \cos\Delta\varphi_{2,d/e}) = 2I_0$$

【讨论与拓展】 求解相干波的干涉问题，判断相干波在空间某处相遇是增强还是减弱，可通过二者的相位差或波程差进行分析。当相位差为零或 2π 的整数倍，或波源初相相同且波程差为零或波长的整数倍时，则为干涉相长，当相位差为 π 的奇数倍，或初相相同且波程差为半波长的奇数倍时，则为干涉相消。反之，若知道干涉情况（相长或相消干涉），则由相位公式也可确定两波叠加时的相位差或波程差。

两波叠加时，在两者连线或两者连线的垂直方向上求解波的合成时，波程差的计算都较简便，但在其他方向上的合成，波程差计算较为复杂，例如本题中的 d、e 方向上的波程差。下面推导一下 d 方向上的近似值。

如图 3.19 所示，在 d 方向上，有

$$\delta_{AB} = r_B - r_A$$

$$= \sqrt{\overline{Od}^2 + \overline{OB}^2 + 2\overline{Od}\,\overline{OB}\sin30°} - \sqrt{\overline{Od}^2 + \overline{OA}^2 - 2\overline{Od}\,\overline{OA}\sin30°}$$

$$= \overline{Od}\left[\sqrt{1 + \left(\frac{\overline{OB}}{\overline{Od}}\right)^2 + 2\frac{\overline{OB}}{\overline{Od}}\sin30°} - \sqrt{1 + \left(\frac{\overline{OA}}{\overline{Od}}\right)^2 - 2\frac{\overline{OA}}{\overline{Od}}\sin30°}\right]$$

由于在距波源较远之处合成波，即 $\overline{Od} \gg \overline{OB}$，$\overline{Od} \gg \overline{OA}$，那么有

$$\left(\frac{\overline{OB}}{\overline{Od}}\right)^2 \approx 0, \quad \left(\frac{\overline{OA}}{\overline{Od}}\right)^2 \approx 0$$

将 δ_{AB} 作二项式展开，得

$$\delta_{AB} = \overline{Od}\left[\sqrt{1 + \left(\frac{\overline{OB}}{\overline{Od}}\right)^2 + 2\frac{\overline{OB}}{\overline{Od}}\sin30°} - \sqrt{1 + \left(\frac{\overline{OA}}{\overline{Od}}\right)^2 - 2\frac{\overline{OA}}{\overline{Od}}\sin30°}\right]$$

$$= \overline{Od}\left[\frac{1}{2}\left(1 + 2\frac{\overline{OB}}{\overline{Od}}\sin30°\right) - \frac{1}{2}\left(1 - 2\frac{\overline{OA}}{\overline{Od}}\sin30°\right)\right]$$

$$= \overline{AB}\sin30°$$

【例题 3-15】 已知驻波在 t 时刻各质点振动到最大位移处，其波形如图 3.20(a) 所示，一行波在 t 时刻的波形如图 3.20(b) 所示。请说明 a、b、c、d 四点下一时刻的运动速度方向以及能量变化情况。（设波为横波）

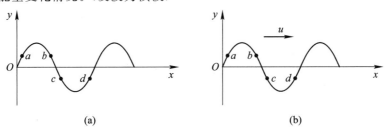

图 3.20

　　【思路解析】　驻波波形不向前传播，只是质元在平衡位置附近的集体振动，因而驻波也不传播能量，只是进行动能和势能的互相转化。行波的波形沿波传播方向向前行进，同时也向前传播能量。要想获得下一时刻的运动速度和能量变化情况，只需找到下一时刻的波形图来分析波形的变化即可。

　　【计算详解】　图 3.21(a) 的驻波每一质元已经运动到最大位移，因而下一时刻应该向平衡位置运动，如图中虚线所示。在 t 时刻各质元振动到最大位移处，速度都为零，在下一时刻，相邻两节点间的同一段内各质元运动方向相同，相邻两段运动方向相反。所以 a、b 向 y 轴负方向运动，c、d 向 y 轴正方向运动。因为四个点均向平衡位置运动，运动速率增加，所以动能增大；四个点的形变变小，势能减小。

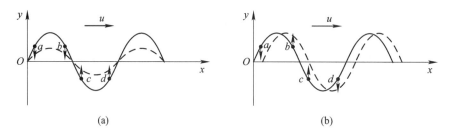

(a)　　　　　　　　　　　　　　　(b)

图 3.21

　　图 3.21(b) 的波形向右传播，下一时刻的波形图如图中虚线所示。可以看出，a 向 y 轴负方向运动，速率增大，动能和势能都增大；b 向 y 轴正方向运动，速率减小，动能和势能都减小；c 向 y 轴正方向运动，速率增大，动能和势能都增大；d 向 y 轴负方向运动，速率减小，动能和势能都减小。

　　【讨论与拓展】　要正确判断质元下一时刻的运动状态，结合波动特征和下一时刻波形的大致图像，根据此刻和下一时刻质元的相对位置，即可判定运动方向、运动状态以及能量变化规律。对于驻波，波形不平移，只是原地起伏变化，波节将驻波划分成很多分段，同一分段内各质元运动方向相同，相邻两个分段质元的运动方向是相反的。行波在传播中，波形会向传播方向平移，如图 3.21(b)。如果传播方向沿 x 轴负向，则四个点的振动与上述判定结果恰恰相反，所以行波的传播方向对于判定质元的运动方向也很重要。

　　【例题 3 - 16】　如图 3.22(a) 所示，有一沿 x 轴正方向传播的平面简谐波，波的角频率为 ω，振幅为 A，波长为 λ，OQ 相距半个波长。

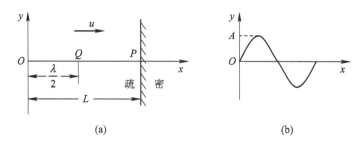

(a)　　　　　　　　　　　　　　　(b)

图 3.22

　　(1) 已知 O 点的振动曲线，如图 3.22(b) 所示，写出坐标原点的振动方程；
　　(2) 写出沿 x 正方向传播的波函数；

(3) 当波传到 P 点时反射回来(无吸收)，写出反射波的波函数；

(4) 写出入射波和反射波叠加形成的合成波的表达式，并给出波节和波腹位置；

(5) 若 $L = 4\lambda$，试判断入射波和反射波在 Q 点的合振动是加强还是减弱。

【思路解析】　驻波也是两列波的干涉叠加，要得到驻波，首先需要知道入射波和反射波的表达式，而此题中反射波是在波密界面上反射，存在半波损失，即相位会突变 π。

【计算详解】　(1) 原点 O 处的质元在 $t = 0$ 时刻由平衡位置向位移为正的方向运动，所以其初相位为 $-\dfrac{\pi}{2}$，原点处质元的振动表达式为

$$y_0 = A\cos\left(\omega t - \frac{\pi}{2}\right)$$

(2) 波沿 x 轴正方向传播，因而入射波的波动表达式为

$$y_入 = A\cos\left(\omega t - \frac{2\pi}{\lambda}x - \frac{\pi}{2}\right)$$

(3) 入射波在反射点 P 处引起质元振动的表达式为

$$y_P = A\cos\left(\omega t - \frac{2\pi}{\lambda}L - \frac{\pi}{2}\right)$$

由于入射波在波密界面上反射，反射点必是波节，所以反射波在 P 点处引起的质元的振动与入射波在 P 点处引起的振动有 π 相位突变。故反射波在 P 点处引起的质元振动表达式为

$$y'_P = A\cos\left(\omega t - \frac{2\pi}{\lambda}L - \frac{\pi}{2} - \pi\right)$$
$$= A\cos\left(\omega t - \frac{2\pi}{\lambda}L - \frac{3\pi}{2}\right)$$

反射波沿 x 轴负向传播，所以在 x 轴上任一点都落后 P 点起振，落后的距离为 $(L-x)$，因此反射波的波函数为

$$y_反 = A\cos\left[\omega t - \frac{2\pi}{\lambda}L - \frac{2\pi}{\lambda}(L-x) - \frac{3\pi}{2}\right]$$
$$= A\cos\left[\omega t - \frac{2\pi}{\lambda}(2L-x) - \frac{3\pi}{2}\right]$$

(4) 入射波和反射波叠加形成的合成波表达式为

$$y = y_入 + y_反$$
$$= A\cos\left(\omega t - \frac{2\pi}{\lambda}x - \frac{\pi}{2}\right) + A\cos\left[\omega t - \frac{2\pi}{\lambda}(2L-x) - \frac{3\pi}{2}\right]$$
$$= 2A\cos\left[\frac{2\pi}{\lambda}(x-L) - \frac{\pi}{2}\right]\cos\left(\omega t - \frac{2\pi}{\lambda}L - \pi\right)$$

式中，$\cos\left[\dfrac{2\pi}{\lambda}(x-L) - \dfrac{\pi}{2}\right]$ 是坐标 x 的余弦函数，若满足下式的各点，则振幅始终为零。

$$\frac{2\pi}{\lambda}(x-L) - \frac{\pi}{2} = (2k+1)\frac{\pi}{2}, \quad k = -1, -2, \cdots$$

因而波节位置满足

$$x = \frac{\lambda}{2}(k+1) + L, \quad k = -1, -2, \cdots$$

式中，$\cos\left[\frac{2\pi}{\lambda}(x-L) - \frac{\pi}{2}\right]$ 满足下式的各点，振幅始终最大。

$$\frac{2\pi}{\lambda}(x-L) - \frac{\pi}{2} = k\pi, \quad k = -1, -2, \cdots$$

因而波腹位置满足

$$x = k\frac{\lambda}{2} + \frac{\lambda}{4} + L, \quad k = -1, -2, \cdots$$

(5) 将 $L = 4\lambda$ 代入上式，波节点的位置可表示为

$$x = \frac{\lambda}{2}(k+1) + 4\lambda, \quad k = -1, -2, \cdots$$

当 $k = -8$ 时，$x = \frac{\lambda}{2}$。可见，Q 点振动是减弱的(即该点不振动)。或者通过入射波和反射波在 Q 点的相位差为

$$\Delta\varphi = 2(L-x)\times\frac{2\pi}{\lambda} - \pi = 2\times\left(4\lambda - \frac{\lambda}{2}\right)\times\frac{2\pi}{\lambda} - \pi = 13\pi$$

两振动的合成满足干涉相消。

【讨论与拓展】 此题中是反射波与入射波之间存在半波损失，即有相位突变(若题目中改为波密介质入射到波疏介质反射，那么就不存在半波损失，反射波方程中就不能再减 π)，那么合成驻波的波函数也会随之改变，相应的波腹和波节位置也会改变。

【例题 3-17】 一声源 S 的振动频率为 $\nu_S = 1000\ \text{Hz}$，相对于空气以 $v_S = 0.3\ \text{m/s}$ 的速度向一反射面 M 运动，反射面 M 相对于空气以 $v_M = 1\ \text{m/s}$ 的速度向左运动，如图 3.23 所示，在同一直线上 R 点有一接收器。假设声波在空气中的传播速度为 $u = 330\ \text{m/s}$，求：

(1) R 处接收到声源 S 发射的声波的波长；

(2) 每秒到达反射面的波的数目；

(3) R 处接收到反射波的波长；

(4) R 处测得的拍频。

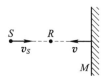

图 3.23

【思路解析】 波源或接收器或两者同时相对介质运动，都会引起接收到的频率与波源发射频率不同。波源运动相当于接收的波长压缩或拉长了，而接收器运动相当于波速增加或减小了。在此题中要注意反射镜运动时 R 处接收到反射波这种情况，相当于波源运动了。

【计算详解】 (1) R 处的接收器静止于空气中，声源 S 以 v_S 速度接近 R，则由多普勒效应公式可知，R 接收到的声波频率 ν_1 为

$$\nu_1 = \frac{u}{u - v_S}\nu_S = \frac{330}{330 - 0.3} \times 1000 = 1001 \text{ Hz}$$

那么由频率、波长与波速之间的关系可得

$$\lambda_1 = \frac{u}{\nu_1} = \frac{330}{1001} = 0.330 \text{ m}$$

（2）每秒到达反射面处波的数目在数值上等于反射面处接收到的波的频率 ν'。此时波源和反射面处的接收器都运动了，两者相向运动，由多普勒效应公式有

$$\nu' = \frac{u + v_M}{u - v_S}\nu_S = \frac{330 + 1}{330 - 0.3} \times 1000 = 1004 \text{ Hz}$$

（3）由于反射面在运动，此时反射面相当于声源，即声源在运动，因而 R 处接收到反射面的反射波的频率 ν_2 为

$$\nu_2 = \frac{u}{u - v_M}\nu' = 1007 \text{ Hz}$$

反射波的波长为

$$\lambda_2 = \frac{u}{\nu_2} = \frac{330}{1007} = 0.328 \text{ m}$$

（4）R 处测得的拍频为

$$\nu_R = \mid \nu_1 - \nu_2 \mid = 1007 - 1001 = 6 \text{ Hz}$$

【讨论与拓展】　此题是应用多普勒公式求解接收频率的典型题目。常见的情况还有以下几种。

（1）此题中若将反射面 M 改为向右运动，讨论以上各问的频率结果。

M 的运动与 R 接收到的声源 S 发射的声波频率无关，因此 ν_1 不变。

波源和反射面处的接收器都向右运动，反射面处所接收到的波源的频率 ν' 变为

$$\nu' = \frac{u - v_M}{u - v_S}\nu_S = \frac{330 - 1}{330 - 0.3} \times 1000 = 998 \text{ Hz}$$

因而 R 处接收到反射面的反射波的频率 ν_2 也变了，即

$$\nu_2 = \frac{u}{u + v_M}\nu' = 995 \text{ Hz}$$

R 处测得的拍频为

$$\nu_R = \mid \nu_1 - \nu_2 \mid = 1001 - 995 = 6 \text{ Hz}$$

（2）此题中若将 R 改在波源 S 的左侧直线上，讨论以上各问的频率结果。

这时声源 S 以 v_S 速率远离 R，R 接收到的声波频率 ν_1 变为

$$\nu_1 = \frac{u}{u + v_S}\nu_S = \frac{330}{330 + 0.3} \times 1000 = 999 \text{ Hz}$$

波源和反射面处的接收器与题目中一致，是相向运动，反射面处所接收到波源的频率 ν' 不变。

M 的运动方向不变，声源的运动与题目一致，因而 R 处接收到反射面的反射波的频率 ν_2 也不变。

这时拍频变为

$$\nu_R = \mid \nu_1 - \nu_2 \mid = 999 - 995 = 4 \text{ Hz}$$

（3）此题中若将波源 S 改为向左运动，讨论以上各问的频率结果。

这时声源 S 以 v_S 速率远离 R，R 接收到的声波频率 ν_1 变为

$$\nu_1 = \frac{u}{u+v_S}\nu_S = \frac{330}{330+0.3} \times 1000 = 999 \text{ Hz}$$

波源和反射面处的接收器都向左运动，反射面处所接收到波源的频率 ν' 变为

$$\nu' = \frac{u+v_M}{u+v_S}\nu_S = \frac{330+1}{330+0.3} \times 1000 = 1002 \text{ Hz}$$

因而 R 处接收到反射面的反射波的频率 ν_2 也变了，即

$$\nu_2 = \frac{u}{u-v_M}\nu' = 1003 \text{ Hz}$$

这时拍频变为

$$\nu_R = |\nu_1 - \nu_2| = 1003 - 999 = 4 \text{ Hz}$$

另外，此题还有多种变化方式，如反射面 M 静止不动，讨论波源在不同运动的情况下及 R 位置不一样时，几个频率的变化情况。总之，在求解多普勒效应问题时，首先要分析波源和观测者的运动情况，以便应用不同的公式进行处理。应特别注意公式中的符号规则，以及运动物体接收波和反射波的情况。

模块 4　波 动 光 学

4.1　教 学 要 求

（1）理解获得相干光的方法。

（2）掌握相干光条件、光程的概念以及光程差和相位差的关系；能分析并确定杨氏双缝干涉条纹及薄膜等厚干涉条纹的位置。

（3）理解迈克尔孙干涉仪的工作原理。

（4）了解惠更斯-菲涅耳原理。

（5）掌握分析单缝夫琅禾费衍射条纹分布规律的方法；会分析缝宽及波长对衍射条纹分布的影响。

（6）了解圆孔衍射；理解光学仪器的分辨率。

（7）掌握光栅方程；会确定光栅衍射谱线的位置和缺级；能分析光栅常数及波长对光栅衍射谱线分布的影响。

（8）了解自然光、线偏振光和部分偏振光的区别；理解偏振光的获得和检验方法。

（9）掌握马吕斯定律和布儒斯特定律。

（10）了解双折射现象；理解寻常光和非寻常光。

4.2　内 容 精 讲

光学是研究光的现象、光的本性和光与物质相互作用的学科，也是研究电磁辐射与物质相互作用的学科。光是频率极高的电磁波，是一种横波，具有与机械波类似的特性，如光具有能量，则会发生干涉和衍射现象。但光的传播不需要弹性介质，光与物质相互作用会显现出粒子性的特征。

波动光学是研究光的干涉、衍射和偏振等波动特性及其规律的学科。光是电磁波，存在干涉和衍射现象；光是横波，存在偏振现象。

本模块的内容包括：光源、光的单色性和相干性；杨氏双缝实验；光程、薄膜干涉；劈尖、牛顿环；迈克尔孙干涉仪；光的衍射；单缝衍射；圆孔衍射，光学仪器的分辨率；衍射光栅；伦琴射线的衍射；自然光、偏振光；反射光和折射光的偏振；马吕斯定律；双折射、偏振棱镜。

4.2.1　光源及光的相干性

1. 光波的基本特性

光是电磁波，其矢量场用电场强度 E 和磁场强度 H 描述。对平面简谐电磁波有

$$\boldsymbol{E}(r,\ t)=\boldsymbol{E}_0\cos\left[\omega\left(t-\frac{r}{u}\right)+\varphi\right]$$

$$\boldsymbol{H}(r,\ t)=\boldsymbol{H}_0\cos\left[\omega\left(t-\frac{r}{u}\right)+\varphi\right]$$

式中，$\boldsymbol{E}_0$ 和 $\boldsymbol{H}_0$ 分别为场矢量 $\boldsymbol{E}$ 和 $\boldsymbol{H}$ 的振幅；ω 为电磁波的角频率；r 为波源到电磁场中场点的距离；u 为电磁波在均匀介质中传播的速率，真空中光速为 c。

电磁波场矢量 $\boldsymbol{E}$ 和 $\boldsymbol{H}$ 互相垂直，且两者都与波的传播方向垂直，在同一地点同时存在，量值上满足

$$\sqrt{\varepsilon}\,\boldsymbol{E}=\sqrt{\mu}\,\boldsymbol{H}$$

式中，ε 和 μ 分别是介质的电容率和磁导率。

光强（平均能流密度）可表示为

$$I=\frac{1}{2}\boldsymbol{E}_0^2$$

可见光的波长范围约为 $400\sim760\ \mathrm{nm}$。光波中引起视觉和光化学效应的是电场矢量 $\boldsymbol{E}$，因此常把电场矢量 $\boldsymbol{E}$ 称为光矢量。

2. 光的单色性

具有单一波长的光为单色光，纯单色光是不存在的，实际应用中，可采用滤光片或光谱分析仪得到准单色光。准单色光的光强分布有一定的波长范围，用最大光强一半包含的波长范围 $\Delta\lambda$ 来表征准单光的单色程度，$\Delta\lambda$ 称为单色光的谱线宽度。显然 $\Delta\lambda$ 越小，谱线的单色性越好。有很多不同波长单色光组成的光波称为复色光。

3. 普通光源的发光特点

普通光源的发光机理是处于激发态的原子或分子的自发辐射。发光原子或分子从较高能量的激发态跃迁到较低能量状态时而辐射出电磁波，各个原子的激发与辐射是彼此独立的、随机的，且是间歇进行的，因而这列波的振动频率、振动方向和初相一般不同；而辐射过程约为 $10^{-9}\sim10^{-8}\ \mathrm{s}$，波列长度有限，那么光波就是大量简谐波的叠加。因此，这种光源发出的光都是不相干的，不会产生干涉现象。

4. 光波的叠加

频率相同，光矢量振动方向相同，相位差恒定（振幅相差较小，相干长度等于波列长度）的两束光称为相干光。

两束相干光在空间相遇，在光波重叠区某些点合成光强大于分光强之和，在其他一些点合成光强小于分光强之和，合成光波的光强在空间形成强弱相间的稳定分布，即干涉现象，光波的这种叠加称为相干叠加。

两相干光在空间一点 P 相遇，其光强为

$$I=I_1+I_2+2\sqrt{I_1I_2}\cos\Delta\varphi$$

式中，I_1、I_2 分别为两束光单独存在时 P 点的光强；$\Delta\varphi$ 是两光束在 P 点的相位差。

当 $\Delta\varphi=\pm2k\pi$，$k=0,\ 1,\ 2,\ \cdots$ 时，光强最大，为

$$I=I_1+I_2+2\sqrt{I_1I_2}$$

当 $\Delta\varphi=\pm(2k+1)\pi$，$k=0,\ 1,\ 2,\ \cdots$ 时，光强最小，为

$$I = I_1 + I_2 - 2\sqrt{I_1 I_2}$$

若两束光不满足相干叠加条件，则在光波重叠区合成光强等于分光强之和，没有干涉现象产生，光波的这种叠加称为非相干叠加。

两非相干光在空间一点 P 相遇，其光强为

$$I = I_1 + I_2$$

式中，I_1、I_2 分别为两束光单独存在时 P 点的光强。

5. 获得相干光的方法

为了获得相干光，可以把从光源上同一点发出的一束光分为两束，那么光束中的每一列波都分为了两个分波列，这样这两个分波列就可以满足相干条件了，具体方法如下。

（1）分波阵面法：从光发出的同一波列上的波阵面上取出两个次波源，这两个次波源为相干波源，如杨氏双缝干涉实验、洛埃镜实验。

（2）分振幅法：把同一波列的波分为两束光波，常通过在介质分界面的反射、折射实现，如薄膜干涉。分成的两束光波的光强正比于振幅的平方，所以称为分振幅法。

6. 光程与光程差

在传播时间相同或相位改变相同的条件下，把光在介质中传播的路程折合为光在真空中传播的相应路程，在数值上，光程等于介质折射率乘以光在介质中传播的路径，即

$$光程 = nr$$

当一束光连续经过几种介质时，有

$$光程 = \sum_i n_i r_i$$

引入光程的概念后，计算通过不同介质相干光的相位差时，可以统一采用真空中的波长 λ_0，即

$$\Delta\varphi = -\frac{2\pi}{\lambda_0}(n_2 r_2 - n_1 r_1) = -\frac{2\pi}{\lambda_0}\delta$$

式中，$\Delta\varphi$ 为初相相同的相干光分别经折射率为 n_1、n_2 的介质传播 r_1、r_2 后在 P 点相遇时的相位差；δ 是光程差。

透镜只改变光的传播方向，而不引起附加光程差。

7. 相干长度

两个分光束产生干涉效应的最大光程差 δ_m 为波列长度 L，称之为光源所发射光的相干长度。与相干长度对应的时间 $\Delta t = \dfrac{L}{c}$，称为相干时间。只有当同一波列分出来的两波列到达观察点的时间间隔小于相干时间时，这两波列叠加后才会发生干涉现象，如图 4.1(a) 所示。如果这两波列的光程差超过波列长度，就无法产生叠加，不再发生干涉，如图 4.1(b)所示。

相干长度 L 与谱线宽度 $\Delta\lambda$ 之间的关系为

$$L = \frac{\lambda^2}{\Delta\lambda}$$

可见，对于一定波长的光，线宽 $\Delta\lambda$ 越小，单色性越好；相干长度 L 越大，相干性越好。

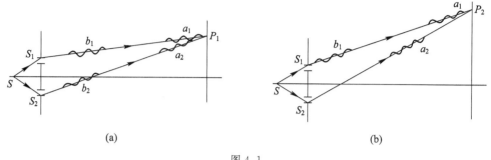

图 4.1

4.2.2　杨氏双缝实验

1. 实验现象

光源 S 的狭缝与双缝 S_1、S_2 的宽度都无限窄,且两缝间距 d 及双缝与观察屏幕的间距 D 满足在 $d \ll D$ 时,会在屏上观察到一组与缝平行、等间距、明暗相间、对称分布的干涉条纹。

2. 强度分布

明纹中心位置:

$$x_{明} = \pm k \frac{D}{d} \lambda, \quad k = 0, 1, 2, \cdots$$

暗纹中心位置:

$$x_{暗} = \pm (2k-1) \frac{D\lambda}{2d}, \quad k = 1, 2, \cdots$$

式中,k 称为干涉级。

相邻明条纹(或暗条纹)间的距离为

$$\Delta x = \frac{D\lambda}{d}$$

可以看出,干涉条纹均匀分布。

3. 洛埃镜实验

洛埃镜实验结果和分析方法与杨氏双缝干涉实验相似。洛埃镜实验结果表明,光波由光疏介质射向光密介质时,在分界面上反射的光有半波损失。

4.2.3　薄膜干涉

1. 薄膜等厚干涉的一般情况

如图 4.2 所示,光线 1 和 2 从折射率为 n_1 的介质入射到折射率为 n_2 厚度不均匀的薄膜,薄膜下表面与折射率为 n_3 的介质接触。光线 1 入射于薄膜上表面 A 点,并折射入薄膜内,再从薄膜下表面 B 点反射,最后从薄膜上表面 C 点射出;光线 2 直接入射到薄膜上表面 C 点反射,则这两束光线的光程差为

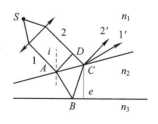

图 4.2

$$\delta = 2e\sqrt{n_2^2 - n_1^2 \sin^2 i} + \left(\frac{\lambda}{2}\right)$$

式中，e 可看作薄膜的厚度，i 为入射角。上式是否有半波损失与介质有关。

当 $n_2 > n_1$，$n_2 > n_3$ 时，光线 2 有半波损失，光线 1 没有半波损失，应加上 $\frac{\lambda}{2}$；

当 $n_2 < n_1$，$n_2 > n_3$ 时，光线 2 没有半波损失，光线 1 有半波损失，应加上 $\frac{\lambda}{2}$；

当 $n_1 < n_2 < n_3$ 时，光线 2 和光线 1 都有半波损失，不加 $\frac{\lambda}{2}$；

当 $n_1 > n_2 > n_3$ 时，光线 2 和光线 1 都没有半波损失，不加 $\frac{\lambda}{2}$。

由于 C 点的光强取决于光程差 δ，故有

$$\delta = 2e\sqrt{n_2^2 - n_1^2 \sin^2 i} + \frac{\lambda}{2} = \begin{cases} k\lambda, & k \in \mathbf{N} \quad \text{干涉加强} \\ (2k+1)\dfrac{\lambda}{2}, & k \in \mathbf{N} \quad \text{干涉相消} \end{cases}$$

式中，k 表示干涉级，k 的取值必须保证 $e \geqslant 0$。

可以看出，两束光线在相遇点的光程差只决定于该处薄膜的厚度 e，干涉图样中同一干涉条纹对应于薄膜上厚度相同的点的连线，这种条纹称为等厚干涉条纹。

2. 劈尖干涉

用波长为 λ 的单色光垂直照射到劈尖上，条纹出现在薄膜的上表面，是一组平行于棱边的明暗相间的直线条纹。

等厚干涉的条件为

$$\delta = 2ne + \frac{\lambda}{2} = \begin{cases} k\lambda, & k = 1, 2, 3, \cdots \quad \text{明纹} \\ (2k+1)\dfrac{\lambda}{2}, & k = 0, 1, 2, \cdots \quad \text{暗纹} \end{cases}$$

从上式可以看出，由于存在半波损失，棱边是暗纹。

当劈尖的夹角为 θ 时，明纹（或暗纹）的间距 l 为

$$l = \frac{\Delta e}{n \sin\theta} = \frac{\lambda}{2n \sin\theta}$$

相邻明纹（暗纹）对应的劈尖介质层的厚度差为

$$\Delta e = e_{k+1} - e_k = \frac{\lambda}{2n}$$

可以看出，劈尖的夹角 θ 固定，条纹分布均匀，劈尖的夹角 θ 越小，条纹分布越疏；反之 θ 越大，条纹分布越密。

对于空气劈尖，折射率为 1，若已知夹角 θ 和条纹间距 l，可测定波长 λ；或已知波长 λ 和条纹间距 l，可测定劈尖夹角 θ。

3. 牛顿环

用波长 λ 的单色光垂直照射到牛顿环装置，从上往下观察到以接触点为中心的一组明暗相间、内疏外密的同心圆环状干涉条纹。

等厚干涉的条件为

$$\delta = 2e + \frac{\lambda}{2} = \frac{r^2}{R} + \frac{\lambda}{2} = \begin{cases} k\lambda \\ (2k+1)\dfrac{\lambda}{2} \end{cases}$$

$$\text{明环半径 } r = \sqrt{\left(k - \frac{1}{2}\right)\lambda R}, \quad k = 1, 2, 3, \cdots$$

$$\text{暗环半径 } r = \sqrt{k\lambda R}, \quad k = 0, 1, 2, \cdots$$

式中，k 为干涉级次，R 为透镜半径。空气薄膜的等厚度线是圆环，因而条纹为圆环，可以看出，中心是暗斑（0 级暗纹）。相邻两明环或暗环下面的空气层厚度差为 $\frac{\lambda}{2}$。条纹分布不均匀，随着 k 的级次增大，条纹半径间隔越来越小。

将牛顿环装置中的凸透镜向上移动，中心点的空气层间距逐渐增大时，原先高级次的圆环移向圆心，因而明暗环向中心收缩；反之，凸透镜向下移动时，则明暗环向外扩张。两种情况下中心明暗交替变化。

m 条条纹间距应满足

$$r_{k+m}^2 - r_k^2 = mR\lambda$$

因而可通过条纹间距和数目来测定透镜半径或入射波长。

4. 迈克尔孙干涉仪

迈克尔孙干涉仪可以将两束相干光完全分开，从而根据需求来调节光程差，其利用分振幅法使两个相互垂直的平面镜形成一个等效的空气薄膜。当反射镜 M_1、M_2 严格相互垂直时，得到环形的干涉条纹；当反射镜 M_1、M_2 不严格相互垂直时，得到等厚干涉条纹。

4.2.4　光的衍射

1. 光的衍射现象

光线在传播过程中绕过诸如小孔、细缝、细丝等障碍物到达偏离直线传播的区域，其能量会重新分布，呈现明暗相间的条纹，即产生了光的衍射现象。只有当障碍物的尺度与波长可比拟时，衍射现象才比较显著。

2. 衍射现象分类

（1）菲涅耳衍射：光源、观察屏（或二者之一）到衍射屏的距离有限，称之为近场衍射，此时入射光和衍射光（或二者之一）不能看作平行光。

（2）夫琅禾费衍射：光源、观察屏到衍射屏的距离均为无穷远，称之为远场衍射，此时入射光和衍射光均可看作平行光。

3. 惠更斯-菲涅耳原理

从同一波阵面上各点发出的次波是相干波，经过传播，在空间某点相遇时的叠加是相干叠加，这是惠更斯-菲涅耳原理的定性表述。

菲涅耳在惠更斯次波概念基础上，提出了次波相干叠加，成功地解释了光的衍射成因，并计算了光强分布。某点的数学表达式为

$$E = \int_S Fk(\varphi) \frac{\cos\left(\omega t - \frac{2\pi r}{\lambda}\right)}{r} \mathrm{d}S$$

式中，E 是该点的电场强度；r 是波面 S 上的面元 dS 到该点的距离；F 是比例系数；$k(\varphi)$ 是倾斜因子，是倾角 φ 的函数，其随 φ 的增大而减小。

　　波或光的传播都是按照惠更斯-菲涅耳原理的方式进行的。惠更斯-菲涅耳原理是分析光的衍射现象的理论基础。

4. 菲涅耳半波带法

　　把波阵面按一定的规律分割成有限的波带，使相邻两波带对应点发出的次波到达衍射场中的任意一点的光程差为 $\dfrac{\lambda}{2}$，这样相邻两波带所发出的所有次波相叠加的结果会相互抵消，剩下的是没有抵消的波阵面。这种处理光的衍射现象的方法称为半波带法，如图 4.3 所示。

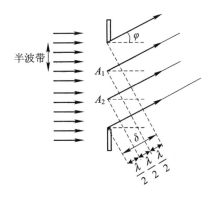

图 4.3

　　半波带法只能定性地说明衍射场中某点是明点还是暗点，以及各级明纹光强的大小，不能给出强度的定量结果。若要获得定量结果，可根据惠更斯-菲涅耳原理的数学表达式，采用菲涅耳积分法或振幅矢量法处理光的衍射现象。

4.2.5　单缝的夫琅禾费衍射

1. 衍射现象

　　一束平行单色光垂直一有限宽度的狭缝平面入射，通过狭缝的光发生衍射，衍射角相同的平行光经透镜聚焦在透镜焦点处的观察屏上，在屏上可观察到与狭缝平行的衍射直条纹。中央明纹最亮最宽，向两侧的其他各级明纹亮度越来越低，中央明纹是其余明纹宽度的两倍。

2. 衍射条件

$$\begin{cases} a\sin\varphi = 0 & \text{中央明纹中心} \\ a\sin\varphi = \pm(2k+1)\dfrac{\lambda}{2}, \ k=1,2,3,\cdots & \text{明纹中心} \\ a\sin\varphi = \pm 2k\cdot\dfrac{\lambda}{2}, \ k=1,2,3,\cdots & \text{暗纹} \end{cases}$$

式中，a 为单缝宽度，φ 为衍射角，k 为衍射级。

3. 条纹宽度

暗纹中心坐标为

$$x = f \cdot \sin\varphi = \pm k\frac{f\lambda}{a}, \quad k = 1, 2, 3, \cdots$$

明纹中心坐标为

$$x = f \cdot \sin\varphi = \pm(2k+1)\frac{f\lambda}{2a}, \quad k = 1, 2, 3, \cdots$$

中央明纹宽度(± 1 级暗纹间距)为

$$\Delta x_0 = \frac{f\lambda}{a} - \left(-\frac{f\lambda}{a}\right) = \frac{2f\lambda}{a}$$

第 k 级明纹(或暗纹)的宽度为

$$\Delta x_k = (k+1)\frac{f\lambda}{a} - k\frac{f\lambda}{a} = \frac{f\lambda}{a}$$

式中，f 为透镜焦距，λ 为单色光波长。当 λ 一定时，单缝宽度 a 变小，明纹 Δx 宽度增大，则条纹变宽；单缝宽度 a 变大，明纹 Δx 宽度减小，则条纹变密；当 $a \gg \lambda$ 时，衍射效应不明显，光沿直线传播。当单缝宽度 a 一定时，λ 不同，Δx 就不同。

4. 条纹的角宽度

相邻暗纹中心对应的衍射角之差称为明纹的角宽度。那么
中央明纹角宽度为

$$\delta\varphi_0 = \frac{2\lambda}{a}$$

其他明纹角宽度为

$$\delta\varphi = \frac{\lambda}{a}$$

中央明纹对透镜中心张角的一半或一级暗纹对应的衍射角称为中央明纹的半角宽度，即

$$\varphi_0 = \frac{\lambda}{a}$$

4.2.6　光学仪器的分辨本领

1. 圆孔的夫琅禾费衍射

把单缝夫琅禾费衍射装置中的一个小圆孔作为衍射屏，可观察到圆孔的夫琅禾费衍射图样。衍射图样的中央是一个明亮的圆斑(艾里斑)，外围是一组同心的暗环和明环。艾里斑集中了绝大部分光能，其半角宽度 φ_0 为

$$\varphi_0 \approx \sin\varphi_0 = 1.22\frac{\lambda}{D}$$

式中，D 是圆孔的直径。

2. 光学仪器的分辨本领

通常光学仪器的通光孔都有限制光束的光阑，因而总有衍射现象。所以一个物点通过

仪器所成的像不再是一个几何点，而是一个光斑。两个靠得很近的物点所成的像斑有可能重叠，无法分辨，瑞利判据就是两个像斑刚可分辨的标准。瑞利判据规定：如果一个像斑中心恰好落在另一像斑的边缘（第一暗纹处），则此两像被认为是刚好能分辨。此时两像斑中心角距离为最小分辨角，即

$$\delta\varphi_R = 1.22\frac{\lambda}{D}$$

由此可见，光学仪器最小分辨角是由光的波动性决定的，因此该分辨极限是不可避免的。

4.2.7 光栅衍射

1. 光栅衍射条纹的特点

平行单色光垂直照射在光栅上，光栅后面的衍射光束通过透镜会聚在透镜焦点处的观察屏上，在屏上可观察到一组明暗相间的衍射条纹。明条纹很亮很细，且明条纹之间有较暗的背景，随着光栅缝数的增加，明条纹越来越细，也越来越亮，相应的暗背景也越来越暗。

2. 光栅衍射条纹的成因

光栅衍射条纹是单缝衍射和多缝干涉的综合结果，光栅中每一条缝都将按单缝衍射规律对入射光进行衍射，在观察屏的同一位置产生单缝的夫琅禾费衍射图样，但是各单缝发出的光是相干光，通过各缝的衍射光将在观察屏上相干叠加，形成衍射图样，即多缝干涉条纹的光强受到单缝衍射的调制。

3. 光栅方程

缝间干涉加强条件要求光栅衍射明纹的衍射角 φ 必须满足

$$\delta = (a+b)\sin\varphi = \pm k\lambda, \quad k = 0, 1, 2, \cdots$$

将该式称为光栅方程。式中，$d = a+b$，称为光栅常数，其中 a 为狭缝宽度，b 为刻痕宽度。

满足光栅方程的明条纹称为主极大条纹，k 为主极大级次。$k=0$ 时为零级主极大条纹或中央明纹。光栅方程中主极大条纹的最大级数应满足

$$k_{max} < \frac{d}{\lambda}$$

可见，衍射主极大条纹的位置与光栅缝数无关。

4. 谱线的缺级

若衍射角为 φ 的光线满足光栅方程

$$(a+b)\sin\varphi = \pm k\lambda$$

同时也满足单缝衍射暗纹条件

$$a\sin\varphi = k'\lambda, \quad k' = \pm 2, \pm 2, \pm 3, \cdots$$

那么这些主明纹将消失，将此称为光谱线的缺级，缺级的级数 k 满足的条件是

$$k = \frac{a+b}{a}k', \quad k' = \pm 1, \pm 2, \pm 3, \cdots$$

5. 暗纹条件

当各缝光振幅矢量组成的多边形恰好形成一个或若干个闭合多边形时，则在衍射角 φ 方向上出现暗纹，此时衍射角 φ 应满足

$$N(a+b)\sin\varphi = \pm m\lambda$$

式中，N 为光栅缝数，m 为不等于 N 的整数倍的整数。两个相邻主极大条纹之间有 $N-1$ 个暗纹，$N-2$ 个次极大条纹。

6. 双缝干涉与双缝光栅衍射的区别

一般地，双缝干涉，缝宽度 $a<\lambda$，其光强分布不受单缝衍射光强调制，得到干涉条纹是等间距条纹。而双缝光栅衍射，缝宽度 $a>\lambda$，其光强分布受单缝衍射光强调制，得到的衍射条纹是非等间距条纹。当单缝宽度 a 趋于零时，双缝光栅衍射退化为双缝干涉。

4.2.8 光的偏振

由于光波的振动方向对传播的不对称性，称为偏振。偏振是横波区别于纵波的最显著的标志。

1. 几种偏振光

自然光：光矢量各向分布均匀，振幅相等，各方向的光矢量是不相干的。

完全偏振光：只在某一方向有光矢量存在的光称为线偏振光或平面偏振光。它的光矢量振动方向和传播方向构成振动面。在光向前传播的同时，光矢量连续旋转的光称为椭圆偏振光或圆偏振光。

部分偏振光：自然光和线偏振光的混合。

自然光中任何一个方向的光振动，都可分解成某两个相互垂直方向的振动。自然光的图示见图 4.4。可采用装置移去自然光中两相互垂直的分振动之一即获得线偏振光，线偏振光的图示见图 4.5，其中图(a)为光振动平行于纸面，图(b)为光振动垂直于纸面。若分振动之一只是部分移去，则可获得部分偏振光，其图示见图 4.6，其中图(a)为平行于纸面的光振动占优，图(b)为垂直于纸面的光振动占优。

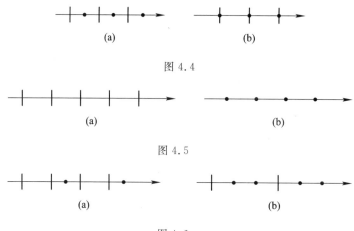

(a)   (b)

图 4.4

(a)   (b)

图 4.5

(a)   (b)

图 4.6

2. 获得偏振光的方法

1）通过偏振片

自然光通过偏振片可获得线偏振光，线偏振光通过偏振片可改变光矢量振动方向。

从自然光获得线偏振光的过程称为起偏，检验入射光是否是线偏振光称为检偏。

2）光在两界面的反射和折射

一般情况下，自然光在两种介质的分界面的反射光为垂直入射面光矢量振动方向成分较多的部分偏振光，在两分界面的折射光为平行入射面光矢量振动方向成分较多的部分偏振光。改变入射角的大小，反射光、折射光的偏振化程度会随之变化。

3）通过双折射晶体

自然光通过双折射晶体可获得两束光矢量振动方向不同的线偏振光。

3. 马吕斯定律

入射线偏振光的光强为 I_0，透过偏振片后，透射光的光强（不计偏振片对光的吸收）为 I，则

$$I = I_0 \cos^2 \alpha$$

式中，α 为线偏振光的光矢量振动方向和偏振片偏振化方向之间的夹角。

4. 布儒斯特定律

自然光入射到两种介质分界面上，当入射角与折射角之和等于 90°，即反射光和折射光互相垂直时，反射光即成为光矢量振动方向与入射面垂直的完全偏振光。这时

$$\tan i_b = \frac{n_2}{n_1} = n_{21}$$

式中，i_b 称为布儒斯特角，n_1、n_2 分别为入射介质和折射介质的折射率。

5. 双折射现象

自然光沿非光轴方向射入单轴晶体后，一般分为两束：一束满足折射定律，称为寻常光（o 光）；一束一般不满足折射定律，称为非常光（e 光）。

o 光和 e 光二者皆为线偏振光，o 光的光矢量振动方向垂直于 o 光主平面，e 光的光矢量振动方向平行于 e 光主平面。当光轴位于入射平面时，o 光主平面和 e 光主平面重合，所以两者的光矢量振动方向相互垂直。

o 光在各方向上传播速率相同，其波阵面是球面，所以晶体对 o 光的折射率 n_o 与方向无关；e 光在各方向上传播速率都不相同，沿光轴方向传播速率与 o 光相同，垂直于光轴方向传播速率与 o 光相差最大，e 光的波阵面是旋转椭球面，不服从折射定律。通常把真空中的光速 c 与 e 光沿垂直于光轴方向传播速率之比称为 e 光的主折射率 n_e。n_o 和 n_e 是晶体的重要参数，$n_o < n_e$ 的晶体称为正晶体，$n_o > n_e$ 的晶体称为负晶体。

4.3　例 题 精 析

【例题 4-1】　用波长 $\lambda = 480$ nm 的单色光做杨氏实验，在离双缝 1.0 m 处的屏幕上仔细测量干涉条纹，发现第 5 级明纹的中心在距零级明纹中心 2.4 mm 处，则两缝间距是多少？

【思路解析】 杨氏双缝干涉题目，通过条纹间距公式，即可获得 d、D、λ 之间的关系，从而求解出两缝间距。

【计算详解】 由 $x_{明}=k\dfrac{D}{d}\lambda$，可得

$$d=k\frac{D}{x_{明}}\lambda=5\times\frac{1}{2.4\times10^{-3}}\times480\times10^{-9}=1\times10^{-3}\ \mathrm{m}=1\ \mathrm{mm}$$

【讨论与拓展】 杨氏双缝实验的明暗条纹位置由光程差确定，若将装置做稍许改变，则明暗条纹位置可能会改变。

【拓展例题 4-1-1】 将杨氏实验装置改为图 4.7 所示的双缝干涉情况，若用薄玻璃片（折射率 $n_1=1.4$）覆盖缝 S_1，用同样厚度的玻璃片（但折射率 $n_2=1.7$）覆盖缝 S_2，将使原来未放玻璃时屏上的中央明条纹 O 处变为第 5 级明纹，则玻璃片的厚度 e 是多少？（可认为光线垂直穿过玻璃片）

【解析】 原来在 O 点是中央明纹，则光程差是零，即

$$\delta=r_2-r_1=0$$

覆盖玻璃后，两束光的光程差为

$$\delta=(r_2+n_2e-e)-(r_1+n_1e-e)=5\lambda$$

可得

$$e=\frac{5\lambda}{n_2-n_1}=8.0\times10^{-6}\ \mathrm{m}=8.0\ \mu\mathrm{m}$$

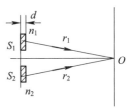

图 4.7

【拓展例题 4-1-2】 若在双缝干涉实验中，单色光源 S_0 到两缝 S_1 和 S_2 的距离分别为 l_1 和 l_2，并且 $l_1-l_2=10\lambda$，如图 4.8 所示，此时零级明纹到屏幕中央 O 点的距离是多少？相邻明条纹间的距离会改变吗？

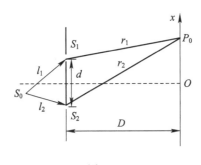

图 4.8

【解析】 同样地，这种情况也是两束光到达屏幕相同位置时与杨氏实验的光程差不同。

如图 4.8 所示，设 P_0 为零级明纹中心，那么点 P_0 就是光源 S_0 发出的两束光相遇时的零光程差位置，即

$$(l_2+r_2)-(l_1+r_1)=0$$

那么

$$r_2-r_1=l_1-l_2=10\lambda$$

而

$$r_2 - r_1 \approx d\, \frac{\overline{P_0 O}}{D}$$

于是

$$\overline{P_0 O} \approx \frac{D(r_2 - r_1)}{d} = \frac{10 D \lambda}{d} = 4.8 \text{ mm}$$

在屏上距 O 点为 x 处，光程差为

$$\delta \approx d\, \frac{x}{D} - 10\lambda$$

明纹条件为

$$\delta = \pm k\lambda, \quad k = 1, 2, \cdots$$

明纹位置

$$x_\text{明} = \frac{(\pm k + 10)D}{d}\lambda, \ k = 0, 1, 2, \cdots$$

那么相邻明条纹间距为

$$\Delta x = x_{k+1} - x_k = \frac{D\lambda}{d}$$

可见，相邻明条纹间的距离不会改变，只是明纹的级次发生变化而已。

另外，波动光学中常用到的缝宽在 $\mu\text{m} \sim \text{mm}$ 量级，膜厚在 μm 量级，波长在 $\text{nm} \sim \mu\text{m}$ 量级，题目中叙述多用 mm、μm、nm 这些单位，计算结果一般也采用这些单位。但在计算过程中为了方便，大多采用国际单位制，请大家注意单位换算时的进制，不要弄错。

【例题 4-2】　在折射率 $n = 1.50$ 的玻璃上，镀制 $n' = 1.35$ 的透明介质薄膜。入射光波垂直于介质膜表面照射，观察反射光的干涉，发现对 $\lambda_1 = 600$ nm 的光波干涉相消，对 $\lambda_2 = 700$ nm 的光波干涉相长，且在 $600 \sim 700$ nm 之间没有其他波长是最大限度相消或相长的情形。求所镀介质膜的厚度。

【思路解析】　当两束相干光的光程差为 0 或半波长的偶数倍时，干涉加强；当光程差为半波长的奇数倍时，干涉相消，但需要注意的是在界面反射时是否存在半波损失。

【计算详解】　设介质薄膜的厚度为 e，上、下表面反射均为由光疏介质到光密介质，故不计附加光程差。当光垂直入射，$i = 0$ 时，对 λ_1 干涉相消，有

$$2n'e = \frac{1}{2}(2k+1)\lambda_1$$

因为在 $600 \sim 700$ nm 之间没有其他波长是最大限度相消或相长的情形，故对 λ_2 干涉相长的级次应与 λ_1 干涉相消的级次相同。

对 λ_2，有

$$2n'e = k\lambda_2$$

由以上两式可解得

$$k = \frac{\lambda_1}{2(\lambda_2 - \lambda_1)} = 3$$

将 k、λ_2、n' 代入干涉方程，可得

$$e = \frac{k\lambda_2}{2n'} = 778 \text{ nm}$$

【讨论与拓展】 根据薄膜干涉原理,常对镀膜层的材料和厚度加以控制,使某种特定波长的单色光因干涉而在透射或反射中加强,且使其他波长因干涉在透射或反射中减弱而制成增透膜或增反膜。

【拓展例题 4-2-1】 在可见光范围内(400~760 nm),波长 550 nm 附近的黄绿光对人眼和照相底片最敏感,一般会使照相机对此波长反射小。在相机镜头上镀制厚度为 0.30 μm 的氟化镁薄膜,可以达到此效果,请解释原因。(氟化镁折射率为 1.38,玻璃折射率为 1.55)

【解析】 这种情况下,光程差不需要考虑半波损失,两条反射光干涉减弱,即

$$2ne=(2k+1)\frac{\lambda}{2}$$

波长可表示为

$$\lambda=\frac{4ne}{2k+1}=\frac{1656}{2k+1}\ nm$$

$$k=0,\quad \lambda_1=1656\ nm$$

$$k=1,\quad \lambda_2=552\ nm$$

$$k=2,\quad \lambda_3=331\ nm$$

由以上结果可见,在可见光范围内只有波长在 550 nm 左右的黄绿光最大限度地透射了。

【例题 4-3】 两块长 $L=10$ cm 的平玻璃片,一端互相接触,另一端用厚度 $h=0.004$ mm 的铜片隔开,形成空气劈尖膜。以波长为 500 nm 的平行光垂直照射,观察反射光的等厚干涉条纹。

(1)在全部 10 cm 的长度内呈现多少条明纹?相邻两明纹间的距离是多少?

(2)若将末端用两个铜片隔开,结果有何变化?

(3)若将该套装置放置在水中,结果有何变化?(水的折射率为 1.33)

【思路解析】 劈尖干涉是薄膜干涉的一种,无论题目中叙述的是哪种情况,只需判断光程差是否有半波损失,再根据干涉加强与相消条件来判断明暗纹条件即可。

【计算详解】 (1)光在空气劈尖的上、下表面反射时,在下表面有半波损失,所以相干明纹的光程差满足

$$\delta=2e+\frac{1}{2}\lambda=k\lambda$$

那么相邻两明纹之间对应的膜厚为

$$\Delta e=e_{k+1}-e_k=\frac{\lambda}{2}$$

因而空气劈尖上的明纹数为

$$N=\frac{h}{\Delta e}=\frac{2h}{\lambda}=\frac{2\times 0.004\times 10^{-3}}{500\times 10^{-9}}=16$$

两条明纹间的距离为

$$l=\frac{\Delta e}{\sin\theta}=\frac{\dfrac{\lambda}{2}}{\dfrac{h}{L}}=\frac{\lambda L}{2h}=\frac{500\times 10^{-9}\times 10\times 10^{-2}}{2\times 0.004\times 10^{-3}}=6.25\times 10^{-3}\ m=6.25\ mm$$

（2）用两个铜片隔开，末端高度变大，劈尖夹角变大。相邻两明纹之间对应的膜厚不变，因而空气劈尖上的明纹数为

$$N = \frac{2h}{\Delta e} = \frac{4h}{\lambda} = \frac{4 \times 0.004 \times 10^{-3}}{500 \times 10^{-9}} = 32$$

两条明纹间的距离为

$$l = \frac{\Delta e}{\sin\theta} = \frac{\lambda/2}{2h/L} = \frac{\lambda L}{4h} = \frac{500 \times 10^{-9} \times 10 \times 10^{-2}}{4 \times 0.004 \times 10^{-3}} = 3.125 \times 10^{-3} \text{ m} = 3.125 \text{ mm}$$

可见当劈尖角增大时，条纹向棱边方向移动，条纹间距变小，条纹数目增多。

（3）若将装置放置在水中，形成水劈尖，明条纹的光程差满足

$$\delta = 2ne + \frac{1}{2}\lambda = k\lambda$$

那么相邻两明纹之间对应的膜厚为

$$\Delta e = e_{k+1} - e_k = \frac{\lambda}{2n}$$

因而水劈尖上的明纹数为

$$N = \frac{h}{\Delta e} = \frac{2nh}{\lambda} = \frac{2 \times 1.33 \times 0.004 \times 10^{-3}}{500 \times 10^{-9}} = 21.28$$

即可以观察到 21 条明纹。

两条明纹间的距离为

$$l = \frac{\Delta e}{\sin\theta} = \frac{\lambda/2n}{h/L} = \frac{\lambda L}{2nh} = \frac{500 \times 10^{-9} \times 10 \times 10^{-2}}{2 \times 1.33 \times 0.004 \times 10^{-3}} = 4.70 \times 10^{-3} \text{ m} = 4.70 \text{ mm}$$

可见若将劈尖放入水中，条纹也向棱边方向移动，且条纹间距变小，条纹数目增多。

【讨论与拓展】　此题中，若已知波长和观测的条纹数目，就可以测出铜片厚度，这是应用劈尖干涉进行长度精密测量的案例。劈尖干涉也可用来检验零件的表面光洁度。

【拓展例题 4-3-1】　在待测工件上放一平板玻璃，使其间形成一空气劈尖。用 550 nm 的光垂直照射，观察到正常条纹间距 $a=2.25$ mm，条纹的最大畸变量 $b=1.53$ mm，如图 4.9 所示，那么工件表面会有怎样的缺陷？深度如何？

【解析】　条纹是空气薄膜的等厚线，某条纹弯曲部分的顶部下面空气薄膜厚度与同一条纹上直线部分下面空气薄膜厚度相同，图中条纹向左凸出，说明劈尖中对应空气层的厚度增大，那么工件表面上有凹槽缺陷。

正常条纹间距为

$$a = \frac{\lambda}{2\sin\theta}$$

因为劈尖干涉条纹距离与空气层厚度差成正比，所以此凹陷深度 h 可根据

$$\frac{a}{\Delta e} = \frac{b}{h}$$

得

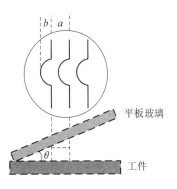

图 4.9

$$h = \frac{b}{a}\Delta e = \frac{b}{a} \cdot \frac{\lambda}{2} = \frac{1.53 \times 550 \times 10^{-9}}{2.25 \times 2} = 0.187 \times 10^{-6}\ \mathrm{m} = 0.187\ \mu\mathrm{m}$$

微米与亚微米量级的测量采用直接法一般很难检测，大多数情况下都是借助光学方法进行间接检测。

【例题 4-4】　在牛顿环装置的平凸透镜和平板玻璃间充以某种透明液体，观测到第 10 个明环的直径由 14.9 cm 变成了 12.4 cm，求这种液体的折射率 n。

【思路解析】　牛顿环装置中的空气层变为某种液体后，折射率增大，由于相邻两明环或暗环下面介质层厚度差带来的光程差不变，就意味着介质层厚度差变小，根据牛顿环明纹半径公式将前后变化做比值即可求解。

【计算详解】　设所用的单色光的波长为 λ，根据牛顿环的明环半径公式

$$r = \sqrt{(2k-1)R\frac{\lambda}{2}}$$

对第 10 个明环有

$$r_{10}^2 = 19R\frac{\lambda}{2}$$

该单色光在液体中的波长为 λ/n，这时对第 10 个明环有

$$r_{10}'^2 = 19R\frac{\lambda}{2n}$$

由以上两式可得

$$n = \frac{r_{10}^2}{r_{10}'^2} = \frac{14.9^2}{12.4^2} = 1.44$$

【讨论与拓展】　测定液体折射率是牛顿环应用之一。测量时，若牛顿环装置中的平板玻璃和平凸透镜一般采用相同材质，则这时无论液体的折射率是小于还是大于玻璃的折射率，都需考虑两束反射光光程差上存在的半波损失；若平板玻璃和平凸透镜的折射率不同，当充入的某种液体的折射率又恰在平凸透镜和平板玻璃的折射率之间时，则两束反射光光程差不存在半波损失，中心是一条明纹。此时，明纹条件变为

$$\delta = 2ne = \frac{nr'^2}{R} = k\lambda$$

对第 10 个明环有

$$r_{10}'^2 = 10R\frac{\lambda}{n}$$

与空气中的明环联立，可得

$$n = \frac{r_{10}^2}{r_{10}'^2} = \frac{14.9^2}{12.4^2} \times \frac{20}{19} = 1.52$$

若此题中不是将牛顿环装置的平凸透镜和平板玻璃间充以某种透明液体，而是将平凸透镜稍稍向上平抬起一定的距离，也会观察到明条纹直径收缩的现象，那么平凸透镜向上平抬的距离 h 是多少？

此时明纹条件变为

$$\delta = 2e + 2h + \frac{\lambda}{2} = \frac{r'^2}{R} + 2h + \frac{\lambda}{2} = k\lambda$$

这时对第 10 个明环有

$$r_{10}'^2 = \left(19\frac{\lambda}{2} - 2h\right)R$$

与原来装置的第 10 个明环方程联立，可得

$$h = \frac{19\lambda}{4}\left(1 - \frac{r_{10}'^2}{r_{10}^2}\right) = 1.46\lambda$$

【例题 4-5】　将半径 $R_1 = 102.3$ cm 的平凸透镜放置在凹面上，如图 4.10(a)所示，在两曲面之间形成气层，以波长 $\lambda = 589.3$ nm 的单色光垂直照射其上，可以观察到环状的干涉条纹。测得从中央数起第 k 个暗环的弦长为 $l_k = 3.00$ cm，第 $(k+5)$ 个暗环的弦长为 $l_{k+5} = 4.60$ cm，如图 4.10(b)所示。求凹面的曲率半径 R_2。

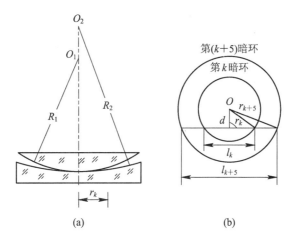

图 4.10

【思路解析】　此题关键是需要获得空气层的厚度表达式，可以将此装置看作平板玻璃与凸透镜的空气层和凹面与平板玻璃的空气层厚度之差，这样通过牛顿环空气层厚度的表达式即可获得此题中的空气层厚度表达式。

【计算详解】　存在空气层是由于两个曲率不一致造成的，干涉环半径为 r 时对应的其厚度 e 为

$$e = \frac{r^2}{2R_1} - \frac{r^2}{2R_2}$$

光在空气层反射产生的光程差为

$$\delta = 2e + \frac{\lambda}{2}$$

根据暗纹条件，有

$$\delta = \frac{r^2}{R_1} - \frac{r^2}{R_2} + \frac{\lambda}{2} = (2k+1)\frac{\lambda}{2}$$

设第 k 个暗环半径为 r_k，第 $k+5$ 个暗环半径为 r_{k+5}，

$$r_k^2 = \frac{k\lambda}{\dfrac{1}{R_1} - \dfrac{1}{R_2}}$$

$$r_{k+5}^2 = \frac{(k+5)\lambda}{\dfrac{1}{R_1} - \dfrac{1}{R_2}}$$

由以上两式可得

$$r_{k+5}^2 - r_k^2 = \frac{5\lambda}{\dfrac{1}{R_1} - \dfrac{1}{R_2}}$$

所以

$$\frac{1}{R_2} = \frac{1}{R_1} - \frac{5\lambda}{r_{k+5}^2 - r_k^2}$$

由图 4.10(b)可得

$$r_k^2 = d^2 + \left(\frac{1}{2}l_k\right)^2$$

$$r_{k+5}^2 = d^2 + \left(\frac{1}{2}l_{k+5}\right)^2$$

$$r_{k+5}^2 - r_k^2 = \left(\frac{1}{2}l_{k+5}\right)^2 - \left(\frac{1}{2}l_k\right)^2$$

于是

$$R_2 = 1 / \left(\frac{1}{R_1} - \frac{20\lambda}{l_{k+5}^2 - l_k^2}\right) = 1.033 \text{ m}$$

【讨论与拓展】　此题利用了牛顿环的干涉条纹来测定凹曲面的曲率半径。在实验室也常用牛顿环来测定光波的波长或平凸透镜的曲率半径。与此题类似，测量牛顿环半径时，不必确定圆心，是由于同心环簇直径的平方差与弦长的平方差相等，这给测量带来便利。另外，与采用劈尖装置检测工件的平整度类似，采用牛顿环装置可快速检测透镜的曲率半径及其表面是否合格：将标准件覆盖在待测件上，如果两者完全密合，则达到标准，不会出现牛顿环；如果被测件曲率半径小于或大于标准件，则会产生牛顿环。

【例题 4 - 6】　当迈克尔孙干涉仪中的 M_2 镜移动 0.3164 mm 时，测得某单色光的干涉条纹移过 1000 条，那么该单色光的波长是多少？

【思路解析】　迈克尔孙干涉仪是利用分振幅法使两个相互垂直的平面镜形成一个等效的空气薄膜，当 M_1 或 M_2 移动时，相当于薄膜厚度变化了，那么两束光的光程差随之改变。当 M_1 或 M_2 移动 Δd，实际的光路长度变化为 $2\Delta d$，因此每从视场中移过一条干涉条纹，M_1 或 M_2 移动的距离为 $\Delta d = \dfrac{\lambda}{2}$。

【计算详解】　当 M_2 反射镜移动 $\dfrac{\lambda}{2}$ 距离时，就会有一条干涉条纹从视场中移过。所以 M_2 移动的距离为

$$\Delta d = \Delta N \cdot \frac{\lambda}{2}$$

那么可得

$$\lambda = \frac{2\Delta d}{\Delta N} = \frac{2 \times 0.3164 \times 10^{-3}}{1000} = 6.328 \times 10^{-7} \text{ m} = 632.8 \text{ nm}$$

【讨论与拓展】 迈克尔孙干涉仪设计精巧，用途广泛，可测定激光波长、薄膜厚度、气体折射率等。例如仍采用本题中的波长，不移动 M_2，而是在 M_2 镜前插入一块薄膜，也观察到干涉条纹移过 1000 条，若薄膜的折射率 $n = 1.452$，那么薄膜的厚度是多少？

我们知道，每从视场中移过一条干涉条纹，两束光的光程差就改变 λ，当在 M_2 镜前插入一块厚度为 e 的薄膜时，光程差的改变量为

$$\delta = 2(n-1)e = \Delta N \lambda$$

所以

$$e = \frac{\Delta N \lambda}{2(n-1)} = \frac{1000 \times 632.8 \times 10^{-9}}{2 \times (1.452 - 1)} = 0.7 \text{ mm}$$

当采用迈克尔孙干涉仪测定气体折射率时，可在每个臂中放入两个等长的玻璃管，先将两管抽空，然后将待测气体充入管中，观察条纹变化，通过光程差与条纹变化的关系，可测得气体折射率。

【例题 4-7】 如图 4.11 所示，单色光垂直入射一缝宽为 a 的单缝 AB，在屏上形成衍射条纹。若 AP 和 BP 的光程差 $\overline{AC} = 2.5\lambda$，求：

（1）P 点是明纹还是暗纹？

（2）若 P 点是明纹，则是第几级明纹？

（3）OP 间有几条暗纹？

（4）单缝可分成几个半波带？

（5）若 P 点为第二级暗纹，则狭缝可分成几个半波带？

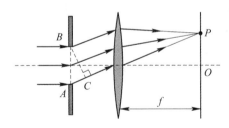

图 4.11

【思路解析】 通过单缝衍射条件可判断某点是明纹还是暗纹，以及是哪一级明纹或暗纹。单缝可分成几个半波带，由衍射角（或 P 点位置）来决定。

【计算详解】 （1）光程差 $\overline{AC} = 2.5\lambda$ 是半波长的奇数倍，所以 P 点是明纹。

（2）根据单缝衍射的明纹公式

$$a\sin\varphi = \pm(2k+1)\frac{\lambda}{2}$$

当 $k = 2$ 时，满足光程差 $\overline{AC} = 2.5\lambda$，因而 P 点是二级明纹。

（3）单缝衍射的条纹从中央 O 点依次分布为 0 级明纹（中央明纹）、1 级暗纹、1 级明纹、2 级暗纹、2 级明纹……因此，OP 间有 1 级暗纹和 2 级暗纹这两条暗纹。

（4）衍射角为 φ 的狭缝上下边缘发出的两条光线到达 P 点的光程差为

$$\delta = \overline{AC} = a\sin\varphi = 2.5\lambda$$

每个半波带的宽度为

$$\Delta s = \frac{\lambda/2}{\sin\varphi}$$

狭缝被分割为半波带的数目为

$$N = \frac{a}{\Delta s} = \frac{a\sin\varphi}{\lambda/2} = \frac{2.5\lambda}{\lambda/2} = 5$$

（5）当 P 点为第二级暗纹时，根据单缝衍射的暗纹公式

$$a\sin\varphi = 2k \cdot \frac{\lambda}{2} = 2\lambda$$

可得光程差为

$$\overline{AC} = 2\lambda$$

狭缝被分割为半波带的数目为

$$N = \frac{a}{\Delta s} = \frac{a\sin\varphi}{\lambda/2} = \frac{2\lambda}{\lambda/2} = 4$$

【讨论与拓展】　此题可以帮助大家理解半波带法。单缝可分成的半波带数目 N 是由狭缝上下边缘发出的衍射角为 φ 的两条光线到达 P 点的光程差决定的，即

$$N = \frac{a\sin\varphi}{\lambda/2}$$

可见，对同一单缝，在不同的衍射角下，分成的半波带数目是不同的。

对一个确定的 φ，分成的各半波带的面积相同；不同的 φ，分成的各半波带的面积不同。相邻的两个半波带在 P 点引起的合振动干涉相消，明纹亮度是由一个半波带的次波源发出的光波在 P 点干涉叠加的结果，所以半波带的面积越大，衍射条纹中明纹的亮度就越亮，故明纹的亮度随 φ 的增大而减小。

【例题 4-8】　在单缝夫琅禾费衍射实验中，垂直入射的光有两种波长，$\lambda_1 = 400$ nm，$\lambda_2 = 760$ nm，已知单缝宽度 $a = 0.1$ mm，透镜焦距 $f = 50$ cm，求两种光在第一级衍射明纹中心之间的距离。

【思路解析】　根据单缝衍射明纹公式可获得衍射角，而条纹在观察屏上的位置可以通过衍射角与单缝夫琅禾费衍射实验装置的透镜焦距获得，从而求解就不同波长、相同级次的明纹中心之间的距离了。

【计算详解】　根据单缝衍射明纹公式，当 $k = 1$ 时，两波长对应的衍射角分别满足

$$a\sin\varphi_1 = \frac{1}{2}(2k+1)\lambda_1 = \frac{3}{2}\lambda_1$$

$$a\sin\varphi_2 = \frac{1}{2}(2k+1)\lambda_2 = \frac{3}{2}\lambda_2$$

而两波长对应的衍射角也满足

$$\tan\varphi_1 = \frac{x_1}{f}$$

$$\tan\varphi_2 = \frac{x_2}{f}$$

通过

$$\sin\varphi_1 \approx \tan\varphi_1$$
$$\sin\varphi_2 \approx \tan\varphi_2$$

所以

$$x_1 = \frac{3}{2}\frac{f\lambda_1}{a}$$

$$x_2 = \frac{3}{2}\frac{f\lambda_2}{a}$$

则两个第一级明纹之间的距离为

$$\Delta x = x_2 - x_1 = \frac{3}{2}\frac{f\Delta\lambda}{a} = 0.27 \text{ cm}$$

【讨论与拓展】 衍射时连续分布的相干光源发的光或多光束的干涉现象,其明暗条纹分布的计算是以光程差的计算为基础的。若此题中的狭缝或透镜上下移动,条纹会如何变化?

(1)狭缝上下移动,而透镜位置和条纹位置不变,衍射角为 φ 的狭缝上下边缘发出两条光线到达观察屏的光程差不变,两个第一级明纹之间的距离也不变。

(2)透镜上下移动,但由于透镜中心位置变化,因而条纹位置也会上下移动,衍射角为 φ 的狭缝上下边缘发出两条光线到达观察屏的光程差不变,条纹宽度不会改变,因此两个第一级明纹之间距也不变。这与入射光不是垂直入射到单缝夫琅禾费衍射实验装置情况类似。

【例题 4-9】 单缝的宽度 $a=0.40$ mm,以波长 $\lambda=589.6$ nm 的钠黄光垂直照射,设透镜的焦距 $f=1.0$ m。求:

(1)第三级暗纹到中心的距离;

(2)第二级明纹的宽度;

(3)若单缝的宽度减小为 $a'=0.20$ mm,则上述结果有何变化?

(4)若单色光以入射角 $i=30°$ 斜射到单缝上,则上述结果有何变化?

【思路解析】 根据单缝衍射明暗纹公式条纹分布规律可知,条纹中心的距离和宽度条纹均与缝宽有关,当缝宽变窄时衍射现象会变得更明显。对于斜入射情况,狭缝上下边缘发出两条光线到达狭缝时就已经存在光程差了,因而衍射角为 φ 的狭缝上下边缘发出两条光线到达观察屏的光程差包含了两部分:一部分是斜入射带来的 $(a\sin i)$,一部分是衍射角带来的 $(a\sin\varphi)$。

【计算详解】 (1)单缝衍射的暗条纹分布规律是

$$x_{暗} = \pm\frac{kf\lambda}{a} \quad (k=1, 2, \cdots)$$

第三级 $(k=3)$ 暗纹到中心的距离为

$$x_{\pm3暗} = \pm\frac{3f\lambda}{a} = \pm4.422 \text{ mm}$$

(2)除中央明纹外,第二级明纹和其他明纹的宽度为

$$\Delta x = x_{k+1} - x_k = \frac{f\lambda}{a} = 1.474 \text{ mm}$$

（3）若单缝的宽度减小为 $a'=0.20$ mm，则第三级（$k=3$）暗纹到中心的距离增大为

$$x'_{\pm1暗}=\frac{3f\lambda}{a'}=\pm8.844 \text{ mm}$$

第二级明纹宽度增大为

$$\Delta x'=x'_{k+1}-x'_k=\frac{f\lambda}{a'}=2.948 \text{ mm}$$

可见，条纹整体变得稀疏了。

（4）当入射光斜射时，如图 4.12 所示，光程差为

$$\delta=a\sin i-a\sin\varphi=\pm k\lambda \quad (k=1,2,\cdots)$$

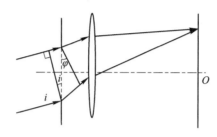

图 4.12

单缝衍射的暗条纹分布规律是

$$x''_暗=\frac{(a\sin i\pm k\lambda)f}{a} \quad (k=1,2,\cdots)$$

两条三级暗纹到中心的距离，即为当 $k=3$ 时，分别为

$$x''_{3暗}=f\sin i+\frac{3f\lambda}{a}=504.422 \text{ mm}$$

$$x''_{-3暗}=f\sin i-\frac{3f\lambda}{a}=495.578 \text{ mm}$$

第二级明纹的宽度为

$$\Delta x''=x''_{k+1}-x''_k=\frac{f\lambda}{a}=1.474 \text{ mm}$$

可见，条纹整体向上移动了，但条纹宽度保持不变。

【讨论与拓展】　单缝衍射的习题主要是条纹分布的计算，计算时要注意中央明纹是两暗纹之间的区域，同时也要注意单缝衍射的暗纹条件公式与双缝干涉明纹条件公式相似，不可混淆。

【例题 4-10】　一束平行光垂直入射到某个光栅上，该光束有两种波长的光，$\lambda_1=440$ nm，$\lambda_2=660$ nm。实验发现，两种波长的谱线（不计中央明纹）第二次重合于衍射角 $\varphi=60°$ 的方向上，求此光栅的光栅常数 d。

【思路解析】　在同一光栅装置中，明纹位置相同就意味着衍射角相同，而波长不同，对相同的明纹位置就对应着不同的衍射级次，波长越短衍射级次就会越多。

【计算详解】　由光栅衍射主极大条纹公式可得

$$d\sin\varphi_1=k_1\lambda_1$$

$$d\sin\varphi_2=k_2\lambda_2$$

由于两种光的波长不同，衍射级次不一样，因此

$$\frac{\sin\varphi_1}{\sin\varphi_2}=\frac{k_1\lambda_1}{k_2\lambda_2}=\frac{k_1\times440}{k_2\times660}=\frac{2k_1}{3k_2}$$

当两谱线重合时，衍射角相同，即

$$\varphi_1=\varphi_2$$

即

$$\frac{k_1}{k_2}=\frac{3}{2}=\frac{6}{4}=\frac{9}{6}\cdots$$

因此，两谱线第二次重合即是

$$\frac{k_1}{k_2}=\frac{6}{4}$$

可得

$$k_1=6，\quad k_2=4$$

将上式代入光栅方程，可得

$$d\sin60°=6\lambda_1$$

即

$$d=\frac{6\lambda_1}{\sin60°}=3.05\times10^{-6}\ \text{m}=3.05\ \mu\text{m}$$

【讨论与拓展】 光栅是重要的分光器件，在光栅常数一定的情况下，波长对衍射条纹的分布有影响，波长越长，条纹越疏，即各级条纹距离中央零级条纹越远。当用白光入射时，中央零级条纹的中心仍为白光，在中央零级条纹两侧对称分布由紫到红的第一级、第二级……等光谱。

【例题 4－11】 假设把可见光的两个极限波长选定为 $\lambda_1=430\ \text{nm}$，$\lambda_2=680\ \text{nm}$，试设计一光栅，使第一级光谱线夹角为 $20°$。

【思路解析】 光栅衍射中，在相同级次下，不同波长的衍射明纹位置不同，因此可见光范围内的一级谱会有一定的宽度，根据图 4.13 中的几何关系可以找到明纹位置与衍射角的关系，再根据光栅方程即可求解。

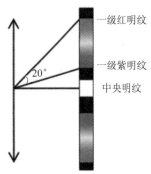

【计算详解】 若将光栅衍射主极大条纹公式中，取 $k=1$，则有

$$d\sin\varphi_1=\lambda_1$$
$$d\sin\varphi_2=\lambda_2$$

由于两者谱线张角为 $20°$，即

$$\varphi_2=\varphi_1+20°$$

将其代入上式为

图 4.13

$$\begin{aligned}\lambda_2&=d\sin\varphi_2=d\sin(\varphi_1+20°)\\&=d\sin\varphi_1\cos20°+d\cos\varphi_1\sin20°\\&=\lambda_1\cos20°+d\sqrt{1-\sin^2\varphi_1}\sin20°\\&=\lambda_1\cos20°+\sqrt{d^2-\lambda_1^2}\sin20°\end{aligned}$$

于是，有

$$\sqrt{d^2-\lambda_1^2}\sin20°=\lambda_2-\lambda_1\cos20°$$

可计算出光栅常数 d 为

$$d=\sqrt{\lambda_1^2+\frac{(\lambda_2-\lambda_1\cos20°)^2}{\sin^220°}}=914.2 \text{ nm}$$

所以可得每厘米光栅刻的狭缝数目为

$$N=\frac{10^{-2}}{914.2\times10^{-9}}=10939$$

【讨论与拓展】 从本题可以看出，改变光栅常数只能改变光谱宽度，完整的光谱级次是不会改变的，要使用光栅将光分得更开一下，需将光栅常数变小，即在同样的宽度下，增加光栅的刻痕。

【例题 4 - 12】 波长 600 nm 的单色光垂直入射在一光栅上，第二级明条纹出现在 $\sin\varphi=0.20$ 处，第四级缺级。试问：

（1）光栅常数 $(a+b)$ 为多少？

（2）光栅上狭缝可能的最小宽度 a 为多少？

（3）按上述选定的 a、b 值，在光屏上可能观察到的全部级数是多少？

（4）若将该单色光斜入射，入射角 $\theta=15°$，在屏上能看到哪几级谱线？（$\sin15°=0.26$）

【思路解析】 光栅衍射中，光栅方程给出了缝间干涉加强的主极大情况，但要获得完成的光谱级次还需要考虑缺级（单缝衍射的暗纹情况）和衍射角的范围（$-90°<\varphi<90°$）。斜入射时，除考虑狭缝边缘两条光线到达屏点的光程差，还要考虑入射前的光程差，这与单缝的斜入射情况类似。这时仍要考虑缺级和衍射角的范围，获得的光谱级次不再对称。

【计算详解】 （1）根据第二级明条纹出现在 $\sin\varphi=0.20$ 处，可知 $k=2$ 时，$\sin\varphi=0.20$，将它们代入光栅方程为

$$(a+b)\sin\varphi=\pm k\lambda$$

可得

$$a+b=\frac{k\lambda}{\sin\varphi}=\frac{2\times600\times10^{-9}}{0.2}=6\times10^{-6} \text{ m}$$

（2）由于第四级主极大缺级，故满足下列关系

$$(a+b)\sin\varphi=4\lambda$$
$$a\sin\varphi=k'\lambda$$

将两式相除，有

$$\frac{a+b}{a}=\frac{4}{k'}$$

则

$$a=\frac{a+b}{4}k'$$

所以当 $k'=1$ 时为最小缝宽。最小缝宽为

$$a=\frac{a+b}{4}=1.5\times10^{-6} \text{ m}$$

（3）由光栅方程可得

$$\sin\varphi = \frac{k\lambda}{a+b} < 1$$

当 $\sin\varphi = 1$ 时，有

$$k = \frac{a+b}{\lambda} = 10$$

此时对应衍射角 $\varphi = \pm 90°$，因此 $k = \pm 10$ 时主极明纹不能出现。故屏上能呈现的干涉条纹的最高级数为

$$k_{max} = 9$$

又考虑到 $k = \pm 4, \pm 8, \pm 12, \cdots$ 缺级，在屏上有 $k = 0, \pm 1, \pm 2, \pm 3, \pm 5, \pm 6, \pm 7, \pm 9$ 的主极大条纹出现。

（4）斜入射示意图如图 4.14 所示。

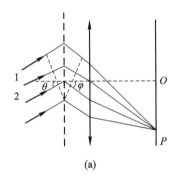 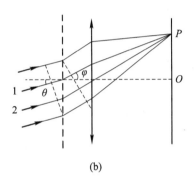

图 4.14

中央明纹以下（如图 4.14(a)所示），有

$$(a+b)(\sin 15° + \sin\varphi) = k_-\lambda$$

且

$$|\sin\varphi| < 1$$

则

$$k_- < \frac{1}{\lambda}(a+b)(\sin 15° + 1) = 12.6$$

这时 k_- 最大值取 12。

中央明纹以上（如图 4.14(b)所示），有

$$(a+b)(\sin\varphi - \sin 15°) = k_+\lambda$$

且

$$|\sin\varphi| < 1$$

则

$$k_+ < \frac{1}{\lambda}|(a+b)(\sin 15° - 1)| = 7.4$$

这时 k_+ 最大值取 7。

又因为 $k = \pm 4, \pm 8, \pm 12, \cdots$ 缺级，所以实际看到的主极大有 7，6，5，3，2，1，0，−1，−2，−3，−5，−6，−7，−9，−10，−11 共 16 条谱线。

【讨论与拓展】　该题中 4 级缺级，但 2 级不缺级，因为题目中已经交代了存在第二级明条纹，若没有这个条件，就需要进一步判断第 2 级是否缺级。也就是说，若题目中交代了某个级次缺级，而这个级次的值是个合数，那就需要判断此合数的公约数级次是否缺级。另外，入射角和衍射角的符号可以按图4.15所示来选取。由光前进的方向顺时针旋转到光栅法线方向（向前）为正，那么斜入射光栅方程可以写为 $(a+b)(\sin\varphi-\sin\theta)=\pm k\lambda$，这种规定方法并不唯一，直观地可以从几何上来判断狭缝边缘两条光线到达屏上点的光程差。

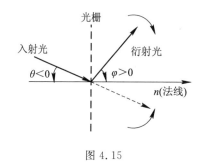

图 4.15

【例题 4-13】　侦察卫星上的照相机能清楚地识别地面上汽车的牌照号码。

（1）如果需要识别的牌照上的字间距离为 5 cm，则在 160 km 高空的卫星上的照相机的角分辨率应为多大？

（2）光波长按 550 nm 计，此照相机的孔径需要多大？

【思路解析】　光学仪器中的最小分辨角采用瑞利判据。此题中的角分辨率就是衍射极限，它与孔径和波长有关。

【计算详解】　（1）角分辨率为牌照侦察卫星上所张的角，根据小角度近似得

$$\delta\varphi_R=\frac{d}{L}=\frac{5\times10^{-2}}{160\times10^{3}}=3.125\times10^{-7}\ \mathrm{rad}$$

（2）根据衍射极限最小分辨角为

$$\delta\varphi_R=1.22\frac{\lambda}{D}$$

可得

$$D=1.22\frac{\lambda}{\delta\varphi_R}=\frac{1.22\times550\times10^{-9}}{3.125\times10^{-7}}=2.1472\ \mathrm{m}$$

【讨论与拓展】　光学仪器的分辨率都可采用此类方法计算，例如天文望远镜与显微镜的分辨率、瞳孔的分辨率、判断在太空中是否能看到长城等问题。另外，也可以采用最小分辨角计算在有雾的夜晚看到月亮周围光圈的直径。

【拓展例题 4-13-1】　解释在有雾的夜晚可以看到月亮周围有一个光圈，若此光圈的角直径为 5° 时，估算一下大气中水珠的直径。（紫光波长按 450 nm 计）

【解析】　月亮发出的光经微小水珠衍射形成衍射光盘，月亮中央附近为白色（月光本色），周边为彩色，由紫到红出现极小。紫色出现极小时，就显出了红色光圈，再向外其他色的光强度极小处，所显现的色光强度较弱，就很暗淡了。

红色光圈的角直径 δ 由紫色光第一级极小衍射角决定，即

$$\delta=2\delta\varphi_R=2\times1.22\frac{\lambda_\text{紫}}{D}$$

由此求得大气中水珠的直径为

$$D = 2 \times 1.22 \frac{\lambda_{\text{紫}}}{\delta} = 2 \times 1.22 \times \frac{450 \times 10^{-9}}{5 \times \pi/180} = 1.26 \times 10^{-5} \text{ m}$$

【例题 4-14】　自然光依次垂直入射到两个相互平行的偏振片 P_1、P_2 后，透射光强为入射光强的 1/8。求：

（1）这两个偏振片的偏振化方向间的夹角是多少？

（2）若在两偏振片之间平行插入偏振片 P_3 后，P_3 的偏振化方向与 P_1 的偏振化方向呈 30°夹角，则光强比原来减弱还是增强？

（3）若入射光由自然光和线偏振光混合而成，依次通过 P_1、P_2 后，透射光强变为入射光强的 1/10，那么入射光中自然光和线偏振光的光强之比是多少？其中线偏振光的光振动方向与 P_1 的偏振化方向互相垂直。

（4）若将第（3）问中的线偏振光的光振动方向改为与 P_2 的偏振化方向平行，那么入射光中自然光和线偏振光的光强之比是多少？

【思路解析】　光通过偏振片后的光强变化可以由马吕斯定律求解，要注意的是自然光通过偏振片后光强减弱为原来的一半。

【计算详解】　（1）设入射自然光的光强为 I_0，通过偏振片 P_1 后透射光强为

$$I_1 = \frac{1}{2} I_0$$

设 P_1、P_2 的偏振化方向间的夹角为 α，则通过偏振片 P_2 的透射光强为

$$I_2 = I_1 \cos^2 \alpha = \frac{1}{2} I_0 \cos^2 \alpha = \frac{1}{8} I_0$$

于是得

$$\alpha = 60°$$

（2）P_3 的偏振化方向与 P_1 的偏振化方向呈 30°夹角有两种情况，如图 4.16 所示。

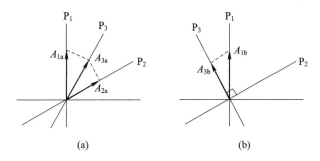

(a)　　　　　　　　　　　(b)

图 4.16

① 对于图 4.16(a)所示情况：

通过 P_1 后的透射光强为

$$I_{1a} = \frac{1}{2} I_0$$

通过 P_3 后的透射光强为

$$I_{3a} = I_{1a} \cos^2 30° = \frac{3}{8} I_0$$

再通过 P_2 后的透射光强为

$$I_{2a} = I_{3a}\cos^2(\alpha - 30°) = \frac{9}{32}I_0$$

与原来只通过 P_1、P_2 相比，有

$$\frac{I_{2a}}{I_2} = \frac{9I_0/32}{I_0/8} = 2.25$$

因此可以看出光强增强了，变为原来的 2.25 倍。

② 对于图 4.16(b)所示情况：

通过 P_1、P_3 后的透射光强与图(a)情况相同，分别为

$$I_{1b} = \frac{1}{2}I_0 = I_{1a}$$

$$I_{3b} = I_{1b}\cos^2 30° = \frac{3}{8}I_0 = I_{3a}$$

但 P_2、P_3 的偏振化方向间的夹角为 $\alpha + 30° = 90°$，所以通过 P_2 后就会消光，即

$$I_{2b} = 0$$

（3）设入射光中自然光和线偏振光的光强分别 $I_{自}$ 和 $I_{线}$。因为线偏振光的光振动方向与 P_1 的偏振化方向互相垂直，因此混合光中只有自然光可以通过 P_1，线偏振光通过 P_1 后就会消光。此时入射光通过偏振片 P_1 后的透射光强为

$$I_1' = \frac{1}{2}I_{自}$$

再通过偏振片 P_2 的透射光强为

$$I_2' = I_1'\cos^2\alpha = \frac{1}{8}I_{自}$$

透射光强与入射光强之比为

$$\frac{I_2'}{I_{自} + I_{线}} = \frac{I_{自}/8}{I_{自} + I_{线}} = \frac{1}{10}$$

可得

$$I_{自} : I_{线} = 4 : 1$$

（4）入射光中自然光和线偏振光通过 P_1 后都透射出光，自然光通过偏振片光强变为原来的一半，线偏振光通过偏振片光强满足马吕斯定律。此时入射光通过偏振片 P_1 后的透射光强为

$$I_1'' = \frac{1}{2}I_{自} + I_{线}\cos^2\alpha = \frac{1}{2}I_{自} + \frac{1}{4}I_{线}$$

再通过偏振片 P_2 的透射光强为

$$I_2'' = I_1''\cos^2\alpha = \frac{1}{8}I_{自} + \frac{1}{16}I_{线}$$

透射光强与入射光强之比为

$$\frac{I_2''}{I_{自} + I_{线}} = \frac{I_{自}/8 + I_{线}/16}{I_{自} + I_{线}} = \frac{1}{10}$$

可得

$$I_自 : I_线 = 3 : 2$$

【讨论与拓展】　相邻两偏振片的偏振化方向相互垂直，透射光才会消光，若一组偏振片不与相邻两偏振片的偏振化方向相互垂直，则不会消光。例如，若本题中偏振片 P_1、P_2 的偏振化方向正交，再插入 P_3，那么透射光的光强为

$$\frac{1}{2}I_0\cos^2\theta\cos^2(90°-\theta)$$

式中，θ 是 P_1、P_3 的偏振化方向之间的夹角。

显然，只有当 $\theta=0$ 或 $\theta=90°$ 时，透射光强才是 0，这时分别对应偏振片 P_2 与 P_3、P_1 与 P_3 互相正交。当 θ 是其他角度时，即使这组偏振片中有偏振化方向正交的两个偏振片，由于两者不相邻，也不会产生消光。

本题中还要注意的是，在第(4)问中，线偏振光的光振动方向与 P_2 的偏振化方向平行，不代表线偏振光会全部通过 P_2。因为线偏振光在通过 P_2 前要先通过 P_1，那么该线偏振光通过 P_1 后的光振动方向先变为与 P_1 的偏振化方向平行，根据马吕斯定律可知强度变为原来的 $\cos^2\alpha$ 倍，再通过 P_2 后光振动方向才会变为原来的方向，即与 P_2 的偏振化方向平行（如图 4.17 所示），但根据马吕斯定律可知强度变为通过 P_1 后光强的 $\cos^2\alpha$ 倍，可见光强减弱了很多。

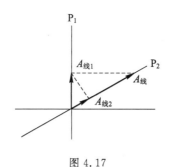

图 4.17

通过上面分析可知，线偏振光通过两个偏振化方向夹角一定的偏振片，透射方向与光强大小均与通过这两个偏振片的先后顺序有关；但自然光通过两个偏振化方向夹角一定的偏振片，只有透射方向与通过这两个偏振片的先后顺序有关，光强大小与顺序无关。

【例题 4 - 15】　一束平行自然光以 58° 角入射到平面玻璃表面上，反射光束是完全线偏振光，试求：

（1）透射光束的折射角。

（2）玻璃的折射率。

【思路解析】　此题是应用布儒斯特定律的问题。反射光束是完全线偏振光，说明入射角为布儒斯特角，且反射光和折射光互相垂直。

【计算详解】　（1）自然光以布儒斯特角入射到平面玻璃表面上，反射光束是完全线偏振光，且反射光线和折射光线之间的夹角为 90°。故折射角为

$$\gamma=90°-i_0=90°-58°=32°$$

（2）当光以布儒斯特角入射时，须满足

$$\tan i_0=\frac{n_2}{n_1}$$

故玻璃的折射率为

$$n_2 = n_1 \tan i_0 = 1 \times \tan 58° = 1.60$$

【讨论与拓展】 当自然光以布儒斯特角入射到两种介质的分界面时，反射光为线偏振光，光矢量振动方向垂直于入射面；折射光为部分偏振光，平行于入射面的光矢量振动方向占优。自然光以其他角入射到界面时，反射光和折射光均为部分偏振光，反射光垂直于入射面的光矢量振动方向占优；折射光平行于入射面的光矢量振动方向占优。线偏振光无论是否以布儒斯特角入射到两种介质的分界面，都不改变光矢量振动方向，但以布儒斯特角入射时，反射光中不会出现平行于入射面的光矢量振动方向。为了更好地理解光在两种介质的两分界面的反射和折射情况，不同偏振状态的光以不同角度入射界面时，反射光和折射光的偏振状态如图 4.18 所示。

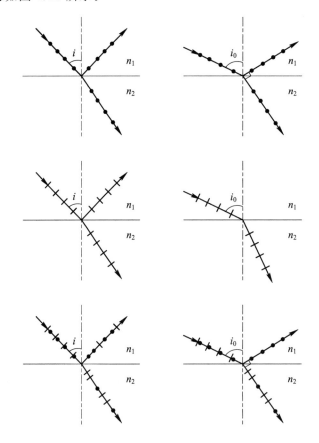

图 4.18

【例题 4-16】 如图 4.19 所示，一束自然光入射到一方解石晶体上，其光轴垂直于纸面，已知方解石对 o 光的折射率为 $n_o = 1.658$，对 e 光的主折射率为 $n_e = 1.486$。

(1) 如果方解石晶体的厚度 $t = 1.0$ cm，自然光入射角 $i = 45°$，求 a、b 两透射光之间的垂直距离；

(2) 两透射光中的光振动方向如何？哪一束光在晶体中是 o 光？哪一束光在晶体中是 e 光？

【思路解析】 自然光沿非光轴方向射入单轴晶体后，射出 o 光和 e 光两束光，由于两

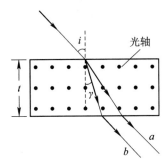

图 4.19

者折射率不同,当入射角不为 0 时,两束光沿不同方向射出。

【计算详解】　(1) 对 o 光和 e 光分别应用折射定律,可得两者在方解石中的折射角应满足

$$\sin\gamma_o = \frac{1}{n_o}\sin i = \frac{\sin 45°}{1.658} = 0.4265$$

$$\sin\gamma_e = \frac{1}{n_e}\sin i = \frac{\sin 45°}{1.486} = 0.4758$$

由三角公式可获得

$$\tan\gamma_o = 0.4715, \quad \tan\gamma_e = 0.5410$$

在射出时,o 光和 e 光分别偏离法线的距离为

$$l_o = t \cdot \tan\gamma_o, \quad l_e = t \cdot \tan\gamma_e$$

那么 o 光和 e 光的垂直距离为

$$d = (l_e - l_o)\sin 45° = t \cdot \sin 45°(\tan\gamma_e - \tan\gamma_o)$$

$$= 1.0 \times \frac{\sqrt{2}}{2} \times (0.5410 - 0.4715)$$

$$= 4.9 \times 10^{-2} \text{ cm}$$

(2) 方解石为负晶体,折射率 $n_o > n_e$,折射角 $\gamma_o < \gamma_e$,故右侧的那束光为 e 光,左侧的那束光为 o 光。图中光轴方向垂直于纸面,所以 o 光和 e 光的主平面分别为过各自光线且垂直于纸面的平面。又因为 o 光的光矢量振动方向垂直于 o 光主平面,e 光的光矢量振动方向平行于 e 光主平面,所以它们的光振动方向如图 4.20 所示。

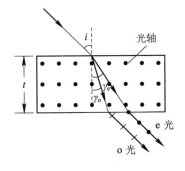

图 4.20

【讨论与拓展】　由于 o 光的光矢量振动方向垂直于 o 光主平面,e 光的光矢量振动方

向平行于 e 光主平面,要正确画出 o 光和 e 光的振动方向,就需要先找到两者的主平面。而主平面是光线与晶体光轴所构成的平面,因而同一条光线可能会因光轴方向不同而对应不同的主平面,例如沃拉斯顿棱镜中,两块晶体光轴方向相垂直(如图 4.21 所示,第一块棱镜光轴平行于纸面,第二块棱镜光轴垂直于纸面),同一条光线在两块晶体中的主平面相互垂直,所以第一块棱镜中的 o 光进入第二块棱镜会变成 e 光,第一块棱镜中的 e 光进入第二块棱镜会变成 o 光。

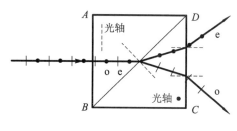

图 4.21

模块 5　气体动理论与热力学

5.1　教 学 要 求

教学要求如下：

（1）能从宏观和统计意义上理解压强、温度等概念。了解系统的宏观性质是微观运动的统计表现。

（2）理解气体分子热运动的图像。理解理想气体的压强公式、温度公式及它们的物理意义。通过推导压强公式了解从提出模型，进行统计平均分析，到建立宏观量与微观量的联系的过程，掌握其思路和方法。

（3）理解自由度和能量均分定理，并会应用该定理计算理想气体的内能。

（4）掌握速率分布律及麦克斯韦速率分布率的物理意义。掌握速率分布曲线的特征及物理意义。理解气体分子热运动三种特征速率（平均速率、方均根速率、最可几速率）的意义，并会求解。

（5）掌握气体分子平均碰撞次数和平均自由程的推导和计算。

（6）掌握功、热量、内能的概念以及计算，理解准静态过程。

（7）掌握热力学第一定律，能熟练分析并计算理想四个典型过程中的功、热量和内能改变量，掌握理想气体等压摩尔热容及等容摩尔热容的概念。

（8）理解循环的特征，掌握正循环效率、逆循环制冷系数的定义和计算。掌握卡诺正循环和卡诺逆循环的分析以及卡诺热机效率和制冷机制冷系数的计算，理解卡诺定理。

（9）了解可逆过程和不可逆过程。理解热力学第二定律的两种表述，了解这两种表述的等价性。

（10）了解熵的概念，理解热力学第二定律的统计意义及无序性。了解玻耳兹曼公式。

5.2　内 容 精 讲

研究对象的特征，热学按照研究理论分为气体动理论和热力学，两种理论相辅相成。气体动理论是研究热现象的微观理论。因为气体由大量分子组成，分子永不停息地做着无规则的热运动，单个分子的运动和碰撞遵从力学规律，大量分子的运动则遵从统计规律，所以在研究分子热运动时，既要提出理想模型，又要运用统计方法，将宏观量与微观量的统计平均值联系起来，从而阐明现象的微观本质。热力学是研究热现象的宏观理论，它从能量观点出发，研究系统宏观状态变化过程中有关热、功及内能之间的相互转化规律，研究过程方向的进行问题。热力学中共有四条定律，我们着重讨论热力学第一定律和热力学第二定律。

本模块的内容包括：气体动理论和热力学的研究对象和研究方法；平衡态与准静态过

程，理想气体的压强公式；气体分子的平均平动动能与温度的关系；自由度和能量均分定理，理想气体的内能；麦克斯韦速率分布律；分子的平均碰撞频率和平均自由程。内能、功、热量；热力学第一定律；气体的热容；四个典型等值过程，循环过程，卡诺循环；热力学第二定律；可逆过程和不可逆过程；卡诺定理；熵；热力学第二定律的统计意义；熵增原理。

5.2.1　气体动理论

1. 理想气体模型

（1）理想气体的宏观模型。

理想气体是指遵从气体三条实验定律（玻意耳-马略特定律、盖·吕萨克定律、查理定律）的气体。

（2）理想气体的微观模型。

① 不考虑分子内部结构及其大小，可将单个分子视为质点并遵守力学规律。

② 除碰撞的瞬间外，忽略分子间的作用力，分子在两次碰撞之间作惯性运动。

③ 气体分子之间的碰撞、气体分子与容器壁之间的碰撞都是完全弹性碰撞。

理想气体的模型随着研究的热现象问题不同而逐步修正，注意：在研究理想气体内能、气体分子的平均自由程时，理想气体模型都有所修正。

2. 热力学系统的平衡态

热力学系统：热学中被确定为研究对象的物体，简称系统。系统以外的物体是外界。系统可分为开放系统（系统与外界既交换物质也交换能量）、封闭系统（系统与外界不交换物质，只交换能量）、孤立系统（系统与外界既不交换物质，也不交换能量）。

系统的状态参量：压强 p、温度 T、体积 V。

平衡态：在没有外界影响的情况下，系统各部分的宏观性质不随时间变化的状态。从微观上看，每个分子都在永不停息地作无规则的热运动，所以平衡态实际上是"热动平衡态"。

3. 统计基本假设

气体处于平衡态且无外力场作用时，对于单个分子而言，某一时刻沿哪个方向运动完全是偶然的、不能预测的。就大量分子的整体而言，由于分子之间不断地频繁碰撞，任一时刻，平均来看，各处单位体积内的分子数相同，分子沿任一方向的运动不比其他方向占优势，或者说气体分子沿各个方向运动的机会均等，即分子的运动没有择优性。

根据统计假设可以得到以下结论：

（1）分子数密度处处均匀：

$$n = \frac{N}{V} = \frac{\mathrm{d}N}{\mathrm{d}V}$$

式中，n 为分子数密度（单位体积中的分子数），N 为总分子数，V 为总体积，$\mathrm{d}N$ 为体积元 $\mathrm{d}V$ 内的分子个数。

（2）由统计假设可知，分子平均速度为

$$\bar{\boldsymbol{v}} = 0, \quad \bar{v}_x = \bar{v}_y = \bar{v}_z = 0$$

分子速率平方的平均值关系式为

$$\overline{v_x^2}=\overline{v_y^2}=\overline{v_z^2}=\frac{1}{3}\overline{v^2}$$

4. 理想气体的压强

单位时间内，与容器壁相互碰撞的所有分子作用于容器壁单位面积的平均总冲量称为气体压强。

压强的统计规律如下：

$$p=n\mu\frac{1}{3}\overline{v^2}=\frac{2}{3}n\frac{1}{2}\mu\overline{v^2}=\frac{2}{3}n\overline{\varepsilon}_k$$

式中：μ 为单个分子的质量，n 为分子数密度，质量密度 $\rho=n\mu$，$\varepsilon_k=\frac{1}{2}\mu v^2$ 是单个分子的平动动能，$\overline{\varepsilon}_k=\frac{1}{2}\mu\overline{v^2}$ 为分子的平均平动动能。

理想气体状态方程为

$$pV=\nu RT\qquad 或\qquad p=nkT$$

玻耳兹曼常数 k 与气体摩尔常量 R 之间的关系为

$$k\equiv\frac{R}{N_A}=\frac{8.31}{6.02\times10^{23}}=1.38\times10^{-23}\ \text{J/K}$$

上面两式中，N_A 为阿伏加德罗常数，R 为气体摩尔常量，ν 为气体的摩尔量。

气体压强的常用单位及换算：

$$1\ \text{Pa}=1\ \text{N/m}^2,\ 1\ \text{atm}=1.013\times10^5\ \text{Pa}$$

理想气体的压强公式是气体动理论的基本公式之一，揭示了压强的微观本质和统计意义。

5. 理想气体的温度

温度的统计规律如下：

$$\overline{\varepsilon}_k=\frac{1}{2}\mu\overline{v^2}=\frac{3}{2}kT$$

热力学 T 温度与摄氏温度 t 的关系如下：

$$T=273.15+t\ (\text{K})$$

温度的微观本质为物体内部分子热运动剧烈程度的量度，温度越高，表示物体内部分子热运动越剧烈。

6. 麦克斯韦分子速率分布

（1）速率分布函数 $f(v)$。

气体分子不断地作无序运动，在任一时刻，气体分子的速率为从零到无穷之间的各种可能值。平衡状态下，对个别分子来说，在某一时刻，其速率大小是完全偶然的，对于大量气体分子，分子数按速率的分布遵守确定的统计规律，我们将这一确定的规律称为速率分布函数，可写为

$$f(v)=\frac{\mathrm{d}N}{N\mathrm{d}v}$$

表示平衡态下，在速率 v 附近单位速率间隔内的分子数的比率。

速率分布函数满足归一化条件

$$\int_0^\infty f(v)\,\mathrm{d}v = \int_0^\infty \frac{\mathrm{d}N}{N} = \frac{N}{N} = 1$$

以 v 为横轴、$f(v)$ 为纵轴的曲线称为速率分布曲线，归一化条件也表明了速率分布曲线下的总面积为 1。

注意掌握以下各式的物理含义。

$Nf(v)\mathrm{d}v = \mathrm{d}N$：速率 v 附近 $\mathrm{d}v$ 速率间隔内的分子数。

$\int_{v_1}^{v_2} Nf(v)\mathrm{d}v = \Delta N$：速率分布在 $v_1 \sim v_2$ 区间内的分子数。

$\int_0^\infty vf(v)\mathrm{d}v = \bar{v}$：分子的平均速率。

$\int_0^\infty v^2 f(v)\mathrm{d}v = \overline{v^2}$：分子速率平方的平均值。

$\int_0^\infty \frac{1}{2}\mu v^2 f(v)\mathrm{d}v = \frac{1}{2}\mu\overline{v^2} = \bar{\varepsilon}_k$：分子的平均平动动能。

（2）麦克斯韦速率分布律。

麦克斯韦在统计理论的基础上，推导出了没有外力场时，平衡态下理想气体分子速率分布函数 $f(v)$ 如下，麦克斯韦速率分布函数必然也满足归一化条件。

$$f(v) = 4\pi\left(\frac{\mu}{2\pi kT}\right)^{3/2} v^2 \mathrm{e}^{-\mu v^2/2kT}$$

根据麦克斯韦速率分布函数推导可得理想气体分子的三个特征速率：
最概然速率：

$$v_p = \sqrt{\frac{2kT}{\mu}} = 1.41\sqrt{\frac{RT}{M_{\mathrm{mol}}}} \quad （可用于讨论分子速率的整体分布情况）$$

平均速率：

$$\bar{v} = \sqrt{\frac{8kT}{\pi\mu}} = 1.6\sqrt{\frac{RT}{M_{\mathrm{mol}}}} \quad （可用于讨论分子的碰撞规律）$$

方均根速率：

$$\sqrt{\overline{v^2}} = \sqrt{\frac{3kT}{\mu}} = 1.73\sqrt{\frac{RT}{M_{\mathrm{mol}}}} \quad （可用于讨论分子动能的分布规律）$$

以上各式中 μ 是单个气体分子的质量，M_{mol} 是气体的摩尔质量。

7. 玻耳兹曼分布律

（1）重力场中粒子数按高度的分布规律：假设 $h=0$ 处的粒子数密度为 n_0，则任一高度 h 处的粒子数密度为 $n = n_0 \mathrm{e}^{-\frac{\mu g h}{kT}}$。

（2）重力场中粒子数按势能的分布规律：$n = n_0 \mathrm{e}^{-\frac{\varepsilon_p}{kT}}$，$\varepsilon_p = \mu g h$ 表示粒子的重力势能，该规律可推广至其他保守力场。

（3）重力场中的等温大气、压强随高度的变化规律：$p = p_0 \mathrm{e}^{-\frac{\mu g h}{kT}}$，式中 $p_0 = n_0 kT$ 是 $h=0$ 处气体的压强。

（4）玻耳兹曼分布律：$\mathrm{d}N/N \propto \mathrm{e}^{-E/kT}$，式中 E 代表粒子的总能量，该式表示粒子数按

能量的分布规律。从统计的角度看，粒子总是优先占据能量更低的状态。

8. 气体分子的平均碰撞频率和平均自由程

自由程 λ 是微观上一个分子连续两次碰撞之间走过的路程，碰撞频率 z 是一个分子单位时间内与其他分子发生碰撞的次数。由于分子运动的随机性，单个分子的自由程和碰撞频率是不确定的。在宏观状态一定时，对大量分子构成的整体统计平均下来，平均自由程和平均碰撞频率是确定的。

在讨论气体分子的碰撞和自由程时，采用另一种分子模型，即认为气体分子是具有一定大小的刚性球，碰撞为完全弹性。刚性球形分子的直径为碰撞过程中两分子质心间的最小距离，称为分子的有效直径 d。设分子的平均速率为 $\bar{v}$，则平均自由程 $\bar{\lambda}$ 和平均碰撞频率 $\bar{z}$ 满足 $\bar{\lambda} = \dfrac{\bar{v}}{\bar{z}}$。用微观参量所表示的平均自由程和平均碰撞频率如下：

$$\begin{cases} \bar{z} = \sqrt{2}\, n\pi d^2 \bar{v} \\ \bar{\lambda} = \dfrac{\bar{v}}{\bar{Z}} = \dfrac{1}{\sqrt{2}\,\pi d^2 n} \end{cases}$$

用宏观参量所表示的平均自由程和平均碰撞频率如下：

$$\begin{cases} \bar{z} = \sqrt{2}\, n\pi d^2 \sqrt{\dfrac{8RT}{\pi\mu}} \\ \bar{\lambda} = \dfrac{kT}{\sqrt{2}\,\pi d^2 p} \end{cases}$$

9. 理想气体能量按自由度均分定理

自由度是确定一个物体空间位置所需要的独立坐标数目，用 i 表示。

理想气体分子被视为刚性分子，不发生形变。所以理想气体分子只有平动自由度和转动自由度。

单原子理想气体分子：$i = 3$；

双原子理想气体分子：$i = 5$；

多原子理想气体分子：$i = 6$。

个别多原子分子除外，如 CO_2 分子的自由度 $i = 5$。

理想气体能量按自由度均分定理：处于平衡态的理想气体分子无论作何种运动，统计平均下来分子每个自由度上的平均动能是相等的，并且都等于 $\dfrac{1}{2}kT$。

如果理想气体分子自由度为 i，则气体分子的平均动能为 $\dfrac{i}{2}kT$。

要注意的是理想气体能量按自由度均分定理是统计规律，是对大量分子统计平均的结果。分析理想气体能量均分定理时，理想气体分子被视为有一定空间结构的刚性分子模型。

内能是热力学中系统与热现象有关的那部分能量总和，即系统内所有分子的动能与势能之和。内能是描写系统性质的状态量。

自由度为 i 的 ν mol 理想气体内能可表示为

$$E = \frac{m}{M_{\text{mol}}} \cdot \frac{i}{2}RT = \nu \cdot \frac{i}{2}RT$$

式中，m 为气体的质量，M_{mol} 为摩尔质量。

当理想气体的种类和摩尔量确定时，内能只是温度的函数。当温度变化为 ΔT 时，内能变化量为 $\Delta E = \nu \dfrac{i}{2} R \Delta T$。

5.2.2　热力学

1. 热学中过程

（1）准静态过程：如果一个过程进行得无限缓慢，系统所经历的每一个中间状态都无限接近于平衡态，这样的过程就称为准静态过程，它是一种理想化过程。实际上，除了一些进行极快的过程（如爆炸）外，大多数过程都可视为准静态过程。准静态过程在状态图中可用一条曲线表示。

（2）可逆过程和不可逆过程：系统从一个状态出发，经过一个过程达到另一个状态，如果过程的每一步都可沿相反方向进行，同时不引起外界的任何变化，这个过程就是可逆过程。如果某一过程，用任何方法都不能使系统和外界恢复到原来的状态，该过程就是不可逆过程。只有无摩擦的准静态过程才能被认为是可逆过程，因此可逆过程也是一种理想模型。

2. 功、热量、内能

功是通过系统和外界的宏观相对位移实现的能量交换，是过程量。

气体在准静态过程中体积变化时的元功为

$$dA = p\,dV$$

当时系统体积膨胀时，$dV > 0$，$dA > 0$，系统对外界做正功；当系统体积被压缩时，$dV < 0$，$dA < 0$，系统对外界做负功。

当气体以准静态从体积 V_1 膨胀到 V_2 时，做功为

$$A = dA = \int_{V_1}^{V_2} p\,dV$$

气体在准静态过程做的功在 p - V 状态图中可用过程曲线下所围成的面积表示，如图 5.1 所示。

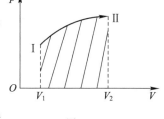

图 5.1

热量是传热过程中所传递的热运动能量，或者是由于温度差别而转移的能量。它是外界物体分子无规则热运动能量与系统分子无规则热运动能量的交换，是过程量。准静态过程热量可通过热容来计算。热容 $C' = \dfrac{dQ}{dT}$，热容是过程量。

注意：热容有正负之分，dQ 与 dT 同号，$C' > 0$；dQ 与 dT 异号，$C' < 0$。

摩尔热容：$C = C'/\nu$，单位是 $JK^{-1}mol^{-1}$，式中 ν 为系统的摩尔量。

比热容：$c = C'/m$，单位是 $JK^{-1}kg^{-1}$，式中 m 为系统的总质量。

热容、摩尔热容、比热容之间的关系：

$$C' = \nu C = mc$$

准静态过程热量的计算如下：

$$Q = \int_{T_1}^{T_2} C'\,dT = \int_{T_1}^{T_2} \nu C\,dT = \int_{T_1}^{T_2} mc\,dT$$

等容摩尔热容及等容过程热量：

$$C_V = \frac{1}{\nu}\frac{\mathrm{d}Q_V}{\mathrm{d}T}, \quad Q_V = \int_{T_1}^{T_2}\nu C_V\,\mathrm{d}T$$

等压摩尔热容及等压过程热量：

$$C_p = \frac{1}{\nu}\frac{\mathrm{d}Q_p}{\mathrm{d}T}, \quad Q_p = \int_{T_1}^{T_2}\nu C_p\,\mathrm{d}T$$

内能是系统内部与热运动有关的能量总和，是状态量。理想气体的内能是温度的单值函数，表达式为

$$E = \frac{m}{M_{\mathrm{mol}}}\cdot\frac{i}{2}RT = \nu\cdot\frac{i}{2}RT$$

一定量理想气体，当温度变化为 ΔT 时，内能变化量为

$$\Delta E = \nu\frac{i}{2}R\Delta T$$

功和热量是改变系统内能的两种方式。

3. 热力学第一定律

热力学第一定律常用形式为 $Q = \Delta E + A$，可理解为系统吸收的热量（Q）一部分用来对外做功（A），另一部分用来改变内能（ΔE 表示内能增量）。

$\Delta E > 0$ 表示内能增加，$\Delta E < 0$ 表示内能减小；$Q > 0$ 表示系统从外界吸收热量，$Q < 0$ 表示系统向外界释放热量；$A > 0$ 表示系统对外界做正功；$A < 0$ 表示外界对系统做正功。

对于微元过程，热力学第一定律可表示为

$$\mathrm{d}Q = \mathrm{d}E + \mathrm{d}A$$

对于准静态过程，热力学第一定律可表示为

$$\mathrm{d}Q = \mathrm{d}E + p\,\mathrm{d}V, \quad Q = \Delta E + \int_{V_1}^{V_2}p\,\mathrm{d}V$$

热力学第一定律是包括热现象在内的能量守恒与转化定律，适用于任何系统（固、液、气）、任何过程（准静态或非准静态过程）。

4. 热力学第一定律在理想气体等值过程的应用

理想气体典型的等值过程有等容过程、等压过程、等温过程、绝热过程。

将热力学第一定律应用于等容过程和等压过程可以得到理想气体的等容摩尔热容 C_V 和等压摩尔热容 C_p。

等容摩尔热容：

$$C_V = \frac{i}{2}R$$

等压摩尔热容：

$$C_p = C_V + R = \frac{i}{2}R + R$$

引入比热容比 γ：

$$\gamma = \frac{C_p}{C_V} = \frac{\dfrac{i}{2}R + R}{\dfrac{i}{2}R} = \frac{i+2}{i} > 1$$

理想气体在典型等值过程的特点及重要公式见表 5.1。

表 5.1　理性气体在典型等值过程的特点及重要公式

过程	过程方程	$E_2 - E_1$	A	Q
等容	$V = C$	$\nu C_V(T_2 - T_1)$	0	$\nu C_V(T_2 - T_1)$
等压	$p = C$	$\nu C_V(T_2 - T_1)$	$p(V_2 - V_1)$	$\nu C_p(T_2 - T_1)$
等温	$pV = C$	0	$\nu RT \ln \dfrac{V_2}{V_1} = \nu RT \ln \dfrac{P_1}{P_2}$	$\nu RT \ln \dfrac{V_2}{V_1} = \nu RT \ln \dfrac{P_1}{P_2}$
绝热	$pV^\gamma = C_1$ $TV^{\gamma-1} = C_2$ $p^{\gamma-1}T^{-\gamma} = C_3$	$\nu C_V(T_2 - T_1)$	$-\nu C_V(T_2 - T_1)$ $-\dfrac{1}{\gamma-1}(p_2V_2 - p_1V_1)$	0

注：绝热过程方程也称泊松方程。

5. 循环过程

如果物质系统的状态经历一系列变化后，又回到原来的状态，即称其经历了一个循环过程，简称循环。

经历一个循环内能增量 $\Delta E = 0$；一个循环的净吸热等于对外的净功，即 $Q = A$；准静态循环在 p-V 图中对应闭合曲线，如图 5.2 所示，循环曲线所包围面积等于循环过程的净功。

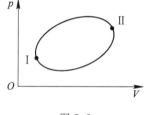

图 5.2

循环分为正循环、逆循环。特别注意：以下分析循环的问题中，$Q_{吸}$、$Q_{放}$ 为算术量，代表吸收和释放热量的大小，因此有 $Q_{吸} - Q_{放} = A$。

正循环：循环沿顺时针方向进行，循环中工作物质对外做正功。正循环对应着热机的工作原理，定义循环效率为 $\eta = \dfrac{A}{Q_{吸}} = \dfrac{Q_{吸} - Q_{放}}{Q_{吸}} = 1 - \dfrac{Q_{放}}{Q_{吸}} > 1$。

逆循环：循环沿顺时针方向进行，循环中工作物质对外做负功。逆循环对应着制冷机的工作原理，定义制冷系数 $w = \dfrac{Q_{吸}}{|A|}$。需要注意逆循环制冷系数的分子 $Q_{吸}$ 是从低温热源（冷库）吸收的热量。

卡诺循环：理想的准静态可逆卡诺循环由两个等温过程和两个绝热过程构成。卡诺机器的吸热和放热只发生在两个等温过程，对应的热机效率为

$$\eta = 1 - \frac{Q_{放}}{Q_{吸}} = 1 - \frac{T_2}{T_1}$$

其中，T_1 为高温热源温度，T_2 为低温热源温度。在低温热源温度一定时，高温热源温度越高，卡诺热机的效率越大。

卡诺逆循环对应的制冷机制冷系数为

$$w = \frac{Q_{吸}}{|A|} = \frac{Q_{吸}}{Q_{放} - Q_{吸}} = \frac{T_1}{T_1 - T_2}$$

其中，T_1 为高温热源温度，T_2 为低温热源(冷库)温度。从上述结果可以看出环境温度一定时，冷库温度越低，制冷系数 w 越小，制冷效果就越差。

6. 卡诺定理

(1) 在温度分别为 T_1 与 T_2 的两个给定热源之间工作的一切可逆热机，其效率相同，都等于理想气体可逆卡诺热机的效率，即 $\eta = 1 - \dfrac{T_2}{T_1}$。

(2) 在相同的高温热源和低温热源之间工作的一切不可逆热机，其效率都不可能大于可逆热机的效率。

卡诺定理给出了热机效率的上限，要尽可能地减少热机循环的不可逆性(减少摩擦、漏气、散热等耗散因素)以提高热机效率。

7. 计算循环效率和制冷系数的注意事项

(1) 对循环效率 η 的计算，主要归结为对循环过程中功和热量的计算。根据具体问题分析，如果容易求得循环的吸热、放热，则可用 $\eta = 1 - \dfrac{Q_{放}}{Q_{吸}}$ 求循环效率；如果容易求得循环的功和吸热，则可用 $\eta = \dfrac{A}{Q_{吸}}$ 求循环效率；如果容易求得循环的功和放热，还可利用 $\eta = \dfrac{A}{Q_{放} + A}$ 计算循环效率。

请注意，循环效率的计算中 $Q_{放}$ 代表一个循环的总放热，$Q_{吸}$ 代表一个循环的总吸热。

(2) 制冷系数 $w = \dfrac{Q_{吸}}{|A|}$ 的计算中应注意：分子上的 $Q_{吸}$ 指从被制冷对象(低温冷库)中吸收的热量；一个循环的功 $|A|$ 应该是总放热减去总吸热，即 $|A| = Q_{总放} - Q_{总吸}$。

8. 热力学第二定律

热力学第二定律从功热转化过程的不可逆性和热量从高温物体传向低温物体的过程的不可逆性提出了两种表述，并且这两种表述是等价的，从而进一步指明了自然界中的一切与热现象有关的过程的不可逆性。

(1) 开尔文表述：气体不可能只从单一热源吸热并使之完全转化为功而不引起其他变化。

注意不能理解为热不能完全转化为功，比如理想气体等温膨胀过程，吸热完全转化为功，$Q = A$，体积增加，压强减小。

对于热机效率 $\eta = \dfrac{A}{Q_{吸}}$，开尔文表述说明：如果 $\eta > 1 \Rightarrow A > Q_{吸}$，则第一类永动机是不可能制成的；如果 $\eta = 1 \Rightarrow A = Q_{吸}$，$Q_{放} = 0$，则不可能实现单一热源热机。

(2) 克劳修斯表述：不可能使热量从低温物体传向高温物体而不引起其他变化。也可表述成"热量不能自动从低温物体传向高温物体"。

注意不能理解为热量不能由低温物体传向高温物体。

对于制冷系数 $w=\dfrac{Q_{吸}}{|A|}$，克劳修斯表述说明，如果 $w\to\infty\Rightarrow|A|=0$，则理想制冷机是不可能制成的。

热力学第一定律表明，自然过程必须遵守能量守恒定律。热力学第二定律表明，自然过程具有一定的方向性。任何一个实际发生的过程都是不可逆过程。孤立系统中的自发过程，都是沿单方向进行的不可逆过程。无摩擦的准静态过程才是可逆过程。

热力学第二定律的统计意义：大量分子无规则运动的整体是服从统计规律的，因此热力学第二定律也可用概率的观点进行解释，即孤立系统中的自发过程，总是由微观状态数目少的宏观状态向微观状态数目多的宏观状态进行，也就是由概率小的状态向概率大的状态进行。这就是热力学第二定律的统计意义。

9. 熵、熵增原理

熵是描述系统混乱程度或无序程度的物理量，用 S 表示。若系统的宏观状态对应的微观状态数目（热力学概率）为 Ω，则该宏观状态的熵可表示为
$$S=k\ln\Omega$$
式中 k 为玻耳兹曼常数。上式称为玻耳兹曼公式，它表明一个系统的熵是该系统可能的微观状态数目的量度。微观状态数目越多，熵值越大，无序度越大。

熵增原理：对于孤立系统中发生的一切过程，熵值的增量 $\Delta S\geqslant0$。过程可逆则 $\Delta S=0$，过程不可逆则 $\Delta S>0$，即孤立系统的熵永不减少。熵增原理也可看作是热力学第二定律的另一叙述形式。

孤立系统从状态 1 变化到状态 2：$\Delta S=S_2-S_1=k\ln\dfrac{\Omega_2}{\Omega_1}\geqslant0$

从微观上说，热力学第二定律是反映大量分子运动的无序程度变化的规律。它以熵的大小 S 描述状态的无序性；以熵的变化 ΔS 描述过程的方向性。熵函数可作为孤立系统过程进行方向的判据。

5.3　例题精析

【**例题 5 - 1**】　有一容器储有氧气 0.1 kg，压强为 10 atm，温度为 47℃。因容器漏气，过一段时间后，压强减到原来的 5/8，温度降到 27℃，此处氧气可视为理想气体。求：

（1）容器的容积；

（2）漏掉氧气的质量。

【**思路解析**】　已知氧气初、末状态的压强和温度、初状态质量，求体积和末状态质量。这是典型的理想气体状态方程的应用，氧气的摩尔质量为 $M=32\times10^{-3}$ kg/mol。

【**计算详解**】　（1）根据理想气体的状态方程：
$$pV=\nu RT=\frac{m}{M}RT$$
可得容器的容积为
$$V=\frac{mRT}{Mp}=\frac{0.1\times8.31\times(273+47)}{32\times10^{-3}\times10\times1.013\times10^5}=8.2\times10^{-3}\text{ m}^3$$

（2）对漏气后剩余氧气应用理想气体状态方程，可得

$$m' = \frac{Mp'V}{RT'} = \frac{32\times10^{-3}\times\frac{5}{8}\times10\times1.013\times10^5\times8.2\times10^{-3}}{8.31\times(273+27)} = 6.7\times10^{-2}\ \mathrm{kg}$$

所以漏掉氧气的质量为

$$\Delta m = m' - m = 0.1 - 0.067 = 0.033\ \mathrm{kg}$$

【讨论与拓展】　理想气体状态方程是热力学中重要的实验结论，反映了气体各状态参量的关系。在热力学问题中，也经常会利用其化简过程中不同状态各参量间的关系。

【例题 5-2】　根据理想气体压强的统计规律 $p = \frac{2}{3}n\bar{\varepsilon}_k$，可知 n 和 $\bar{\varepsilon}_k$ 越大，压强越大，试从分子动理论的观点出发进行分析。

【思路解析】　理想气体压强的定义：单位时间，大量气体分子与容器壁碰撞所带来的容器壁单位面积的平均总冲量。结合压强的定义，从微观气体动理论来分析压强的统计规律：分子数密度 n 越大，单位时间与容器壁上单位面积发生碰撞的分子个数越多，压强就越大；分子的平均平动动能 $\bar{\varepsilon}_k = \frac{1}{2}\mu\overline{v^2}$ 越大，分子热运动的平均速率越大，分子热运动剧烈程度就越大，一个分子与容器壁单次碰撞所带来的平均冲量也就越大，故压强越大。

【讨论与拓展】　本题重点在于理解压强的微观意义，明确宏观量与微观量统计平均值间的关系。与此类似，关于温度也有这样的分析和理解，温度的统计表达式为 $\bar{\varepsilon}_k = \frac{1}{2}\mu\overline{v^2} = \frac{3}{2}kT$，可以看出宏观量的温度越大，分子的平均平动动能就越大，说明分子的热运动剧烈程度越大，因此温度是分子热运动剧烈程度的量度。压强公式和温度公式都是统计规律，只对大量分子的系统适用。

【例题 5-3】　氧气瓶的容积为 V，充了气未使用时的压强为 p_1，使用后瓶内氧气的质量减少为原来的一半，其压强降为 p_2。求使用氧气瓶前后氧气分子热运动平均速率之比 $\bar{v}_1/\bar{v}_2$。

【思路解析】　已知氧气初状态和末状态的压强、体积和质量变化的关系，根据理想气体状态方程可计算初状态与末状态的温度关系；再根据理想气体温度统计关系式可得到初、末状态平均速率关系。

【计算详解】　使用氧气瓶前后氧气的体积均为氧气瓶的容积 V，分别对初状态和末状态应用理想气体的状态方程有

$$p_1V = \nu_1 R T_1$$
$$p_2V = \nu_2 R T_2$$

使用氧气瓶后氧气质量减少为原来的一半，说明摩尔量也减少为原来的一半，$\nu_1/\nu_2 = 2$，根据以上两式可得

$$\frac{p_1}{p_2} = \frac{2T_1}{T_2}$$

根据温度的统计关系 $\bar{\varepsilon}_k = \frac{1}{2}\mu\overline{v^2} = \frac{3}{2}kT$ 可得

$$\frac{T_1}{T_2} = \frac{\overline{v_1^2}}{\overline{v_2^2}}$$

忽略 $\sqrt{\overline{v^2}}$ 和 $\bar{v}$ 的差别，则

$$\frac{\overline{v_1}}{\overline{v_2}} = \sqrt{\frac{T_1}{T_2}} = \sqrt{\frac{p_1}{2p_2}}$$

【讨论与拓展】　这是理想气体状态方程和温度微观表达式的综合应用问题。求解过程中出现了两个特征速率，分别为均方根速率 $v_{\text{rms}} = \sqrt{\overline{v^2}}$ 和平均速率 $\bar{v}$，但忽略了二者的差别，这是因为对理想气体，$\sqrt{\overline{v^2}} = 1.085\bar{v}$，由于偏差很小，经常会近似互换。

【例题 5-4】　分子的统计平均速率表达式为 $\int_0^\infty vf(v)\mathrm{d}v$，可否以此为依据，得到速率分布在 $v_1 \sim v_2$ 区间的分子平均速率 $\bar{v} = \int_{v_1}^{v_2} vf(v)\mathrm{d}v$？

【思路解析】　按照分子平均速率的定义，分布在 $v_1 \sim v_2$ 区间的分子平均速率为

$$\bar{v} = \frac{\displaystyle\int_{v_1}^{v_2} v\mathrm{d}N}{\displaystyle\int_{v_1}^{v_2} \mathrm{d}N}$$

即该区间内所有分子的速率之和除以该区间的分子个数。

【计算详解】　根据速率分布函数的定义可知

$$\mathrm{d}N = Nf(v)\mathrm{d}v$$

式中，N 为系统的分子总数，根据平均速率的定义可得分布在 $v_1 \sim v_2$ 内的分子平均速率为

$$\bar{v} = \frac{\displaystyle\int_{v_1}^{v_2} v\mathrm{d}N}{\displaystyle\int_{v_1}^{v_2} \mathrm{d}N} = \frac{\displaystyle\int_{v_1}^{v_2} vNf(v)\mathrm{d}v}{\displaystyle\int_{v_1}^{v_2} Nf(v)\mathrm{d}v} = \frac{N\displaystyle\int_{v_1}^{v_2} vf(v)\mathrm{d}v}{N\displaystyle\int_{v_1}^{v_2} f(v)\mathrm{d}v}$$

化简可得

$$\bar{v} = \frac{\displaystyle\int_{v_1}^{v_2} vf(v)\mathrm{d}v}{\displaystyle\int_{v_1}^{v_2} f(v)\mathrm{d}v}$$

显然结果并非是题目中所给的表达式。

【讨论与拓展】　按照分子平均速率的定义可得所有分子的平均速率为

$$\bar{v} = \frac{\displaystyle\int_0^\infty v\mathrm{d}N}{\displaystyle\int_0^\infty \mathrm{d}N} = \frac{\displaystyle\int_0^\infty vNf(v)\mathrm{d}v}{\displaystyle\int_0^\infty Nf(v)\mathrm{d}v} = \frac{\displaystyle\int_0^\infty vf(v)\mathrm{d}v}{\displaystyle\int_0^\infty f(v)\mathrm{d}v} = \int_0^\infty vf(v)\mathrm{d}v$$

因此上式是分子的统计平均速率表达式，适用于速率分布在 $0 \sim \infty$ 的所有分子。但显然不适合分布在有限区间 $v_1 \sim v_2$ 内的分子。

【例题 5-5】　由 N 个粒子组成的系统，其速率分布曲线如图 5.3 所示。试求：

（1）用 v_0 表示常数 A；

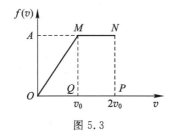

图 5.3

（2）速率分布在 $0\sim v_0$ 之间和 $1.5v_0\sim 2v_0$ 之间的粒子数；

（3）N 个粒子的平均速率；

（4）速率分布在 $0\sim v_0$ 区间的粒子方均根速率。

【思路解析】　由速率分布曲线可得速率分布函数如下：

$$f(v)=\begin{cases}\dfrac{A}{v_0}v, & 0\leqslant v\leqslant v_0 \\[2mm] A, & v_0\leqslant v\leqslant 2v_0 \\[2mm] 0, & v\geqslant 2v_0\end{cases}$$

此问题中所有粒子的速率都分布在 $0\sim 2v_0$ 之间。根据速率分布函数的归一化条件可求出常数 A，由此就可根据定义求出（2）、（3）、（4）的待求量。

【计算详解】　（1）由速率分布函数的归一化条件可知

$$\int_0^\infty f(v)\mathrm{d}v=\int_0^{v_0}\frac{A}{v_0}v\mathrm{d}v+\int_{v_0}^{2v_0}A\mathrm{d}v=1$$

计算可得

$$A=\frac{2}{3v_0}$$

（2）速率分布在 $0\sim v_0$ 之间的粒子数为

$$N_1=\int\mathrm{d}N=\int_0^{v_0}Nf(v)\mathrm{d}v=\int_0^{v_0}N\frac{A}{v_0}v\mathrm{d}v=NA\frac{v_0}{2}=\frac{1}{3}N$$

速率分布在 $1.5v_0\sim 2v_0$ 之间的粒子数为

$$N_2=\int\mathrm{d}N=\int_{1.5v_0}^{2v_0}Nf(v)\mathrm{d}v=\int_{1.5v_0}^{2v_0}NA\mathrm{d}v=NA\frac{v_0}{2}=\frac{1}{3}N$$

（3）N 个粒子的平均速率（粒子的统计平均速率）为

$$\bar{v}=\int_0^\infty vf(v)\mathrm{d}v=\int_0^{v_0}v\left(\frac{A}{v_0}v\right)\mathrm{d}v+\int_{v_0}^{2v_0}vA\mathrm{d}v$$

$$=\frac{Av_0^2}{3}+\frac{3Av_0^2}{2}=\frac{11}{6}Av_0^2=\frac{11}{9}v_0$$

（4）速率分布在 $0\sim v_0$ 之间粒子速率平方的平均值为

$$\overline{v^2}=\frac{\displaystyle\int_0^{v_0}v^2\mathrm{d}N}{\displaystyle\int_0^{v_0}\mathrm{d}N}=\frac{\displaystyle\int_0^{v_0}v^2Nf(v)\mathrm{d}v}{\displaystyle\int_0^{v_0}Nf(v)\mathrm{d}v}=\frac{\displaystyle\int_0^{v_0}v^2\left(\frac{A}{v_0}v\right)\mathrm{d}v}{\displaystyle\int_0^{v_0}\frac{A}{v_0}v\mathrm{d}v}=\frac{\dfrac{A}{4}v_0^4}{\dfrac{A}{2}v_0^2}=\frac{1}{2}v_0^2$$

故速率分布在 $0\sim v_0$ 的粒子方均根速率为

$$\sqrt{\overline{v^2}} = \frac{1}{\sqrt{2}} v_0$$

【讨论与拓展】 速率分布函数的归一化条件反映在速率分布曲线上，意味着曲线下的总面积是1，这道题目速率分布曲线比较简单，因此（1）、（2）可利用面积作简单直观的分析。

（1）如图5.3所示，由速率分布函数的归一化条件可知，速率分布曲线下的总面积为

$$S = S_{\triangle OMQ} + S_{矩形MNPQ} = \frac{1}{2} v_0 A + v_0 A = 1$$

所以

$$A = \frac{2}{3v_0}$$

（2）分子速率分布在 $0 \sim v_0$ 区间的概率为 $\dfrac{S_{\triangle OMQ}}{S} = \dfrac{1}{3}$，分子数 $N_1 = \dfrac{1}{3}N$；

同理分子速率分布在 $1.5v_0 \sim 2v_0$ 区间的概率为 $\dfrac{S_{矩形MNPQ}/2}{S} = \dfrac{1}{3}$，分子数 $N_2 = \dfrac{1}{3}N$。

【例题 5-6】 某理想气体温度为 T 时的麦克斯韦速率分布曲线如图5.4所示。当气体的温度升高时，关于麦克斯韦速率分布曲线的变化规律，有以下几种说法，哪些是正确的？

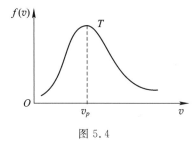

图 5.4

（1）曲线下的面积增大，最概然速率增大；
（2）曲线下的面积增大，最概然速率减小；
（3）曲线下的面积不变，最概然速率增大；
（4）曲线下的面积不变，最概然速率减小；
（5）曲线下的面积不变，曲线的最高点降低。

【思路解析】 根据速率分布函数满足归一化条件可知，速率分布曲线下所围成的面积始终为1，因此温度变化，面积不变。由最概然速率的表达式 $v_p = \sqrt{\dfrac{2kT}{\mu}} = \sqrt{\dfrac{2RT}{M_{mol}}}$ 可知：温度 T 越高，最概然速率 v_p 越大。因为曲线下的总面积不变，所以曲线最高点会降低。故（3）、（5）是正确的。

【讨论与拓展】 本题讨论的是随着温度的变化，麦克斯韦速率分布曲线和最概然速率的变化规律，根据归一化条件，速率分布曲线下的总面积始终保持不变。从微观上看，根据 $\varepsilon_k = \mu \overline{v^2}/2 = 3kT/2$ 可知，当气体温度升高时，分子热运动剧烈程度增加，平均速率增高，速率小的分子数减少而速率大的分子数增多，因此最概然速率增加。根据麦克斯韦速率分布曲线特征还可作如下判定，如图5.5所示，两条速率分布曲线温度相同，分子种类不同，

分子质量分别为 μ_1 和 μ_2，对比 μ_1 和 μ_2 的关系。

温度相同时，最概然速率只跟分子种类有关，$v_p \propto 1/\sqrt{\mu}$，由图 5.5 所示可知，$v_{p1} < v_{p2}$，所以 $\mu_1 > \mu_2$。从微观上看，根据 $\varepsilon_k = \overline{\mu v^2}/2 = 3kT/2$ 可知，温度相同，分子的平均平动动能相同，显然若分子质量大，则分子平均速率减小，最概然速率也减小，因此 $\mu_1 > \mu_2$。

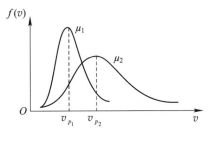

图 5.5

【例题 5-7】　重力场中气体粒子数按高度的分布规律如图 5.6 所示，图中两条曲线表示气体在不同温度 T_1 和 T_2 下，粒子数密度 n 随高度 h 的变化。试比较 T_1 和 T_2 的大小。

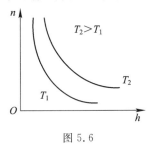

图 5.6

【思路解析】　根据重力场中粒子数密度的变化规律 $n = n_0 e^{-\frac{\mu g h}{kT}}$，式中 n_0 为 $h = 0$ 处的粒子数密度。可知温度 T 越大，粒子数密度随高度的衰减就越慢，因此 $T_1 < T_2$。

【讨论与拓展】　（1）考虑重力场中的等温大气层，根据 $n = n_0 e^{-\frac{\mu g h}{kT}}$ 可得大气压随高度的分布 $p = p_0 e^{-\frac{\mu g h}{kT}}$，同样的道理，温度越高，大气压随高度衰减得越慢。（2）从微观看，气体粒子热运动越剧烈，它们散开到空间各高度并均匀分布的概率就越大，而重力 μg 又欲使粒子尽量靠近地面，这一对矛盾相互协调形成了稳定的粒子数分布和大气压强分布。以上讨论的是等温大气，实际上大气温度并非处处相等，而且随高度分布比较复杂，所以大气压强随高度的分布也很复杂。（3）本题分析是从公式出发，利用数学规律判定，也可以从分子热运动和重力场这一对矛盾出发，温度越高，分子热运动越剧烈，分子数按高度衰减越慢。

【例题 5-8】　真空管的线度为 10^{-2} m，管内压强为 1.33×10^{-3} Pa，设空气分子的有效直径为 3×10^{-10} m，求：

（1）27℃时单位体积的分子数；

（2）空气的密度；

（3）分子的平均平动动能；

（4）分子平均自由程和碰撞频率。（空气摩尔质量为 $M_{mol} = 29 \times 10^{-3}$ kg/mol）

【思路解析】　线度是从各个方向测量一个物体所得到的最大长度；分子的有效直径就是碰撞过程中两个分子质心间的最小距离。将题目中各参量代入相应公式即可求出待求量。

【计算详解】 （1）由理想气体状态方程可知，单位体积内的分子数为

$$n=\frac{p}{kT}=\frac{1.33\times10^{-3}}{1.38\times10^{-23}\times(273+27)}=3.21\times10^{17}\ \text{m}^{-3}$$

（2）空气的密度为

$$\rho=\frac{pM}{RT}=\frac{1.33\times10^{-3}\times29\times10^{-3}}{8.31\times(273+27)}=1.55\times10^{-8}\ \text{kg/m}^3$$

（3）根据分子平均平动动能的表达式可得

$$\bar{\varepsilon}_k=\frac{3}{2}kT=\frac{3}{2}\times1.38\times10^{-23}\times(273+27)=6.21\times10^{-21}\ \text{J}$$

（4）根据平均自由程的计算公式可得

$$\bar{\lambda}=\frac{1}{\sqrt{2}\pi d^2n}=\frac{1}{\sqrt{2}\times3.14\times(3\times10^{-10})^2\times3.22\times10^{17}}=7.8\ \text{m}$$

由题目已知真空管的线度 10^{-2} m，而平均自由程 $\bar{\lambda}=7.8$ m 远大于真空管的线度，说明在这种情况下空气分子之间实际上相互碰撞的可能性很小，而只能不断与真空管管壁来回碰撞。造成这种结果的原因就是压强极小，气体极其稀薄。所以平均自由程就应是真空管的线度，即平均自由程只能取

$$\bar{\lambda}=10^{-2}\ \text{m}$$

分子的平均碰撞频率为

$$\bar{z}=\frac{\bar{v}}{\bar{\lambda}}=\frac{1}{\bar{\lambda}}\sqrt{\frac{8RT}{\pi M}}=\frac{1}{10^{-2}}\sqrt{\frac{8\times8.31\times(273+27)}{3.14\times29\times10^{-3}}}=4.7\times10^4\ \text{s}^{-1}$$

【讨论与拓展】 关于自由程，若是定性分析，那么需要了解影响它的主要因素；若是定量讨论，那么通常就是将相应参量代入公式直接计算。这道题目说明在特定环境中（比如该题目容器为一定大小的真空管，气体极其稀薄）所计算的平均自由程，对所得结果应该进行合理性分析。

【例题 5-9】 理想气体经历以下四种过程，分子平均碰撞频率和平均自由程如何变化？

（1）等温压缩过程；

（2）等容升压过程；

（3）等压升温过程；

（4）绝热压缩过程。

【思路解析】 本题基于平均自由程和平均碰撞频率的关系式，结合四个典型过程的特点进行分析。

【计算详解】 分子的平均自由程和平均碰撞频率有两组表达式：

（1）与微观量统计平均值的关系如下：

$$\begin{cases}\bar{z}=\sqrt{2}n\pi d^2\bar{v}\\\bar{\lambda}=\dfrac{\bar{v}}{\bar{z}}=\dfrac{1}{\sqrt{2}\pi d^2n}\end{cases}$$

（2）与宏观量压强 p 和温度 T 的关系如下：

$$\begin{cases} \bar{z} = \sqrt{2}\, n\pi d^2 \sqrt{\dfrac{8RT}{\pi\mu}} = \sqrt{2}\,\pi d^2\, \dfrac{p}{k\sqrt{T}}\sqrt{\dfrac{8R}{\pi\mu}} \\[3mm] \bar{\lambda} = \dfrac{kT}{\sqrt{2}\,\pi d^2 p} \end{cases}$$

由(1)可知：

$$\bar{z} \propto n \ \text{和}\ \bar{v}, \qquad \bar{\lambda} \propto \frac{1}{n}$$

由(2)可知：

$$\bar{z} \propto \frac{p}{\sqrt{T}}, \qquad \bar{\lambda} \propto V$$

根据以上结果可判定：

(1) 等温压缩过程，温度不变，体积减小，压强增加，$\bar{z}$ 增加，$\bar{\lambda}$ 减小；

(2) 等容升压过程，体积不变，压强增加，温度升高，$\bar{z}$ 增加，$\bar{\lambda}$ 不变；

(3) 等压升温过程，压强不变，温度升高，体积增加，$\bar{z}$ 减小，$\bar{\lambda}$ 增加；

(4) 绝热压缩过程，体积减小，压强增加，温度升高，$\bar{z}$ 增加，$\bar{\lambda}$ 减小。

【讨论与拓展】 以上是根据公式进行的分析，下面结合微观图像进一步理解。

(1) 平均自由程 $\bar{\lambda}$ 微观上只与分子数密度 n 有关，而与分子运动的快慢没有关系，若分子数密度确定，则两分子间的平均间距就是确定的，$\bar{\lambda}$ 是分子连续两次碰撞之间走过的平均距离，显然与分子运动的快慢是无关的；因为一定量气体，分子数密度只与体积有关，所以影响平均自由程的宏观参量只有体积 V。

(2) 平均碰撞频率 $\bar{z}$ 既跟分子数密度 n 有关，也跟平均速率 $\bar{v}$ 有关。$\bar{z}$ 表示平均后单位时间内分子碰撞的次数，如果 n 一定，则 $\bar{v}$ 越大，分子单位时间内碰撞的次数就多；如果 $\bar{v}$ 一定，则 n 越大，分子分布越密集，单位时间内碰撞的次数也会增加。在非定量计算的问题中，结合微观图像分析方便且更有助于理解。

【例题 5 - 10】 1 mol 氢气，将其视为理想气体，初始状态压强为 1.013×10^5 Pa，温度为 20℃时体积为 V_0。试分别计算以下两种过程中气体吸收的热量、增加的内能与所做的功。

(1) 保持体积不变，加热使其温度升高到 80℃，然后等温膨胀到体积为 $2V_0$；

(2) 先等温膨胀到体积为 $2V_0$，然后等体加热到 80℃。

【思路解析】 根据题意，经历两个不同的过程，氢气的初、末状态是相同的。在 p-V 图中给出过程曲线，如图 5.7 所示，初始状态为 a。

(1) 先经过 $a \to b$ 等容升温(升压)，再经过 $b \to c$ 等温膨胀(降压)；

(2) 先经过 $a \to d$ 等温膨胀(降压)，再经过 $d \to c$ 等容升温(升压)。

该问题就是计算等温和等容过程的热量、内能增量和

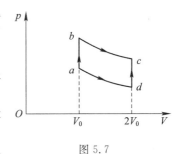

图 5.7

所做的功。

【计算详解】　氢气是双原子分子，等容摩尔热容 $C_V = \dfrac{5}{2}R$，等压摩尔热容 $C_p = \dfrac{7}{2}R$。

（1）$a \rightarrow b$ 等容升温（升压）过程，由于 $A_{ab} = 0$，吸收热量等于内能增量 $Q_{ab} = \Delta E_{ab}$，故

$$\Delta E_{ab} = \nu C_V \Delta T = \frac{5}{2}R(T_b - T_a)$$

$$= \frac{5}{2} \times 8.31 \times [(273 + 80) - (273 + 20)] = 1246 \text{ J}$$

$b \rightarrow c$ 等温膨胀（降压）过程，由于 $\Delta E_{bc} = 0$，吸收的热量全部用来对外做功 $Q_{bc} = A_{bc}$，故

$$A_{bc} = RT \ln \frac{V}{V_0} = 8.31 \times 353 \times \ln \frac{2V_0}{V_0} = 2033 \text{ J}$$

所以 $a \rightarrow b \rightarrow c$ 过程中，功、热量、内能增量分别为

$$A_{abc} = A_{ab} + A_{ac} = 0 + 2033 = 2033 \text{ J}$$

$$\Delta E_{abc} = \Delta E_{ab} + \Delta E_{bc} = 1246 + 0 = 1246 \text{ J}$$

$$Q_{abc} = A_{abc} + \Delta E_{abc} = 1246 + 2033 = 3279 \text{ J}$$

（2）$a \rightarrow d$ 等温膨胀（降压）过程，由于 $\Delta E_{ad} = 0$，吸收的热量全部用来对外做功，$Q_{ad} = A_{ad}$，故

$$A_{ad} = RT_0 \ln \frac{V}{V_0} = 8.31 \times 293 \times \ln 2 = 1687 \text{ J}$$

$d \rightarrow c$ 等容升温（升压）过程，由于 $A_{dc} = 0$，吸收的热量等于内能的增量 $Q_{dc} = \Delta E_{dc}$，故

$$\Delta E_{dc} = C_V \Delta T = \Delta E_{ab} = 1246 \text{ J}$$

所以，$a \rightarrow d \rightarrow c$ 过程中功、热量、内能增量分别为

$$A_{adc} = A_{ad} + A_{dc} = 1687 \text{ J}$$

$$\Delta E_{adc} = \Delta E_{ad} + \Delta E_{dc} = 1246 \text{ J}$$

$$Q_{adc} = A_{adc} + \Delta E_{adc} = 1246 + 1687 = 2933 \text{ J}$$

【讨论与拓展】　由以上计算可以看出，功和热量是过程量，气体初、末状态确定时，功和热量与系统经历的具体过程有关；而内能是状态量，只要气体初、末状态确定，无论经历哪个过程，内能的增量是相同的。

【例题 5-11】　如图 5.8 所示，等温线和绝热线交于 A 处，利用过程方程证明绝热线斜率的绝对值比等温线斜率的绝对值大。

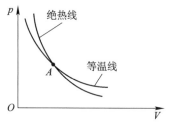

图 5.8

【思路解析】　在 p-V 图中对绝热线和等温线的斜率进行比较，可对绝热过程方程 $pV^\gamma = C$ 以及等温过程方程 $pV = C$ 分别进行微分得到各自的斜率 $\mathrm{d}p/\mathrm{d}V$，再进而对比。

【分析与证明】　对于绝热过程，由过程方程可知：

$$pV^{\gamma}=C$$

对上式两边求微分，可得

$$V^{\gamma}dp+\gamma V^{\gamma-1}pdV=0$$

化简可得绝热过程曲线的斜率为

$$\left(\frac{dp}{dV}\right)_Q=-\gamma\frac{p}{V}$$

对于等温过程有

$$pV=C$$

对上式两边微分，可得等温线的斜率为

$$\left(\frac{dp}{dV}\right)_T=-\frac{p}{V}$$

如图 5.8 所示，绝热线与等温线交于 $A(p,V)$ 点，由于比热容比 $\gamma>1$，因此

$$\left|\left(\frac{dp}{dV}\right)_Q\right|>\left|\left(\frac{dp}{dV}\right)_T\right|$$

故 A 点处，绝热线斜率大于等温线斜率。

【讨论与拓展】　本题结合了状态方程和过程曲线，讨论了绝热线和等温线间的关系，绝热线比等温线斜率大，也说明了绝热线压强随体积的变化更快。可从状态方程 $p=nkT$ 来理解这一规律，等温过程，温度不变，体积增大，n 减小，p 减小。而绝热过程中导致压强变化的因素有两个，分别是 n 和 T，体积增大，n 减小，T 减小，p 减小更多。所以绝热线比等温线更陡一些。

【例题 5-12】　有一定量氮气，将其视为理想气体，初始温度为 300 K，压强为 1 atm。将其绝热压缩，使体积变为初始体积的 1/5。求绝热压缩后氮气的压强和温度。

【思路解析】　已知氮气初状态压强和温度、经过绝热压缩后体积末状态与初状态体积关系，求解压缩后末状态的压强和温度。本题利用绝热过程的方程进行分析和计算。

【计算详解】　已知 $T_1=300$ K，$p_1=1$ atm，$V_2/V_1=1/5$。

因为氮气是双原子分子，所以自由度 $i=5$，比热容比 $\gamma=7/5$。

根据绝热过程方程：

$$p_1V_1^{\gamma}=p_2V_2^{\gamma}=C$$

可得末状态压强

$$p_2=p_1(V_1/V_2)^{\gamma}=1.013\times10^5\times5^{\frac{7}{5}}=9.644\times10^5\text{ Pa}$$

再由绝热过程方程

$$T_1V_1^{\gamma-1}=T_2V_2^{\gamma-1}=C$$

可得末状态温度

$$T_2=T_1(V_1/V_2)^{\gamma-1}=300\times5^{\frac{7}{5}-1}=571\text{ K}$$

【讨论与拓展】　在已知理想气体种类的情况下，可以得到比热容比，由此就可直接进行绝热过程方程的应用。在四个典型的等值过程中，绝热过程方程是最复杂的，因此必须理解和掌握绝热过程方程的推导，并熟练、灵活应用方程。

【例题 5-13】　理想气体经历几种不同过程的曲线如图 5.9 所示。其中 NT 为等温线，

NQ 为绝热线，在 CN、BN、AN 三种准静态过程中，试分析：

(1) 温度降低的过程；

(2) 气体吸热的过程。

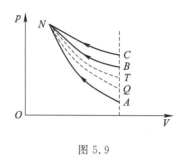

图 5.9

【思路解析】　本题分析过程的温度变化规律时可借助于等温曲线的特点，分析过程吸热还是放热主要借助于绝热曲线特征。讨论 $p\text{-}V$ 状态图中温度的变化趋势，以此判定不同状态的内能的大小；在 $p\text{-}V$ 状态图中可直观地用面积表示功，结合过程曲线下的面积对比不同过程功的大小，最后可利用热力学第一定律进行讨论。

【计算详解】　(1) NT 为等温线，由等温线性质可知

$$T_T = T_N$$

根据理想气体状态方程 $pV = \nu RT$ 可知，当体积 V 不变时，温度 T 随着压强的增加而增加，如图 5.9 所示，A、Q、T、B、C 五个点在垂直于 V 轴的一条直线上，因此在图 5.9 所示的 $p\text{-}V$ 图上有

$$T_C > T_B > T_T = T_N > T_Q > T_A$$

故温度降低的过程为 CN 和 BN，温度升高的过程为 AN。

(2) 因为 QN 为绝热压缩过程，所以外界所做的功全部用来提高内能，功就是 QN 曲线下的面积。先分析 AN 过程，体积减小，外界做功，功的大小为 AN 曲线下的面积；温度升高，内能增加。

由温度关系可知

$$\Delta E_{AN} > \Delta E_{QN}$$

而 AN 曲线的面积比 QN 曲线下的面积小，所以

$$|A_{AN}| < |A_{QN}|$$

故根据热力学第一定律可知：AN 必为吸热过程。CN 和 BN 过程，内能均减小，且都是外界对系统做功，因此 CN 和 BN 为放热过程。

【讨论与拓展】　本题借助 $p\text{-}V$ 图，利用曲线下的面积与功的关系对比不同过程做功，关于功的分析这是一种很直观也很重要的方法。这道题目的吸热和放热过程还可以通过创建循环来分析。结合图 5.9 所示，建立正循环 $ANQA$，该循环由三个过程构成。

QN 为绝热压缩升压升温过程，$Q = 0$；QA 为等容降压降温过程，放出热量；对于正循环 $ANQA$，净吸热等于对外的净功，所以 AN 必为吸热过程。

同理创建正循环 $QNBQ$，QN 为绝热压缩升压升温过程，$Q = 0$；BQ 为等容降压降温过程，放出热量；所以 NB 必然吸热，故 BN 为放热过程。CN 的分析与 BN 完全相同，亦为放热过程。

　　注意，创建循环处理这样的问题，尽量使得循环过程包含绝热过程，这样可简化对循环其他过程吸热和放热的分析。

　　【例题 5-14】　1 mol 单原子理想气体所经历的循环过程如图 5.10 所示，工作物质先由 a 状态出发经过等温压缩过程到 b 状态，再经过等压压缩过程到 c 状态，最后经历等容升压过程回到 a 状态。如图已知 $\dfrac{V_2}{V_1}=2$，求此循环的效率。

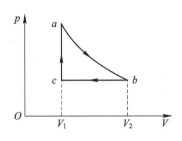

图 5.10

　　【思路解析】　工作物质为单原子理想气体，自由度 $i=3$，可以求得等压摩尔热容与等容摩尔热容。该循环中 ab 为等温膨胀吸热过程，bc 为等压压缩放热过程，ca 为等容升温吸热过程，各过程热量均可求出。循环过程总吸热 $Q_吸=Q_{ab}+Q_{ca}$，总放热 $Q_放=Q_{bc}$，因此可利用循环效率的定义 $\eta=1-\dfrac{Q_放}{Q_吸}$ 进行计算。

　　【计算详解】　ab 等温膨胀过程，气体吸收热量为

$$Q_{ab}=\nu RT_a\ln\frac{V_b}{V_a}=P_aV_1\ln\frac{V_2}{V_1}$$

ca 等容升温过程，气体吸收热量为

$$Q_{ca}=\nu C_V(T_a-T_c)=\frac{3}{2}R(T_a-T_c)=\frac{3}{2}(p_a-p_c)V_1$$

bc 等压压缩过程，气体放出热量为

$$Q_{bc}=\nu C_P(T_b-T_c)=\frac{5}{2}R(T_b-T_c)=\frac{5}{2}p_c(V_2-V_1)$$

将以上热量代入循环效率的公式可得

$$\eta=1-\frac{Q_放}{Q_吸}=1-\frac{Q_{bc}}{Q_{ca}+Q_{ab}}=1-\frac{\dfrac{5}{2}p_c(V_2-V_1)}{\dfrac{3}{2}(p_a-p_c)V_1+p_aV_1\ln\dfrac{V_2}{V_1}}$$

将等温过程方程 $p_aV_1=p_cV_2$ 代入热机效率进行化简可得

$$\eta=1-\frac{5(V_2-V_1)}{3(V_2-V_1)+2V_2\ln\dfrac{V_2}{V_1}}=1-\frac{5V_1}{3V_1+4V_1\ln2}=13.4\%$$

　　【讨论与拓展】　循环效率的定义为 $\eta=\dfrac{A}{Q_吸}=1-\dfrac{Q_放}{Q_吸}$，具体用哪个，取决于按题目要求更方便求出哪几个量，上面的计算是按照整个过程的吸热和放热进行的。如果根据功的定义求出循环的净功，那么利用净功与总吸热的比值也可以得到循环效率。

本题的循环中 ab 等温膨胀对外做功大小为

$$A_{ab}=p_a V_1 \ln \frac{V_2}{V_1}$$

bc 等压压缩外界对系统做功大小为

$$A_{bc}=p_c(V_2-V_1)$$

循环的净功为

$$A=A_{ab}-A_{bc}=p_a V_1 \ln \frac{V_2}{V_1}-p_c(V_2-V_1)$$

循环效率为

$$\eta=\frac{A}{Q_{吸}}=\frac{p_a V_1 \ln \dfrac{V_2}{V_1}-p_c(V_2-V_1)}{\dfrac{3}{2}(p_a-p_c)V_1+p_a V_1 \ln \dfrac{V_2}{V_1}}$$

将 $p_a V_1=p_c V_2$ 和 $\dfrac{V_2}{V_1}=2$ 代入上式化简可得 $\eta=13.4\%$。

循环效率的定义还可写成 $\eta=\dfrac{A}{Q_{放}+A}$，本题的净功 A 可根据等温过程做的功和等压过程做的功计算；放热只发生在等压过程，根据等压摩尔热容可计算 $Q_{放}$，因此也可利用 $\eta=\dfrac{A}{Q_{放}+A}$ 求循环效率，净功 A 和 $Q_{放}$ 前面都计算过，代入即可。

对于这道题目，求循环效率的三种方法难易程度和计算量都差不多，因为组成循环的过程是等温、等压和等容过程，故这三种过程方程以及功和热量的计算公式都比较简单。若循环过程中若有绝热过程，那就要衡量整个过程的功和吸放热哪些更容易计算。

【例题 5-15】　现有 1 mol 理想气体，摩尔热容 C 和比热容比 γ 均为常数，经历如图 5.11 所示的循环，已知 $a(p_0,V_0,T_0)$ 和 $b(2p_0,2V_0,4T_0)$，ab 为直线过程，bc 为绝热过程，ca 为等温过程。试求：

（1）ab 过程的热容；

（2）循环的效率。

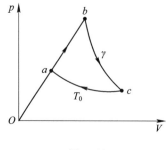

图 5.11

【思路解析】　（1）热容定义为 $C=\dfrac{\mathrm{d}Q}{\mathrm{d}T}$，对 ab 过程，应用热力学第一定律 $\mathrm{d}Q=\mathrm{d}E+p\,\mathrm{d}V$，因此 $C=\dfrac{\mathrm{d}Q}{\mathrm{d}T}=\dfrac{\mathrm{d}E}{\mathrm{d}T}+\dfrac{p\,\mathrm{d}V}{\mathrm{d}T}$。计算中根据热力学第一定律，结合理想气体状态方程进行

化简，使得 $dQ = dE + p\,dV$ 里的每一项都含有温度的增量 dT，于是两边同除以 dT，即可得到热容。

（2）在该循环中，bc 为绝热过程，所以 $Q=0$，直线 ab 过程吸收热量可由（1）所得的摩尔热容来计算，ca 为等温压缩过程，放热可利用等温过程的热量公式进行计算，最终将整个过程的总吸热和总放热代入 $\eta = 1 - \dfrac{Q_{放}}{Q_{吸}}$，即可得循环的效率。

【计算详解】　（1）因为 ab 为直线过程，故

$$\frac{p}{V} = \frac{p_a}{V_a} = \frac{p_b}{V_b}, \quad p = \frac{p_0}{V_0}V$$

由 1 mol 理想气体状态方程 $pV = RT$，可得

$$\frac{p_0}{V_0}V^2 = RT$$

对上式两边微分可得

$$2\frac{p_0}{V_0}V\,dV = R\,dT$$

化简可得

$$2p\,dV = R\,dT, \quad \frac{p\,dV}{dT} = \frac{R}{2}$$

对于 1 mol 理想气体有

$$dE = \frac{i}{2}R\,dT$$

根据热容的定义，可得 ab 过程的热容

$$C = \frac{dQ}{dT} = \frac{dE}{dT} + \frac{p\,dV}{dT} = \frac{i}{2}R + \frac{R}{2} = \frac{i+1}{2}R$$

（2）由 ab 过程的热容可知该过程吸热为

$$Q_1 = \int C\,dT = \frac{i+1}{2}R(T_b - T_a) = \frac{i+1}{2}R\,3T_0$$

ca 等温压缩过程的放热大小为

$$Q_2 = RT_0\ln\frac{V_c}{V_0}$$

如图 5.11 所示，c 为等温过程与绝热过程的交点，所以 c 点的 (p_c, V_c) 既满足绝热过程方程又满足等温过程方程，因此有

$$p_0V_0 = p_cV_c, \quad p_bV_b^{\gamma} = 2p_0(2V_0)^{\gamma} = p_cV_c^{\gamma}$$

计算可得

$$V_c = 2^{\frac{\gamma+1}{\gamma-1}}V_0$$

将上式代入 Q_2 中，则有

$$Q_2 = RT_0\left(\frac{\gamma+1}{\gamma-1}\right)\ln 2$$

将吸热 Q_1 和放热 Q_2 代入循环效率可得

$$\eta = 1 - \frac{Q_{放}}{Q_{吸}} = 1 - \frac{Q_2}{Q_1} = 1 - \frac{R}{3c}\left(\frac{\gamma+1}{\gamma-1}\right)\ln 2 = 1 - \frac{2}{3(i+1)}\left(\frac{\gamma+1}{\gamma-1}\right)\ln 2$$

又因比热容比 $\gamma = \dfrac{i+2}{i}$，将其代入上式，化简计算可得

$$\eta = 1 - \frac{2}{3}\ln 2$$

【讨论与拓展】　本题结合具体过程的特点，巧妙应用热力学第一定律，计算热容量。本题中计算循环效率时，因有绝热过程，故整个循环的吸热和放热一定发生在直线过程和等温过程，而这两个过程的热量在本题中都便于求出，因此循环效率利用 $\eta = 1 - Q_{放}/Q_{吸}$ 计算。

【例题 5 - 16】　如图 5.12(a)和 5.12(b)所示的 $p - V$ 图中分别有两个卡诺正循环，已知图 5.12(a)中两个循环的净功关系为 $A_1 > A_2$，图 5.12(b)中两个循环的净功关系为 $A_1 = A_2$。两图中虚线均为等温线。试分别比较图 5.12(a)和图 5.12(b)所示卡诺正循环效率的关系。

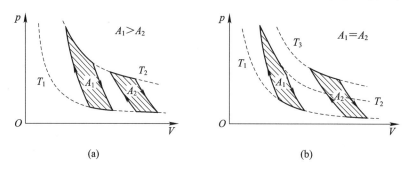

(a)　　　　　　　　　　　　　　(b)

图 5.12

【思路解析】　卡诺正循环的效率为 $\eta = 1 - \dfrac{Q_{放}}{Q_{吸}} = 1 - \dfrac{T_{低}}{T_{高}}$，效率只与高低温热源的温度有关。

图 5.12(a)中：两个循环工作在相同的高低温热源之间，由卡诺正循环效率可知

$$\eta_1 = \eta_2 = 1 - \frac{T_1}{T_2}$$

图 5.12(b)中：$p - V$ 状态图中三条等温线温度关系为 $T_3 > T_2 > T_1$，由卡诺正循环效率可知

$$\eta_1 = 1 - \frac{T_1}{T_2}, \qquad \eta_2 = 1 - \frac{T_1}{T_3}$$

所以

$$\eta_1 < \eta_2$$

【讨论与拓展】　本题关键在于理解卡诺正循环(卡诺热机)效率的影响因素，卡诺热机效率只与高温热源和低温热源的温度有关，高低温热源温差越大，循环效率越高。题目中虽然给出了两个机器功 A 的大小关系，但是在图 5.12 中已明确标注了卡诺循环的高低温热源的等温线，所以功的关系在本题中对于分析热机效率没有用处。比如图 5.12(a)所示，$A_1 > A_2$ 只能说明左边第一台机器对外做功更大一些，因为两台机器效率相同，因此也说明左边第一台机器从高温热源处吸收的热量也要更大一些。

关于卡诺热机的问题，还可以改变提问方式，比如：一热机在两热源($T_1 = 300$ K，$T_2 =$

400 K)之间工作，一个循环过程总吸热 1800 J，总放热 800 J，做功 1000 J，此循环可能实现吗？

由卡诺定理可知工作在相同高低温热源间的一切实际热机，其效率不可能大于可逆热机的效率，根据题意 $\eta = \dfrac{A}{Q_{吸}} = \dfrac{1000}{1800} = \dfrac{5}{9} > \left(1 - \dfrac{T_1}{T_3} = 1 - \dfrac{3}{4} = \dfrac{1}{4} \right)$，因此设想的循环虽然满足能量守恒定律，但是不可能实现。

【例题 5-17】　一定量理想气体经过一准静态循环过程，如图 5.13 所示。由状态 $A(V_1, T_A)$ 绝热压缩到状态 $B(V_2, T_B)$；再经等压吸热过程达到状态 $C(V_3, T_C)$；然后经绝热膨胀到达状态 $D(V_1, T_D)$；最终经等容放热过程返回状态 $A(V_1, T_A)$，该循环称为狄塞尔循环，是一种典型的四冲程柴油机的工作循环。已知体积 V_1、V_2、V_3 和气体的比热容比 γ，求此循环的效率。

【思路解析】　此循环由两个绝热过程、一个等容过程和一个等压过程构成。因为绝热过程系统与外界没有热量的交换，所以循环过程的吸热和放热只发生在等压过程和等容过程，因此循环效率利用热机效率表达式 $\eta = 1 - \dfrac{Q_{放}}{Q_{吸}}$ 来计算。

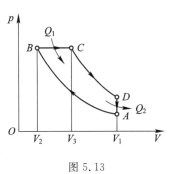

图 5.13

【计算详解】　如图 5.13 所示，设等压膨胀过程 BC 吸热为 Q_1，等容降压过程 DA 放热大小为 Q_2，一定量气体的摩尔量为 ν。

等压膨胀过程的吸热和等容降压过程的放热分别为

$$Q_1 = \nu C_p (T_C - T_B)$$
$$Q_2 = \nu C_V (T_D - T_A)$$

代入热机效率关系式可得

$$\eta = 1 - \frac{Q_{放}}{Q_{吸}} = 1 - \frac{Q_2}{Q_1} = 1 - \frac{\nu C_V (T_D - T_A)}{\nu C_p (T_C - T_B)} = 1 - \frac{1}{\gamma} \frac{(T_D - T_A)}{(T_C - T_B)}$$

对 AB 和 CD 过程应用绝热过程方程，有

$$\frac{T_B}{T_A} = \left(\frac{V_1}{V_2} \right)^{\gamma - 1}$$

$$\frac{T_C}{T_D} = \left(\frac{V_1}{V_3} \right)^{\gamma - 1}$$

对等压膨胀过程 BC，有

$$\frac{T_C}{T_B} = \frac{V_3}{V_2}$$

将以上三个过程方程代入热机效率表达式，化简可得

$$\eta = 1 - \frac{1}{\gamma} \frac{\left(\dfrac{V_3}{V_1} \right)^{\gamma} - \left(\dfrac{V_2}{V_1} \right)^{\gamma}}{\dfrac{V_3}{V_1} - \dfrac{V_2}{V_1}}$$

【讨论与拓展】　上述计算结果可进一步简化，引入绝热容积压缩比 $K = V_1 / V_2$，等压

膨胀比 $\rho = V_3 / V_2$，应用这两个量，热机效率可表示为 $\eta = 1 - \dfrac{1}{\gamma}\dfrac{\rho^{\gamma} - 1}{(\rho - 1)K^{\gamma - 1}}$，这样可以很直观地看出提高狄塞尔循环效率的方法，容积压缩比 K 越大，效率越高。一般 K 可达 $15 \sim 20$ 之间。实际应用中，柴油机比汽油机笨重但功率较大。

【例题 5 - 18】　一电冰箱放在室温为 $20\,^{\circ}\mathrm{C}$ 的房间里，冰箱储藏柜中的温度维持在 $5\,^{\circ}\mathrm{C}$。现每天有 2×10^7 J 的热量自房间传入冰箱储藏柜内，已知该冰箱的制冷系数是在 $5\,^{\circ}\mathrm{C}$ 至 $20\,^{\circ}\mathrm{C}$ 之间运转的卡诺制冷机制冷系数的 55%。若要维持冰箱内温度不变，每天需做多少功，其功率为多少？

【思路解析】　卡诺制冷机的制冷系数为 $w_卡 = \dfrac{T_2}{T_1 - T_2}$，它只与高低温热源的温度有关。本题中冰箱的制冷系数为 $w = w_卡 \times 55\%$。再根据冰箱制冷系数的定义和每天从冰箱吸收的热量，即可求出每天需要做的功和功率。

【计算详解】　由题意可知冰箱的制冷系数为

$$w = w_卡 \times 55\% = \frac{T_2}{T_1 - T_2} \times \frac{55}{100} = \frac{5 + 273}{20 + 273 - (5 + 273)} \times \frac{55}{100} = 10.2$$

由制冷系数定义 $w = \dfrac{Q_吸}{|A|}$ 可得

$$|A| = \frac{Q_吸}{\omega}$$

房间每天传入冰箱的热量为 $Q' = 2 \times 10^7$ J，要维持冰箱温度不变，则

$$Q_吸 = Q'$$

保持冰箱在 $5\,^{\circ}\mathrm{C}$ 至 $20\,^{\circ}\mathrm{C}$ 之间运转，每天需要做功为

$$|A| = \frac{Q_吸}{w} = \frac{2 \times 10^7}{10.2} = 2 \times 10^6 \text{ J}$$

根据功率的定义可得功率为

$$P = \frac{|A|}{t} = \frac{0.2 \times 10^7}{24 \times 3600} = 23 \text{ W}$$

【讨论与拓展】　本题涉及卡诺制冷机制冷系数的影响因素，以及实际制冷机制冷系数的定义。在制冷机问题中，一定要注意，制冷系数分子的吸热只考虑从制冷对象处（冷库）吸收的热量。本题中制冷对象为冰箱，为维持温度不变，需将每天从外界进入冰箱的热量吸走，故从冰箱吸收的热量就是每天进入冰箱的热量。

【例题 5 - 19】　逆向斯特林循环是一种典型的制冷循环，该循环由四个过程组成，如图 5.14 所示。工作物质先由状态 $A(V_1, T_1)$ 经等温压缩至状态 $B(V_2, T_1)$，再经过等容降温至状态 $C(V_2, T_2)$，然后经过等温膨胀至状态 $D(V_1, T_2)$，最后经等容升温返回初状态 $A(V_1, T_1)$，求该循环的制冷系数。

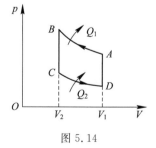

图 5.14

【思路解析】制冷系数的定义：$w = \dfrac{Q_吸}{|A|}$。计算中要注意分子的 $Q_吸$ 是从低温冷库（被制冷的对象）吸收的热量。对于斯特林循环，CD 过程为等温膨胀吸热过程，设吸收热量为 Q_2，这一热量正是斯特林循环从冷

库吸收的热量；AB 过程为等温压缩放热过程，放出热量大小为 Q_1。Q_1 和 Q_2 可根据等温过程的热量公式进行计算。

【计算详解】　CD 等温膨胀过程，工作物质从冷库吸收热量大小为

$$Q_2 = \nu R T_2 \ln \frac{V_1}{V_2}$$

AB 等温压缩过程，工作物质向外界释放的热量大小为

$$Q_1 = \nu R T_1 \ln \frac{V_1}{V_2}$$

该循环过程的净功可表示为

$$|A| = Q_1 - Q_2$$

将上面的结果代入制冷系数定义式可得

$$w = \frac{Q_{吸}}{|A|} = \frac{Q_2}{Q_1 - Q_2} = \frac{T_2}{T_1 - T_2}$$

【讨论与拓展】　（1）上述制冷系数在计算时，没有考虑等容过程的吸热和放热。斯特林循环中两个等容过程吸放热是工作物质与回热器交换的热量，一个循环后回热器复原。回热器是制冷系统的一部分，因此与回热器交换的热量不应计入高低温热源与外界交换的热量中。

（2）一般情况下对于实际机器，不能只根据循环曲线求机器的效率和系数，还需要了解机器构造。

（3）对于斯特林制冷循环，可以看出冷库与外界的温差越大，或者环境温度一定时冷库温度越低，制冷系数 w 就越小，制冷效果也就越差。

【例题 5 - 20】　根据热力学第二定律，用反证法证明 p-V 图中一条等温线与一条绝热线不能交于两点。

【分析与证明】　利用反证法证明。

如图 5.15 所示，假设等温线 abc 与绝热线 adc 有两个交点 a 和 c。作 $abcda$ 顺时针方向的循环，该循环只从等温膨胀过程中吸收热量，对外做功，而不放出任何热量。这样就形成从单一热源吸取热量，使它完全转化为对外做功，而不引起其他变化。这是违背热力学第二定律开尔文表述的。因此绝热线与等温线不能相交于两点。

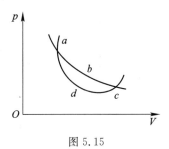

图 5.15

【讨论与拓展】　本题也可以根据等温过程和绝热过程的性质进行证明。

（1）如图 5.16 所示，假设等温线与绝热线交于 a 和 c 两点，对于等温线有 $E_a = E_c$，而对于绝热线有 $E_a > E_c$，显然两者矛盾，故绝热线与等温线不能交于两点。

（2）设等温线和绝热线交于两点，p-V 状态图中两点的坐标分别为 (p_0, V_0) 和 (p_1, V_1)，则对于等温线满足 $p_1 V_1 = p_0 V_0$，对于绝热线满足 $p_1 V_1^\gamma = p_0 V_0^\gamma$，联立两式化简可得 $V_1^{\gamma-1} = V_0^{\gamma-1}$，所以 $V_1 = V_0$，故一条绝热线与一条等温线不能

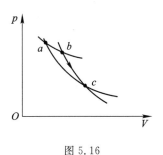

图 5.16

交于两点。

类似于例题 5-20，还可证明 p-V 状态图中两条绝热线不可能相交。

利用热力学第二定律进行反证法证明，如图 5.16 所示，假设两条绝热线交于 c 点，根据绝热过程方程可知绝热线上温度逐点变化，因此可在两条绝热线上分别找出温度相同的点 a 和 b，过 a 和 b 可作一条等温线。如图 5.16 所示构建 $abca$ 顺时针循环。因两绝热过程与外界无热量交换，该循环构成了从单一热源吸收热量的热机，违背热力学第二定律的开尔文表述，故两条绝热线不能相交。

【例题 5-21】 有一绝热容器如图 5.17 所示，体积为 $2V_0$，由绝热板将其分隔成体积相等的两部分 A 和 B，设 A 内贮有一定量理想气体，压强为 p_0，体积为 V_0，B 为真空。现将中间的绝热板抽出，分析气体自由膨胀后到达平衡态的特点。

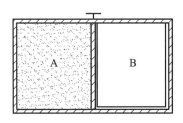

图 5.17

【思路解析】 本题为理想气体在绝热环境中向真空自由膨胀的问题，结合该问题分别从热力学第一定律和热力学第二定律来分析理想气体绝热自由膨胀的特点。

【计算详解】 （1）从热力学第一定律的角度讨论。

理想气体绝热自由膨胀，因为容器绝热，所以膨胀过程与外界交换的热量 $Q=0$；因为向真空膨胀，所以膨胀过程对外不做功，$A=0$。由热力学第一定律 $Q=A+\Delta E$ 可知，内能增量 $\Delta E=0$；由于理想气体内能是温度的单值函数，因此始末状态温度相同，$T_1=T_2$，理想气体自由膨胀前后温度不变。应用理想气体的状态方程 $p_0V_0=p2V_0$，可得 $p=p_0/2$，理想气体绝热自由膨胀过程压强减小。

（2）从热力学第二定律的角度讨论。

理想气体的绝热自由膨胀是不可逆过程，膨胀过程是从微观状态数目少的宏观状态向微观状态数目多的宏观状态进行，是熵增加的过程。

总结理想气体绝热自由膨胀的特点：

$Q=0$，$A=0$，$\Delta E=0$，$T_1=T_2$，压强 p 减小，熵 S 增加，不可逆过程。

【讨论与拓展】 对于理想气体的自由膨胀应注意以下几个方面：

（1）始末状态是平衡态，可应用理想气体状态方程分析；但中间过程不是平衡态，理想气体状态方程不成立。

（2）始末状态温度相等，但该过程不是等温过程。

（3）是绝热过程，但不是准静态过程，泊松方程不成立，$p_1V_1^{\gamma}=p_2V_2^{\gamma}$。

附录　模拟试题及参考答案

大学物理 I 期中模拟试题一

一、选择题（每小题 3 分，共 30 分）

1. 质点作半径为 R 的变速圆周运动时的加速度大小为（　　）（v 表示任一时刻质点的速率）。

　　A. $\dfrac{\mathrm{d}v}{\mathrm{d}t}$　　　　B. $\dfrac{v^2}{R}$　　　　C. $\dfrac{\mathrm{d}v}{\mathrm{d}t}+\dfrac{v^2}{R}$　　　　D. $\left[\left(\dfrac{\mathrm{d}v}{\mathrm{d}t}\right)^2+\left(\dfrac{v^4}{R^2}\right)\right]^{1/2}$

2. 一个作直线运动的物体，其速度 v 与时间 t 的关系曲线如图 F1.1 所示。设时刻 t_1 至 t_2 之间外力做功为 W_1，时刻 t_2 至 t_3 之间外力做功为 W_2，时刻 t_3 至 t_4 之间外力做功为 W_3，则（　　）。

　　A. $W_1>0$，$W_2<0$，$W_3<0$　　　　　　B. $W_1>0$，$W_2<0$，$W_3>0$

　　C. $W_1=0$，$W_2<0$，$W_3>0$　　　　　　D. $W_1=0$，$W_2<0$，$W_3<0$

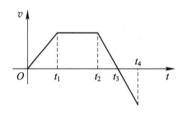

图 F1.1

3. 有 a 和 b 两个半径相同、质量相同的薄圆筒，其中 a 的质量均匀分布，而 b 的质量分布不均匀，两薄圆筒相对于各自中心对称轴线的转动惯量分别为 J_a 和 J_b，则（　　）。

　　A. $J_a>J_b$　　　　　　　　　　　B. $J_a<J_b$

　　C. $J_a=J_b$　　　　　　　　　　　D. 无法确定 J_a 与 J_b 的相对大小

4. 一圆盘绕着通过盘心且与盘面垂直的光滑固定轴 O 以角速度 ω 按图 F1.2 所示方向转动。如图所示将两个大小相等、方向相反但不在同一条直线的力 F 沿盘面同时作用到圆盘上，则圆盘的角速度 ω（　　）。

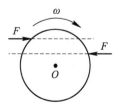

图 F1.2

A. 必然增大　　　B. 必然减少　　　C. 不会改变　　　D. 如何变化，不能确定

5. 圆锥摆如图 F1.3 所示，摆球在水平面上作匀速圆周运动。关于摆球的动能、动量和角动量是否守恒有以下说法：(1)动能不变；(2)动量守恒；(3)对 O 点的角动量守恒；(4)对 OO' 轴的角动量守恒。以上说法中正确的是(　　)。

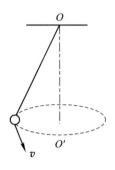

图 F1.3

A. (1)(4)　　　B. (3)(4)　　　C. (2)(3)　　　D. (1)(2)

6. 花样滑冰运动员以自身为竖直轴转动(假设冰面为理想光滑平面)，开始时两臂伸开，转动惯量为 J_0，角速度为 ω_0，然后她将两臂收回，使转动惯量减少为 $\frac{1}{3}J_0$，这时她转动的角速度变为(　　)。

A. $\frac{1}{3}\omega_0$　　　B. $\frac{1}{\sqrt{3}}\omega_0$　　　C. $\sqrt{3}\omega_0$　　　D. $3\omega_0$

7. 如图 F1.4 所示，弹簧振子振动到最大位移处时，恰有一质量为 m_0 的泥块从正上方落到质量为 m 的物体上，并与物体黏在一起运动，则下述结论正确的是(　　)。

A. 振幅变小，周期变小　　　　　　B. 振幅变小，周期不变
C. 振幅不变，周期变大　　　　　　D. 振幅不变，周期变小

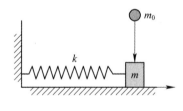

图 F1.4

8. 在简谐波传播过程中，沿传播方向相距为 $\frac{1}{2}\lambda$(λ 为波长)的两点的振动速度必定(　　)。

A. 大小相同，而方向相反　　　　　B. 大小和方向均相同
C. 大小不同，方向相同　　　　　　D. 大小不同，而方向相反

9. 一质点作简谐振动，其运动速度与时间的曲线如图 F1.5 所示。若质点的振动规律用余弦函数描述，则其初相应为

A. $\frac{\pi}{6}$　　　B. $\frac{5}{6}\pi$　　　C. $-\frac{5}{6}\pi$　　　D. $-\frac{\pi}{6}$

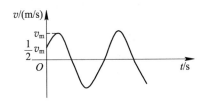

图 F1.5

10. 图 F1.6 所示为一简谐波在 $t=0$ 时刻的波形图，若波速 $u=200$ m/s，则图中 0 点的振动加速度的表达式为（　）。

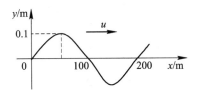

图 F1.6

A. $a=0.4\pi^2\cos\left(\pi t-\frac{1}{2}\pi\right)$ m/s^2　　　B. $a=0.4\pi^2\cos\left(\pi t-\frac{3}{2}\pi\right)$ m/s^2

C. $a=-0.4\pi^2\cos\left(2\pi t-\pi\right)$ m/s^2　　　D. $a=-0.4\pi^2\cos\left(2\pi t+\frac{1}{2}\pi\right)$ m/s^2

二、填空题（每小题 3 分，共 30 分）

1. 已知质点的运动学方程为：$r=\left(5+2t-\frac{1}{2}t^2\right)i+\left(4t+\frac{1}{3}t^3\right)j$ （SI）。当 $t=2$ s 时，加速度的大小为_____；加速度 a 与 x 轴正方向的夹角 $\alpha=$_____。

2. 在半径为 R 的圆周上运动的质点，其速率与时间关系为 $v=ct^2$（式中 c 为常量），则从 $t=0$ 到 t 时刻质点走过的路程 $S(t)=$_____；t 时刻质点的切向加速度 $a_\tau=$_____；t 时刻质点的法向加速度 $a_n=$_____。

3. 一质量为 m 的子弹，以水平速度 v 击中一质量为 M、起初停在水平面上的木块，并嵌在里面。若木块与水平面间的摩擦系数为 μ，则此后木块在停止前移动的距离为_____。

4. 一质量为 m 的小球 A，在距离地面某一高度处以速度 v 水平抛出，触地后反跳。在抛出 t 秒后小球 A 跳回原高度，速度仍沿水平方向，速度大小也与抛出时相同，如图 F1.7 所示，则小球 A 与地面碰撞过程中，地面给它的冲量的方向为_____，冲量的大小为_____。

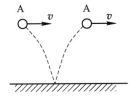

图 F1.7

5. 某质点在力 $\boldsymbol{F}=(4+5x)\boldsymbol{i}$ (SI)的作用下沿 x 轴作直线运动,在从 $x=0$ 移动到 $x=10$ m 的过程中,力 $\boldsymbol{F}$ 所做的功为_____。

6. 已知一质点在平面上运动,作用在质点上的力为 $\boldsymbol{F}=t\boldsymbol{i}+t^2\boldsymbol{j}$ (SI),第 2s 末质点的位矢为 $\boldsymbol{r}=2\boldsymbol{i}+3\boldsymbol{j}$,则该时刻力 $\boldsymbol{F}$ 对坐标原点的力矩大小等于_____。

7. 一作定轴转动的物体,对转轴的转动惯量 $J=3.0$ kg·m^2,角速度 $\omega_0=6.0$ rad/s。现对物体加一恒定的制动力矩 $M=-12$ N·m(负号表示力矩的方向和 ω_0 方向相反),当物体的角速度减慢到 $\omega=2.0$ rad/s 时,物体已转过的角度 $\Delta\theta=$_____。

8. 有一半径为 R 的均质圆形水平转台,可绕通过盘心 O 且垂直于盘面的竖直固定轴 OO' 转动,转动惯量为 J。台上有一人,质量为 m。当他站在离转轴 r 处时($r<R$),转台和人一起以 ω_1 的角速度转动,如图 F1.8 所示。若转轴处的摩擦可以忽略,当人沿半径向外走到转台边缘并和转台保持相对静止时,求转台和人一起转动的角速度 $\omega_2=$_____。

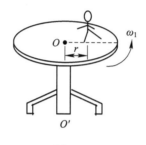

图 F1.8

9. 一弹簧振子作简谐振动,振幅为 A,周期为 T,其运动方程用余弦函数表示。$t=0$ 时:

(1) 振子在负的最大位移处,则初相为_____;

(2) 振子在平衡位置向正方向运动,则初相为_____;

(3) 振子在位移为 $A/2$ 处,且向负方向运动,则初相为_____。

10. 两个同方向的简谐振动,周期相同,振幅分别为 $A_1=0.05$ m 和 $A_2=0.07$ m,若它们合成为一个振幅为 $A=0.09$ m 的简谐振动,则这两个分振动的相位差为_____。

三、计算题(每小题 10 分,共 40 分)

1. 质量为 m 的子弹以速度 v_0 水平射入沙土中,设子弹所受阻力方向与速度相反,大小与速度成正比,比例系数为 K,忽略子弹的重力,求:

(1) 子弹射入沙土后,速度随时间变化的函数式;

(2) 子弹进入沙土的最大深度。

2. 一轴承光滑的定滑轮，质量为 $M=2.00$ kg，半径为 $R=0.100$ m，一根不能伸长的轻绳，一端固定在定滑轮上，另一端系有一质量为 $m=5.00$ kg 的物体，如图 F1.9 所示。已知定滑轮的转动惯量为 $J=MR^2/2$，初始时刻其角速度 $\omega_0=10.0$ rad/s，方向垂直纸面向里，重力加速度取 $g=9.8$ m/s^2，求：

　　(1) 初始时刻定滑轮的角加速度的大小和方向；

　　(2) 定滑轮的角速度变化到 $\omega=0$ 时，物体上升的高度；

　　(3) 当物体回到原来位置时，定滑轮角速度的大小和方向。

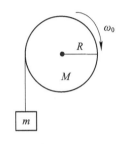

图 F1.9

3. 质量为 m、长为 l 的均匀细杆，可绕通过其一端的固定轴 O_1 自由转动，在离轴 $l/\sqrt{3}$ 处有一劲度系数为 k 的轻弹簧与杆连接，弹簧的另一端固定于 O_2，如图 F1.10 所示。开始时杆刚好处于水平位置且静止。现将杆沿顺时针方向绕 O_1 转过一个小角度 θ_0，然后放手。证明杆将作简谐运动，并求其周期，写出其振动表达式。

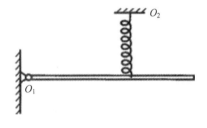

图 F1.10

4. 一平面简谐波沿 x 轴正向传播，波的振幅 $A=10$ cm，波的角频率 $\omega=7\pi$ rad/s. 当时间 $t=1.0$ s 时，$x=10$ cm 处的 a 质点正通过其平衡位置向 y 轴负方向运动，而 $x=20$ cm 处的 b 质点正通过 $y=5.0$ cm 的位置向 y 轴正方向运动。设该波波长 $\lambda>10$ cm，求该平面波的表达式。

大学物理 I 期中模拟试题一答案

一、选择题

1. D　2. C　3. C　4. A　5. A　6. D　7. C　8. A　9. C　10. D

二、填空题

1. 4.12 m/s² 或 $\sqrt{17}$ m/s²，104° 或 $\pi-\arcsin(4/\sqrt{17})$ rad

2. $\dfrac{1}{3}ct^3$，$2ct$，$\dfrac{c^2t^4}{R}$

3. $\left(\dfrac{m}{M+m}\right)^2\left(\dfrac{v^2}{2\mu g}\right)$

4. 垂直地面向上，mgt

5. 290 J

6. 2 N·m

7. 4.0 rad/s

8. $\dfrac{(J+mr^2)\omega_1}{J+mR^2}$

9. π，$-\dfrac{\pi}{2}$，$\dfrac{\pi}{3}$

10. arccos(0.1)或 1.47 rad 或 84°

三、计算题

1. (1) $v=v_0\mathrm{e}^{-Kt/m}$

   (2) $x_{\max}=mv_0/K$

2. (1) $\beta=81.7$ rad/s²，方向垂直于纸面向外

   (2) $h=6.12\times10^{-2}$ m

   (3) $\omega=10.0$ rad/s，方向垂直于纸面向外

3. $T=2\pi\sqrt{\dfrac{m}{k}}$，

   $\theta=\theta_0\cos\sqrt{\dfrac{k}{m}}t$

4. $y=0.1\cos\left[7\pi t-\dfrac{\pi x}{0.12}-\dfrac{17}{3}\pi\right]$ m　或

   $y=0.1\cos\left[7\pi t-\dfrac{\pi x}{0.12}+\dfrac{1}{3}\pi\right]$ m

大学物理Ⅰ期中模拟试题二

一、选择题(每小题 3 分，共 30 分)

1. 质点 m 沿图中的曲线轨迹运动，其中(　　)能正确反映该质点的速度和加速度的可能情况。

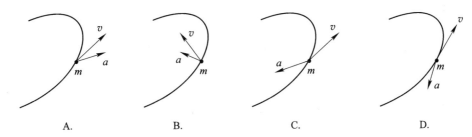

　　A.　　　　　　　　B.　　　　　　　　C.　　　　　　　　D.

2. 某物体的运动规律为 $\dfrac{\mathrm{d}v}{\mathrm{d}t}=-kv^2t$，式中 k 为常数。当 $t=0$ 时，初速度为 v_0，则速度 v 与时间 t 的函数关系是(　　)。

　　A. $v=\dfrac{kt^2}{2}+v_0$　　　B. $\dfrac{1}{v}=-\dfrac{kt^2}{2}+v_0$　　　C. $\dfrac{1}{v}=-\dfrac{kt^2}{2}+\dfrac{1}{v_0}$　　　D. $\dfrac{1}{v}=\dfrac{kt^2}{2}+\dfrac{1}{v_0}$

3. 质量比为 1∶2∶3 的三个小车沿着水平直线轨道滑行后停下来。若三个小车的初始动能相等，它们与轨道间摩擦系数相同，则它们的滑行距离比是(　　)

　　A. 1∶2∶3　　　　　B. 3∶2∶1　　　　　C. 2∶3∶6　　　　　D. 6∶3∶2

4. 质量为 m 的宇宙飞船返回地球时，将发动机关闭，可以认为它仅在地球引力场中运动。设地球质量为 M，引力常量为 G。当飞船从与地心距离为 R_1 下降至 R_2 的过程中，地球引力做功为(　　)。

　　A. $\dfrac{GMm}{R_1-R_2}$　　　B. $\dfrac{GMm}{R_2-R_1}$　　　C. $\dfrac{GMm(R_2-R_1)}{R_1R_2}$　　　D. $\dfrac{GMm(R_1-R_2)}{R_1R_2}$

5. 一质量为 60 kg 的人起初站在一条质量为 300 kg 且正以 2 m/s 的速率向湖岸驶近的小木船上，湖水是静止的，其阻力不计。现在人相对于船以一水平速率 v 沿船前进方向向河岸跳去，该人起跳后，船速减为原来的一半，v 应为(　　)。

　　A. 2 m/s　　　　　B. 3 m/s　　　　　C. 5 m/s　　　　　D. 6 m/s

6. 有两个力作用在有固定转轴的刚体上：

　　(1) 当这两个力都平行于轴作用时，它们对轴的合力矩一定是零

　　(2) 当这两个力都垂直于轴作用时，它们对轴的合力矩可能是零

　　(3) 当这两个力的合力为零时，它们对轴的合力矩也一定是零

　　(4) 当这两个力对轴的合力矩为零时，它们的合力也一定是零

　　对上述说法，下述判断正确的是(　　)。

　　A. 只有(1)是正确的　　　　　　　　　B. (1)(2)正确，(3)(4)错误

　　C. (1)(2)(3)都正确，(4)错误　　　　　D. (1)(2)(3)(4)都正确

7. 一质量为 M、半径为 r 的均匀圆环挂在一钉子上，以钉子为轴在自身竖直平面内作幅度很小的简谐振动。圆环对转动轴(钉子)的转动惯量为(　　)。

A. Mr^2　　　　　B. $\dfrac{1}{2}Mr^2$　　　　　C. $\dfrac{3}{2}Mr^2$　　　　　D. $2Mr^2$

8. 一水平转台可绕固定的铅直中心轴转动，转台上站着一个人，初始时转台和人都处于静止状态。当此人在转台上随意走动时，该系统的动量、角动量和机械能是否守恒正确的说法是(　　　)。

A. 动量守恒

B. 对铅直中心轴的角动量守恒

C. 机械能守恒

D. 动量、机械能和对铅直中心轴的角动量都守恒

9. 一质点沿 x 轴作简谐振动，振动方程为 $x=4\cos\left(2\pi t+\dfrac{1}{3}\pi\right)$ cm。该质点从 $t=0$ 时刻起，到质点运动到 $x=-2$ cm 处，其运动的最短时间间隔为(　　　)。

A. $\dfrac{1}{8}$ s　　　　　B. $\dfrac{1}{6}$ s　　　　　C. $\dfrac{1}{4}$ s　　　　　D. $\dfrac{1}{3}$ s

10. 当质点作简谐振动的振幅增大为原来的两倍时，该质点的(　　　)也增大为原来的两倍。

(1) 周期　　(2) 最大速度　　(3) 最大加速度　　(4) 总的机械能

A. (1)(2)　　　　　B. (2)(3)　　　　　C. (3)(4)　　　　　D. (1)(3)

二、填空题(每小题 3 分，共 30 分)

1. 一质点在平面上作一般曲线运动，瞬时速度为 $\boldsymbol{v}$，瞬时速率为 v，某一段时间内的平均速度为 $\overline{\boldsymbol{v}}$，平均速率为 $\overline{v}$，它们之间的关系为 $|\boldsymbol{v}|$ _____ v 和 $|\overline{\boldsymbol{v}}|$ _____ $\overline{v}$。(填"$=$"或"$\neq$")

2. 一质量为 2 kg 的质点，在 xy 平面上运动，受到外力 $\boldsymbol{F}=4\boldsymbol{i}-24t^2\boldsymbol{j}$ N 的作用，$t=0$ 时，它的初速度为 $\boldsymbol{v}_0=3\boldsymbol{i}+4\boldsymbol{j}$ m/s，当 $t=1$ s 时，质点受到的法向力 $\boldsymbol{F}_n=$ _____。

3. 在相对地面静止的坐标系内，A、B 二船都以 2 m/s 的速率匀速行驶，A 船沿 x 轴正向，B 船沿 y 轴正向。若在 A 船上设置与静止坐标系方向相同的坐标系，那么在 A 船上的坐标系中，B 船的速度 $\boldsymbol{v}=$ _____ m/s。

4. 在一半径为 R、圆心为 O、质量面密度为 σ 的薄圆盘上，挖掉了 4 个以 O 对称分布的、半径均为 $R/3$ 的圆孔，圆孔中心到圆盘中心的距离均为 $R/2$，如图 F2.1 所示。剩余部分对过 O 点垂直于圆盘面转轴的转动惯量为 _____。

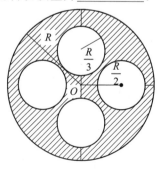

图 F2.1

5. 如图 F2.2 所示，一质量为 M 的均质正方形薄板，其边长为 L，铅直放置，它可以绕其一固定边自由转动。现有一质量为 m、速度为 v 的小球垂直于板面碰在板的边缘上。已知 $M=6m$，设二者碰撞为弹性碰撞，则碰撞后板的角速度 $\omega=$ _____。

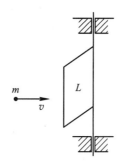

图 F2.2

6. 若质量 $m=4$ kg 的小球，任一时刻的矢径 $\boldsymbol{r}=(t^2-1)\boldsymbol{i}+2t\boldsymbol{j}$，则 $t=3$ s 时，小球对原点的角动量 $\boldsymbol{L}=$ _____。

7. 用余弦函数表示一简谐振动，其振动曲线如图 F2.3 所示，则此简谐振动的振动方程为 _____。

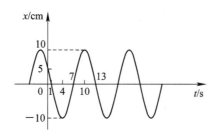

图 F2.3

8. 两个同方向、同频率的简谐振动，其合振动的振幅为 20 cm，与第一个简谐振动的相位差为 $\varphi-\varphi_1=\dfrac{\pi}{6}$，若第一个简谐振动的振幅为 $10\sqrt{3}$ cm，则第二个简谐振动的振幅为 _____ cm，第一、二两个简谐振动的相位差 $\varphi_1-\varphi_2$ 为 _____。

9. 设地球和月球均为匀质球，它们的质量和半径分别为 M_e、M_m、R_e、R_m，给定的弹簧振子在地球上和在月球上作简谐振动的频率比 ν_e/ν_m 为 _____；给定的单摆在地球上和在月球上作简谐振动的频率比 ν_e/ν_m 为 _____。

10. 波的相干条件是 _____，两列相干波相遇，干涉加强的条件是 $\Delta\varphi=$ _____，干涉减弱的条件是 $\Delta\varphi=$ _____。

三、计算题（每小题 10 分，共 40 分）

1. 如图 F2.4 所示，光滑的水平面上放置一半径为 R 的固定圆环，圆环有一定高度。物体 A 紧贴环的内侧在水平面上作初速率为 v_0 的圆周运动，与内壁间摩擦系数为 μ，求：

（1）t 时刻物体的速率；

（2）当物体速率从 v_0 减少到 $v_0/2$ 时，物体所经历的时间及经过的路径。

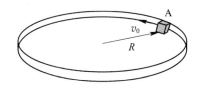

图 F2.4

2. 如图 F2.5 所示，一根刚性细棒长为 L，总质量为 m，其质量分布与离 O 点的距离成正比。现将细棒放在粗糙的水平桌面上，棒可绕过其端点 O 的竖直轴转动。已知棒与桌面间的摩擦系数为 μ，棒的初始角度为 ω_0。求：

(1) 细棒对给定轴的转动惯量；

(2) 细棒绕轴转动时所受的摩擦力矩；

(3) 细棒从角速度 ω_0 开始到停止转动所经过的时间；

(4) 细棒从角速度 ω_0 开始到停止转动所转过的角度和圈数。

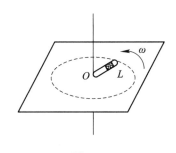

图 F2.5

3. 一质量为 M 的物体放在无摩擦的水平桌面上。两个劲度系数分别为 k_1 和 k_2 的弹簧与物体相连并固定在支架上，如图 F2.6 所示。当 M 在平衡位置处，两弹簧无形变。现使物体以振幅 A 振动，有一质量为 m 的黏土，从高为 h 处自由下落，正好落在质量为 M 的物体上，求以下两种情况系统的振动周期、振幅和简谐振动能量。

(1) 质量为 M 的物体通过平衡位置；

(2) 质量为 M 的物体在最大位移处。

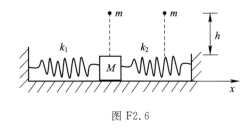

图 F2.6

4. 已知波长为 λ 的平面简谐波沿 x 轴负方向传播，$x = \dfrac{\lambda}{4}$ 处质点的振动方程为

$$y = A\cos\frac{2\pi}{\lambda} \cdot ut$$

(1) 写出该平面简谐波的表达式；

(2) 画出 $t = T$ 时刻的波形图。

大学物理Ⅰ期中模拟试题二答案

一、选择题

1. C　2. D　3. D　4. D　5. D　6. B　7. D　8. B　9. B　10. B

二、填空题

1. $|\boldsymbol{v}| = v$，$|\bar{\boldsymbol{v}}| \neq \bar{v}$

2. $-24\boldsymbol{j}$

3. $-2\boldsymbol{i} + 2\boldsymbol{j}$

4. $\dfrac{59}{162}\pi\sigma R^4$

5. $\dfrac{2v}{3L}$

6. $-80\boldsymbol{k}$

7. $10\cos\left(\dfrac{\pi}{6}t + \dfrac{\pi}{3}\right)$ cm

8. 10，$-\dfrac{\pi}{2}$

9. 1，$\sqrt{\dfrac{M_{\mathrm{e}}R_{\mathrm{m}}^2}{M_{\mathrm{m}}R_{\mathrm{e}}^2}}$

10. 频率相同、振动方向相同、位相差恒定

　　$\Delta\varphi = 2k\pi$，$k = 0, \pm 1, \pm 2, \cdots$

　　$\Delta\varphi = (2k+1)\pi$，$k = 0, \pm 1, \pm 2, \cdots$

三、计算题

1. (1) $v = \dfrac{Rv_0}{R + v_0\mu t}$　　(2) $t = \dfrac{R}{\mu v_0}$，$s = \dfrac{R}{\mu}\ln 2$

2. (1) $J = \displaystyle\int_0^L \dfrac{2m}{L^2}r^3\,\mathrm{d}r = \dfrac{1}{2}mL^2$

   (2) $M = \dfrac{2\mu mg}{L^2}\displaystyle\int_0^L r^2\,\mathrm{d}r = \dfrac{2}{3}\mu mgL$，方向沿轴向下

   (3) $t = \dfrac{3\omega_0 L}{4\mu g}$

   (4) $\Delta\theta = \dfrac{3\omega_0^2 L}{8\mu g}$，　$n = \dfrac{3\omega_0^2 L}{16\pi\mu g}$

3. (1) $T' = 2\pi\sqrt{\dfrac{M+m}{k_1 + k_2}}$，　$A' = \sqrt{\dfrac{M}{M+m}}A$，　$E' = \dfrac{(k_1 + k_2)MA^2}{2(M+m)}$

   (2) $T'' = T' = 2\pi\sqrt{\dfrac{M+m}{k_1 + k_2}}$，$A'' = A$，$E'' = \dfrac{1}{2}(k_1 + k_2)A^2$

4. (1) $y = A\cos\left(\dfrac{2\pi ut}{\lambda} - \dfrac{\pi}{2} + \dfrac{2\pi}{\lambda}x\right)$　　(2) 略

大学物理 I 期中模拟试题三

一、选择题(每小题 3 分，共 30 分)

1. 一质点沿圆周运动，其速率与时间成正比，a_τ 为切向加速度的大小，a_n 为法向加速度的大小，加速度矢量 $\boldsymbol{a}$ 与速度矢量 $\boldsymbol{v}$ 间的夹角为 φ(如图 F3.1 所示)。在质点运动过程中( )。

　A. a_τ 增大，a_n 增大，φ 不变

　B. a_τ 增大，a_n 不变，φ 减小

　C. a_τ 不变，a_n 不变，φ 不变

　D. a_τ 不变，a_n 增大，φ 增大

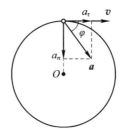

图 F3.1

2. 在 SI 制中，一些物理量的量纲如下，其中动量的量纲为( )。

　A. MLT^{-1} 　　　　B. MLT^{-2} 　　　　C. ML^2T^{-1} 　　　　D. ML^2T^{-2}

3. 一演员驾驶小汽车沿半径为 R 的竖直圆筒作飞车走壁表演，如图 F3.2 所示。现已知车与壁间的静摩擦系数为 μ，那么汽车能作飞车走壁表演而不下坠的速率范围是( )。

　A. $v^2 \geqslant \dfrac{\mu g}{R}$ 　　　　B. $v^2 \geqslant \dfrac{Rg}{\mu}$ 　　　　C. $0 < v^2 \leqslant \dfrac{Rg}{\mu}$ 　　　　D. $0 < v^2 \leqslant \dfrac{\mu g}{R}$

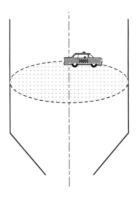

图 F3.2

4. 在两个质点组成的系统中，若质点之间只有万有引力作用，且此系统所受外力的矢量和为零，则此系统( )。

　A. 动量与机械能一定都守恒

　B. 动量与机械能一定都不守恒

　　C. 动量不一定守恒，机械能一定守恒

　　D. 动量一定守恒，机械能不一定守恒

　　5. 如图 F3.3 所示，一均匀细杆可绕通过上端与杆垂直的水平光滑固定轴 O 旋转，初始状态为静止悬挂。现有一个小球自左方水平打击细杆。设小球与细杆之间为非弹性碰撞，则在碰撞过程中对细杆与小球这一系统（　　）。

　　A. 只有机械能守恒

　　B. 只有动量守恒

　　C. 只有对转轴 O 的角动量守恒

　　D. 机械能、动量和角动量均守恒

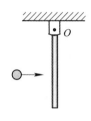

图 F3.3

　　6. 一人站在转动的转台中心，在他伸出去的两手中各握有一个重物，如图 F3.4 所示。在这个人向着胸部缩回他的双手及重物的过程中，以下叙述正确的是（　　）。

　　(1) 系统的转动惯量减小；

　　(2) 系统的转动角速度增大；

　　(3) 系统的角动量保持不变；

　　(4) 系统的转动动能保持不变。

图 F3.4

　　A. (2)(3)(4)　　　　B. (1)(2)(3)　　　　C. (1)(2)(4)　　　　D. (2)(3)(4)

　　7. 一简谐波沿 OX 轴正方向传播，$t=0$ 时刻波形曲线如图 F3.5 所示。已知周期为 2 s，则 P 点处质点的振动速度 v 与时间 t 的关系曲线为（　　）。

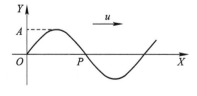

图 F3.5

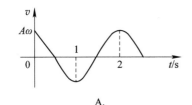

A.

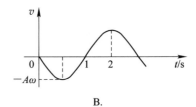

B.

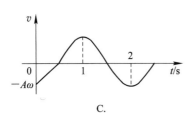

C.

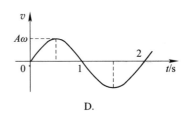

D.

8. 机械波在介质中传播时，介质元的最大形变位移发生在(　　)。

A. 平衡位置处　　　　　　　　　　B. 最大位移处

C. 位移为 $\frac{\sqrt{2}}{2}A$ 处　　　　　　　　D. 位移为 $\frac{1}{2}A$ 处

9. 为了测定音叉 c 的振动频率，另选两个和 c 频率相近的音叉 a 和 b，已知其频率 ν_a＝500 Hz，ν_b＝495 Hz，先使音叉 a 和 c 同时振动，测出每秒钟声响加强两次，然后使音叉 b 和 c 同时振动，测出每秒钟声响加强 3 次，则音叉 c 的频率为(　　)。

A. 502 Hz　　　　B. 499 Hz　　　　C. 498 Hz　　　　D. 497 Hz

10. 图 F3.6(a)所示为 t＝0 时的余弦波的波形图，波沿 x 轴正向传播；图 F3.6(b)所示为一余弦振动曲线。图 F3.6(a)所示的 x＝0 处振动的初相位与图 F3.6(b)所示的振动的初相位(　　)。

A. 均为零　　　　　　　　　　　　B. 均为 $\frac{\pi}{2}$

C. 均为 $-\frac{\pi}{2}$　　　　　　　　　D. 依次分别为 $\frac{\pi}{2}$ 与 $-\frac{\pi}{2}$

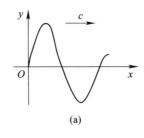

(a)

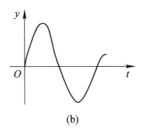

(b)

图 F3.6

二、填空题(每小题 3 分，共 30 分)

1. 质量为 m＝2 kg 的物体，所受合外力沿 x 轴正方向，且力的大小随时间变化，其规律为 F＝$4+6t$ (SI)，在 t＝0 s 到 t＝2 s 的时间内，力 F 的冲量 I＝_____，物体动量的增量 $\Delta \boldsymbol{P}$＝_____。

2. 质量为 m＝1 kg 的物体，在坐标原点处从静止出发在水平面内沿 x 轴运动，其所受合力方向与运动方向相同,合力大小为 $F=3+2x$ (SI),那么,物体在运动后 3 m 内,合力所做功 $W=$ ＿＿＿＿＿＿＿＿,且 $x=3$ m 时,其速率 $v=$ ＿＿＿＿＿＿＿＿。

3. 一刚体以每分钟 60 转绕 z 轴沿正方向作匀速转动。设这时刚体上一点 P 的位矢为 $r=3i+4j+5k$,其单位为 10^{-2} m,若以 10^{-2} m/s 为速度单位,则该时刻 P 点的速度为＿＿＿＿＿＿＿＿。

4. 如图 F3.7 所示,钢球 A 和 B 质量相等,两者均可视为质点,正被绳牵着以 $\omega_0=4$ rad/s 的角速度绕竖直轴转动,二球与轴的距离都为 $r_1=15$ cm。现在把轴上 C 环下移,使得两球离轴的距离缩减为 $r_2=5$ cm,则钢球的角速度 $\omega=$ ＿＿＿＿＿＿＿＿。

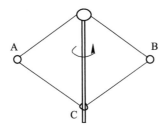

图 F3.7

5. 如图 F3.8 所示,一根长 l、质量为 m 的均质细棒可绕通过点 O 的水平光滑轴在竖直平面内转动,则棒的转动惯量 $J=$ ＿＿＿＿＿＿＿＿;当棒由水平位置转到图 F3.8 所示的位置时,其角加速度 $\beta=$ ＿＿＿＿＿＿＿＿。

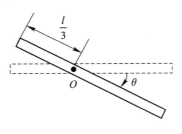

图 F3.8

6. 地球的质量为 m,太阳的质量为 M,地心与日心的距离为 R,引力常数为 G,则地球绕太阳作圆周运动的轨道角动量大小 $L=$ ＿＿＿＿＿＿＿＿。

7. 一个哑铃由两个质量为 m、半径为 R 的铁球和中间一根长 l 的连杆组成(如图 F3.9 所示)。和铁球的质量相比,连杆的质量可以忽略。此哑铃对于通过连杆中心并和它垂直的轴的转动惯量为＿＿＿＿＿＿＿＿,它对于通过两球的连线的轴的转动惯量为＿＿＿＿＿＿＿＿。

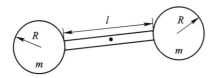

图 F3.9

8. 轻弹簧下系一质量为 m_1 的物体,稳定后在 m_1 下边又系一质量为 m_2 的物体,于是弹簧又伸长了 Δx,若将 m_2 移去,并令其振动,则振动周期＿＿＿＿＿＿＿＿。

9. 已知某简谐振动曲线如图 F3.10 所示,则该简谐振动方程 $x =$ _____ 。

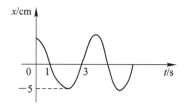

图 F3.10

10. 单摆的周期为 T,角振幅为 θ_A,起始状态如图 F3.11 所示,有(a)、(b)、(c)三种情况,摆线在竖直方向为单摆的平衡位置,设逆时针方向为正方向,则单摆作小角度振动的运动学方程分别为

(a) _____

(b) _____

(c) _____

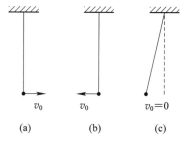

图 F3.11

三、计算题(每小题 10 分,共 40 分)

1. 一弹簧劲度系数为 k,一端固定在 A 点,另一端连一质量为 m 的物体,靠在光滑的半径为 a 的圆柱体表面上,弹簧原长为 AB,如图 F3.12 所示。在变力 F 作用下,物体极缓慢地沿表面从位置 B 移到 C,求力 F 做的功。

(1) 用积分方法做。

(2) 用动能定理做。

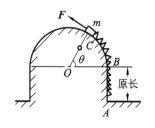

图 F3.12

2. 如图 F3.13 所示,均质圆盘质量为 m_1,半径为 R,可绕水平固定轴转动。一轻绳一端绕于轮上,另一端通过均质圆盘质量为 m_2、半径为 r 的定滑轮且悬有质量为 m 的物体。求当物体由静止开始下降了 h 时物体的速度。绳的质量不计且不能伸缩,轴间摩擦不计。

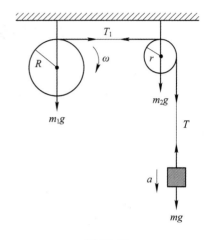

图 F3.13

3. 一轻质弹簧的一端固定，另一端由跨过一滑轮的轻绳连接两个质量均为 m 的物体 A 和 B，弹簧劲度系数为 k，滑轮的转动惯量为 J，半径为 R，滑轮和轻绳之间无相对滑动，且不计轮轴间的摩擦阻力，系统原先处于静止状态。先将 A、B 间的细线剪断，以此作为计时起点，以新的平衡位置作为 x 坐标原点，x 轴正向竖直向下（如图 F3.14 所示）。

（1）从动力学角度分析 A 是否作简谐振动；

（2）求系统的角频率 ω、振幅 A 及初相位 φ。

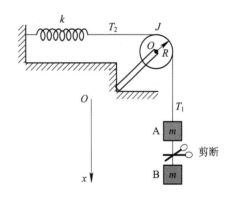

图 F3.14

4. 一平面简谐波以速度 $u = 20$ m/s 沿 x 轴正方向传播。已知在传播过程中某点 A（如图 F3.15 所示）的简谐运动表达式为 $y = 0.03\cos 4\pi t$，y 以 m 计，t 以 s 计。

（1）以 A 点为坐标原点，写出波动表达式；

（2）以距 A 点 5 m 处的 B 点为坐标原点，写出波动表达式。

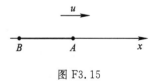

图 F3.15

大学物理 I 期中模拟试题三答案

一、选择题

1. D　2. A　3. B　4. D　5. C　6. B　7. A　8. A　9. C　10. D

二、填空题

1. $20i$ N·s，$20i$ N·s

2. 18 J，6 m/s

3. $-25.1i + 18.8j$

4. 36 rad/s

5. $\dfrac{1}{9}ml^2$，$\dfrac{3g\cos\theta}{2l}$

6. $m\sqrt{GMR}$

7. $m\left(\dfrac{14}{5}R^2 + 2Rl + \dfrac{l^2}{2}\right)$，$\dfrac{4}{5}mR^2$

8. $2\pi\sqrt{\dfrac{m_1\Delta x}{m_2 g}}$

9. $5\times10^{-2}\cos\left(\dfrac{\pi}{2}t\right)$ m

10. (a) $\theta = \theta_A\cos\left(\dfrac{2\pi}{T}t - \dfrac{\pi}{2}\right)$

　　(b) $\theta = \theta_A\cos\left(\dfrac{2\pi}{T}t + \dfrac{\pi}{2}\right)$

　　(c) $\theta = \theta_A\cos\left(\dfrac{2\pi}{T}t + \pi\right)$

三、计算题

1. $amg\sin\theta + \dfrac{1}{2}ka^2\theta^2$

2. $v = \sqrt{\dfrac{m4gh}{m_1 + m_2 + 2m}}$

3. (1) 是

　　(2) $\omega = \sqrt{\dfrac{k}{m + \dfrac{J}{R^2}}}$，　$A = \dfrac{mg}{k}$，　$\varphi = 0$

4. (1) $y = 0.03\cos\left[4\pi\left(t - \dfrac{x}{20}\right)\right]$ m

　　(2) $y = 0.03\cos\left(4\pi t - \dfrac{\pi}{5}x + \pi\right)$ m

大学物理 I 期末模拟试题一

一、选择题（每小题 3 分，共 30 分）

1. 一质点在平面上作一般曲线运动，其瞬时速度为 $\boldsymbol{v}$，瞬时速率为 v，某段时间内的平均速度为 $\bar{\boldsymbol{v}}$，平均速率为 $\bar{v}$，它们之间的关系必定有（　　）。

    A. $|\boldsymbol{v}|=v$，$|\bar{\boldsymbol{v}}|=\bar{v}$ B. $|\boldsymbol{v}|\neq v$，$|\bar{\boldsymbol{v}}|=\bar{v}$

    C. $|\boldsymbol{v}|\neq v$，$|\bar{\boldsymbol{v}}|\neq\bar{v}$ D. $|\boldsymbol{v}|=v$，$|\bar{\boldsymbol{v}}|\neq\bar{v}$

2. 关于功和能量的概念，以下说法正确的是（　　）。

    A. 作用力和反作用力大小相等、方向相反，所以二者做功的代数和必为零

    B. 保守力做正功，系统内相应的势能增加

    C. 运动质点经一闭合路径回到初始点，则保守力对质点做的功为零

    D. 运动质点经一闭合路径回到初始点，则系统的机械能守恒

3. 下列说法正确的是（　　）。

    A. 作用在刚体上的力越大，刚体转动角加速度越大

    B. 作用在刚体上的力对定轴的力矩越大，刚体绕该轴转动的角加速度越大

    C. 作用在刚体上的合外力为零，刚体保持静止或匀角速转动

    D. 作用在刚体上的力矩越大，刚体转动角速度越大

4. 一均匀细杆（见图 F4.1）可绕垂直于它而离其一端 $l/4$（l 为杆长）的水平固定轴 O 在竖直平面内转动。杆的质量为 m，当杆自由悬挂时，给它一个起始角速度 ω_0，如杆恰能持续转动而不作往复摆动（一切摩擦不计），则需要（　　）。

    A. $\omega_0\geqslant 4\sqrt{\dfrac{3g}{7l}}$

    B. $\omega_0\geqslant 4\sqrt{\dfrac{g}{l}}$

    C. $\omega_0\geqslant \dfrac{4}{3}\sqrt{\dfrac{g}{l}}$

    D. $\omega_0\geqslant \sqrt{12\dfrac{g}{l}}$

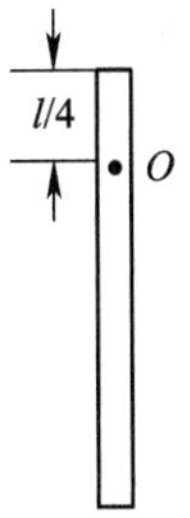

图 F4.1

5. 一平面简谐波以速度 u 沿 x 轴正方向传播，在 $t=t'$ 时波形曲线如图 F4.2 所示，则坐标原点 O 的振动方程为（　　）。

    A. $y=a\cos\left[\dfrac{u}{b}(t-t')+\dfrac{\pi}{2}\right]$

    B. $y=a\cos\left[2\pi\dfrac{u}{b}(t-t')-\dfrac{\pi}{2}\right]$

    C. $y=a\cos\left[\pi\dfrac{u}{b}(t+t')+\dfrac{\pi}{2}\right]$

    D. $y=a\cos\left[\pi\dfrac{u}{b}(t-t')-\dfrac{\pi}{2}\right]$

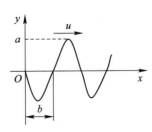

图 F4.2

6. 两个简谐振动的振动曲线如图 F4.3 所示,将这两个简谐振动叠加,合成的余弦振动的初相位差 $\varphi_{20} - \varphi_{10} =$ _____ ,振幅 $A_合 =$ _____ 。

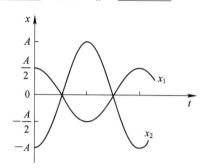

图 F4.3

A. $0, \dfrac{A}{2}$ 　　　　　B. $\dfrac{\pi}{2}, A$ 　　　　　C. $\pi, \dfrac{A}{2}$ 　　　　　D. π, A

7. 两个直径有微小差别的彼此平行的滚柱之间的距离为 L,夹在两块平晶的中间,形成空气劈尖,如图 F4.4 所示,当平行单色光垂直入射时,产生等厚干涉条纹。如果滚柱之间的距离 L 变小,则在 L 范围内干涉条纹的(　　)。

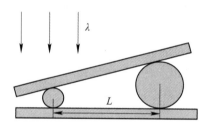

图 F4.4

A. 数目减少,间距变大　　　　　　　B. 数目不变,间距变小

C. 数目增加,间距变小　　　　　　　D. 数目减少,间距不变

8. 气缸中有一定量的氦气(视为理想气体),经过绝热压缩,体积变为原来的一半,则气体分子的平均速率变为原来的(　　)。

A. $2^{4/5}$ 倍　　　　　　　　　　　　B. $2^{2/3}$ 倍

C. $2^{2/5}$ 倍　　　　　　　　　　　　D. $2^{1/3}$ 倍

9. 两个卡诺循环如图 F4.5 所示,第一个循环沿 AB-CDA 进行,第二个循环沿 $ABC'D'A$ 进行,这两个循环的效率 η_1 和 η_2 的关系及这两个循环所做的净功 A_1 和 A_2 的关系是(　　)。

A. $\eta_1 = \eta_2, A_1 = A_2$

B. $\eta_1 > \eta_2, A_1 = A_2$

C. $\eta_1 = \eta_2, A_1 > A_2$

D. $\eta_1 = \eta_2, A_1 < A_2$

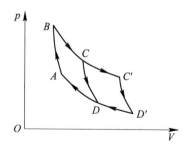

图 F4.5

10. 如图 F4.6 所示的两条曲线分别表示在相同温度下氧气和氢气分子的速率分布曲线；令 $(v_p)_{O_2}$ 和 $(v_p)_{H_2}$ 分别表示氧气和氢气的最概然速率，则（　　）。

A. 图中 a 表示氧气分子的速率分布曲线 $\dfrac{(v_p)_{O_2}}{(v_p)_{H_2}}=4$

B. 图中 a 表示氧气分子的速率分布曲线 $\dfrac{(v_p)_{O_2}}{(v_p)_{H_2}}=\dfrac{1}{4}$

C. 图中 b 表示氧气分子的速率分布曲线 $\dfrac{(v_p)_{O_2}}{(v_p)_{H_2}}=\dfrac{1}{4}$

D. 图中 b 表示氧气分子的速率分布曲线 $\dfrac{(v_p)_{O_2}}{(v_p)_{H_2}}=4$

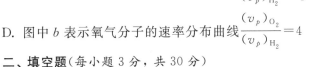

图 F4.6

二、填空题（每小题 3 分，共 30 分）

1. 物体的运动规律满足 $\dfrac{\mathrm{d}v}{\mathrm{d}t}=-kvt$，其中 k 为大于零的常数，当 $t=0$ 时，初速度大小为 v_0，则 $v=$ _____。（写成时间的函数）

2. 已知子弹的轨迹为抛物线，如图 F4.7 所示。若子弹的初速度大小为 v_0，并且方向与水平面的夹角为 θ，则抛物线顶点的曲率半径为 _____，落地点的曲率半径为 _____。

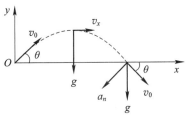

图 F4.7

3. 如图 F4.8 所示，质量为 m 的质点，在竖直平面内作半径为 r、速率为 v 的匀速圆周运动，在由点 A 运动到点 B 的过程中，所受合外力的冲量 $\boldsymbol{I}=$ _____；除重力以外，其他外力对物体所做的功 $W=$ _____。

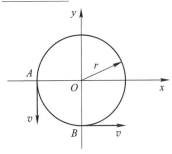

图 F4.8

4. 质量、动量、冲量、动能、势能、功、角动量中与参考系的选取无关的物理量是 _____。（不考虑相对论效应）

5. 设声波在介质中的传播速度为 u，声源的频率为 ν_s。若声源 S 不动，而接收器 R 相对于介质以速度 v_R 沿着 S、R 连线向着声源 S 运动，则位于 S、R 连线中点的质点 P 的振动频率为＿＿＿＿＿＿＿＿＿＿＿。

6. 用方解石晶体（$n_o > n_e$）切成一个顶角 $A = 30°$ 的三棱镜，其光轴方向如图 F4.9 所示。若单色自然光垂直于 AB 面入射（见图 F4.9）。试定性画出三棱镜内外折射光的光路，并画出光矢量的振动方向。

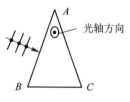

图 F4.9

7. 一简谐波沿 x 轴正方向传播，x_1 与 x_2 两点处的振动曲线分别如图 F4.10（a）和 F4.10（b）所示，已知 $x_2 > x_1$ 且 $x_2 - x_1 < \lambda$（λ 为波长），则这两点的距离为＿＿＿＿＿（用波长 λ 表示）。

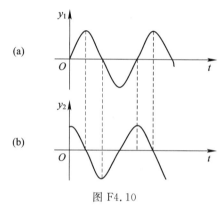

图 F4.10

8. 平行单色光垂直入射在缝宽 $a = 0.15$ mm 的单缝上，缝后有焦距 $f = 400$ mm 的凸透镜，在其焦平面上放置观察屏幕。现测得屏幕上中央明条纹两侧的两个第三级暗纹之间的距离为 8 mm，则入射光的波长为 $\lambda = $＿＿＿＿＿。

9. 如图 F4.11 所示，平板玻璃和凸透镜构成牛顿环装置，全部浸入 $n = 1.6$ 的液体中，凸透镜可沿 OO' 移动，用波长 $\lambda = 500$ nm 的单色光垂直入射。从上向下观察，看到中心是一个暗斑，此时凸透镜顶点距平板玻璃的距离最少是＿＿＿＿＿。

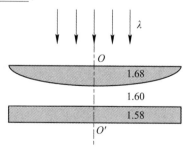

图 F4.11

10. 一定量的某种理想气体，先经过等体过程使其热力学温度升高为原来的 2 倍；再经过等压过程使其体积膨胀为原来的 2 倍，则分子的平均自由程变为原来的＿＿＿＿＿倍。

三、计算题（每小题 10 分，共 40 分）

1. 绳的两端固定，且相距 2 m，绳上的波以波速 $u=25$ m/s 传播，在绳上形成驻波，且除端点外其间有 3 个波节。设驻波振幅为 0.1 m，$t=0$ 时绳上各点均经过平衡位置，求：

（1）形成驻波的两列反向传播的行波的波函数；

（2）驻波的波函数。

2. 一均质细杆，长 $L=1$ m，可绕通过一端的水平光滑轴 O 在铅垂面内自由转动，如图 F4.12 所示。开始时杆处于铅垂位置，今有一粒子弹沿水平方向以 $v=10$ m/s 的速度射入细杆，设入射点离 O 点的距离为 $\frac{3}{4}L$，子弹的质量为杆质量的 $\frac{1}{9}$，试求：

（1）子弹与杆开始共同运动的角速度；

（2）子弹与杆共同摆动能达到的最大角度。

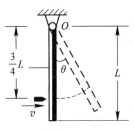

图 F4.12

3. 一束具有两种波长 λ_1 和 λ_2 的平行光垂直照射到一衍射光栅上，测得波长 λ_1 的平行光第三级主极大衍射角和波长 λ_2 的平行光第四级主极大衍射角均为 30°。已知 $\lambda_1=560$ nm，求：

（1）光栅常数 $a+b$；

（2）波长 λ_2。

4. 1 mol 双原子分子理想气体从状态 $A(p_1,V_1)$ 沿 p-V 图（如图 F4.13 所示）的直线变化到状态 $B(p_2,V_2)$，试求：

（1）气体的内能增量；

（2）气体对外界所做的功；

（3）气体吸收的热量；

（4）此过程的摩尔热容。

（摩尔热容 $C=\Delta Q/\Delta T$，其中 ΔQ 表示 1 mol 物质在变化过程中升高温度 ΔT 时所吸收的热量）

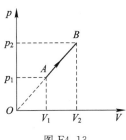

图 F4.13

大学物理 I 期末模拟试题一答案

一、选择题

1. D　2. C　3. B　4. A　5. D　6. C　7. B　8. D　9. D　10. B

二、填空题

1. $v = v_0 e^{\frac{-kt^2}{2}}$

2. $\rho_1 = \dfrac{v_0^2 \cos^2\theta}{g}$,　　$\rho_2 = \dfrac{v_0^2}{g\cos\theta}$

3. $\boldsymbol{I} = mv\boldsymbol{i} + mv\boldsymbol{j}$,　$W = \dfrac{1}{2}mv^2 - (\dfrac{1}{2}mv^2 + mgr) = -gmr$

4. 质量，冲量

5. ν_s

6.

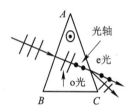

7. $\dfrac{3}{4}\lambda$

8. 500 nm(或 5×10^{-4} mm)

9. 78.1 nm

10. 2

三、计算题

1. 波节设为坐标原点时：

(1) $y_1 = 0.05\cos(50\pi t + 2\pi x)$

　　$y_2 = 0.05\cos(50\pi t - 2\pi x + \pi)$

(2) $y = 0.1\cos(2\pi x - \dfrac{\pi}{2})\cos(50\pi t + \dfrac{\pi}{2})$

2. (1) $\omega = 2.10$ rad/s

　(2) $\theta = \arccos 0.8466$

3. (1) $a + b = 3.36\ \mu$m

　(2) $\lambda_2 = 420$ nm

4. (1) $\Delta E = \dfrac{5}{2}(p_2 V_2 - p_1 V_1)$

　(2) $A = \dfrac{1}{2}(p_2 V_2 - p_1 V_1)$

　(3) $Q = 3(p_2 V_2 - p_1 V_1)$

　(4) $C = 3R$

大学物理Ⅰ期末模拟试题二

一、选择题（每小题 3 分，共 30 分）

1. 若质点在 xOy 平面内作曲线运动，则质点速率的正确表达式为（　　）。

(1) $v=\dfrac{\mathrm{d}r}{\mathrm{d}t}$　(2) $v=\dfrac{\mathrm{d}|\boldsymbol{r}|}{\mathrm{d}t}$　(3) $v=\left|\dfrac{\mathrm{d}\boldsymbol{r}}{\mathrm{d}t}\right|$　(4) $v=\left|\dfrac{\mathrm{d}s}{\mathrm{d}t}\right|$　(5) $v=\sqrt{\left(\dfrac{\mathrm{d}x}{\mathrm{d}t}\right)^2+\left(\dfrac{\mathrm{d}y}{\mathrm{d}t}\right)^2}$

A. (1)(2)(3)　　　　B. (3)(4)(5)　　　　C. (2)(3)(4)　　　　D. (1)(3)(5)

2. 一质点在 $t=0$ 时刻从原点出发，以速度 v_0 沿 x 轴运动，其加速度与速度的关系为 $a=-kv^2$，k 为正常数，则质点的速度 v 与所经路程 x 的关系是（　　）。

A. $v=v_0\mathrm{e}^{-kx}$　　　　　　　　　B. $v=v_0(1-\dfrac{x}{2v_0^2})$

C. $v=v_0\sqrt{1-x^2}$　　　　　　　　D. 条件不足不能确定

3. 一劲度系数为 k 的轻质弹簧下端悬挂一质量为 m 的物体，这时弹簧并未伸长而物体与地接触，如图 F5.1 所示。现用力 $\boldsymbol{F}$ 将弹簧的上端缓缓地提起。如果弹簧伸长 l 时物体刚能离开地面，那么弹簧从无伸长到伸长 l 的过程中，外力 $\boldsymbol{F}$ 做功为（　　）。

A. $\dfrac{3m^2g^2}{k}$　　　　B. $\dfrac{3m^2g^2}{2k}$　　　　C. $\dfrac{2m^2g^2}{k}$　　　　D. $\dfrac{m^2g^2}{2k}$

4. 如图 F5.2 所示，劲度系数为 k 的轻弹簧悬挂着质量为 m_1 和 m_2 的物体，开始时处于静止状态。突然把 m_1 和 m_2 间的连线剪断，则 m_1 的最大速度为（　　）。

A. $\dfrac{1}{\sqrt{km_1}}m_2g$　　　　　　　B. $\dfrac{1}{\sqrt{km_1}}(m_1+m_2)g$

C. $\sqrt{\dfrac{3}{4km_1}}(m_1+m_2)g$　　　　D. $\sqrt{\dfrac{(3m_2-m_1)(m_1+m_2)}{4km_1}}g$

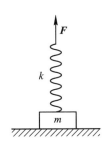

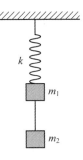

图 F5.1　　　　　　　　图 F5.2

5. 如图 F5.3 所示，在水平光滑的圆盘上，有一质量为 m 的质点，拴在一根穿过圆盘中心光滑小孔的轻绳上。开始时质点离中心的距离为 r，并以角速度 ω 转动。今将绳从小孔缓慢往下拉，则质点（　　）。

A. 动能不变，动量改变，F 不做功
B. 动量不变，动能改变，F 做功
C. 对圆盘中心角动量不变，动能、动量不变，F 不做功

D. 对圆盘中心角动量不变,动能、动量都改变,F 做功

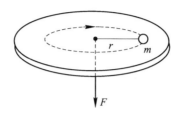

图 F5.3

6. 已知 $t=0.5$ s 时的波形如图 F5.4 所示,波速 $u=10$ m/s,若此时 P 点处介质质元的振动动能在逐渐增大,则该波形的波函数为(　　)。

A. $y=10\cos\left[\pi(t+\dfrac{x}{10})\right]$ cm
　　　　　　　　　
B. $y=10\cos\left[\pi(t+\dfrac{x}{10})+\pi\right]$ cm

C. $y=10\cos\left[\pi(t-\dfrac{x}{10})\right]$ cm
　　　　　　　　　
D. $y=10\cos\left[\pi(t-\dfrac{x}{10})+\pi\right]$ cm

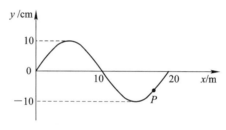

图 F5.4

7. 一束光由光强为 I_1 的自然光与光强为 I_2 的完全偏振光组成,垂直入射到一个偏振片上,当偏振片以入射光线为轴转动时,透射光的最大光强以及最小光强分别为(　　)。

A. $\dfrac{1}{2}I_1$,$I_1+\dfrac{1}{2}I_2$
　　　　　　　　　
B. $\dfrac{1}{2}I_2$,$\dfrac{1}{2}I_1+I_2$

C. $\dfrac{1}{2}I_1+I_2$,$\dfrac{1}{2}I_1$
　　　　　　　　　
D. $\dfrac{1}{2}(I_1+I_2)$,I_1

8. 用劈尖干涉检验工件的表面,当波长为 λ 的单色光垂直入射时,观察到干涉条纹如图 F5.5 所示,图中每一条条纹弯曲部分的顶点恰好与右边相邻的直线部分相切,由图 F5.5 可判断出工件表面(　　)。

A. 有一凹陷的槽,深为 $\dfrac{\lambda}{4}$
　　　　　　　　　
B. 有一凹陷的槽,深为 $\dfrac{\lambda}{2}$

C. 有一凸起的梗,高为 $\dfrac{\lambda}{2}$
　　　　　　　　　
D. 有一凸起的梗,高为 $\dfrac{\lambda}{4}$

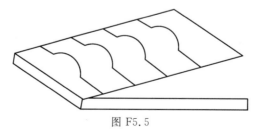

图 F5.5

9. 一定量的理想气体经历某一过程，其过程方程式为 $pV^2 =$ 恒量，那么该气体在这一过程中的摩尔热容量为（　　）。

A. $2C_V$ B. C_V C. $2C_V+R$ D. C_V-R

10. 设有以下过程，在这些过程中，使系统的熵增加的是（　　）。

(1) 两种不同气体在等温下互相混合

(2) 理想气体在等容下降温

(3) 液体在等温下汽化

(4) 理想气体绝热自由膨胀

A.（1）（2）（3） B.（2）（3）（4） C.（1）（2）（4） D.（1）（3）（4）

二、填空题(10 小题，共 30 分)

1. 在 xOy 平面内有一运动质点，其运动方程为 $\boldsymbol{r}=10\cos 5t\boldsymbol{i}+10\sin 5t\boldsymbol{j}$ (SI)，则 t 时刻其速度 $v=$ ＿＿＿＿＿＿，其切向加速度的大小 $a_\tau=$ ＿＿＿＿＿＿，该质点的运动轨迹是＿＿＿＿＿＿。

2. 轮 A 的质量为 m，半径为 r，绕过轮心的中心对称轴以角速度 ω_0 转动；轮 B 的质量为 $4m$，半径为 $2r$，轮心处有一小孔，过小孔将轮 B 套在轮 A 的转轴上。两轮都可视为均质圆板，将轮 B 移动使其与轮 A 接触，轮轴间的摩擦力矩不计。从两轮接触到具有相同的角速度，该过程中动能的损失是＿＿＿＿＿＿＿＿＿＿。

3. 一弹簧振子作简谐振动，当位移为振幅的一半时，其动能为总能量的＿＿＿＿＿＿。

4. 质量分别为 m_1、m_2 的两个物体用一劲度系数为 k 的轻弹簧相连，放在水平光滑桌面上，如图 F5.6 所示。当两物体相距 x 时，系统由静止释放。已知弹簧的自然长度为 x_0，则当两物体相距 x_0 时，m_1 的速度大小为＿＿＿＿＿＿＿＿＿＿。

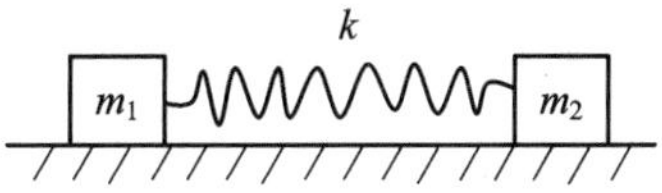

图 F5.6

5. 单缝衍射如图 F5.7 所示，单色平行光垂直入射单缝装置，AC 垂直于 BC。若 P 点处为第二级暗纹，则 BC 的长度为＿＿＿＿＿＿个波长，BC 对应的半波带有＿＿＿＿＿＿个；若 P 点处为第三级亮纹，则 BC 的长度为＿＿＿＿＿＿个波长。

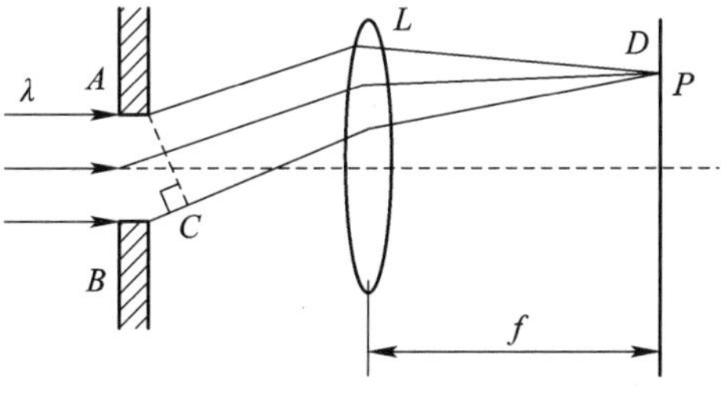

图 F5.7

6. 现有一声源，其振动频率为 2040 Hz，以速度 $v=0.25$ m/s 向一反射面接近，如图 F5.8 所示，在观察者 B 处测得直接由声源 S 传播过来的波的频率为＿＿＿＿＿＿，测得由反射面反射回来的波的频率为＿＿＿＿＿＿（声速 $u=340$ m/s）。

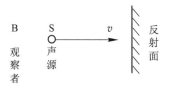

图 F5.8

7. 已知某驻波的波函数为 $y=0.04\cos20x\cos800t$（SI），则形成该驻波的两行波的振幅 $A=$＿＿＿＿＿＿＿＿，波速 $u=$＿＿＿＿＿＿＿＿，相邻两波节的距离 $\Delta x=$＿＿＿＿＿＿＿＿。

8. 自然光由空气入射至薄膜表面，入射角为 $52°45'$，观察反射光是完全偏振光，则折射角为＿＿＿＿＿＿＿＿，反射光与折射光的夹角为＿＿＿＿＿＿＿＿，薄膜的折射率 $n=$＿＿＿＿＿＿＿＿。

9. 理想气体的内能是＿＿＿＿＿＿＿＿的单值函数；$\dfrac{i}{2}RT$ 表示＿＿＿＿＿＿＿＿＿＿＿；$\dfrac{m}{M}\dfrac{i}{2}RT$ 表示＿＿＿＿＿＿＿＿＿＿＿。

10. 一定量的理想气体从同一初状态开始，分别经 ad、ac、ab 过程到达具有相同温度的终状态，其中 ac 为绝热过程，如图 F5.9 所示，则 ab 过程是＿＿＿＿＿＿＿＿过程，ad 过程是＿＿＿＿＿＿＿＿过程（填吸热或放热）。

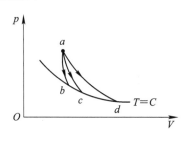

图 F5.9

三、计算题（4 小题，共 40 分）

1. 一均质细棒长为 $2L$，质量为 m，以与棒长方向相垂直的速度 v_0 在光滑水平面内平动时，与前方一固定的光滑支点 O 发生完全非弹性碰撞，碰撞点位于棒中心的一侧 $\dfrac{L}{2}$ 处，如图 F5.10 所示。求：

（1）棒在碰撞前的瞬间对 O 点的角动量；

（2）棒在碰撞后的瞬时绕 O 点转动的角速度。

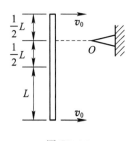

图 F5.10

2. 一平面简谐波以速度 $u = 1.0$ m/s 沿 x 轴负方向在弹性介质中传播,已知 $x = 2$ m 处质元的振动曲线如图 F5.11 所示,求:

(1) 原点处质元的振动方程;

(2) 该入射波的波函数;

(3) 若该入射波在 $x = 1$ m 处被反射,且反射点为波节,求合成驻波的波函数,并求出波节的位置。

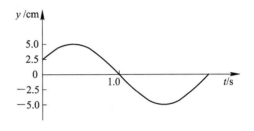

图 F5.11

3. 以波长为 $\lambda = 500$ nm 的单色平行光照射在光栅常数 $a + b = 2.10$ μm、缝宽 $a = 0.70$ μm 的光栅上。

(1) 若平行光垂直入射,屏上能看到哪几级谱线?

(2) 如图 F5.12 所示,若该平行光斜入射,入射角 $\theta = 30°$,屏上能看到哪几级谱线?

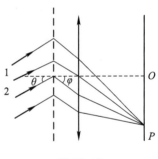

图 F5.12

4. 1 mol 理想气体,$C_v = \dfrac{3}{2}R$,进行如图 F5.13 所示的循环。ab、cd 为等压过程,bc、da 为等容过程。已知 $p_a = 2.026 \times 10^5$ Pa,$V_a = 1.0$ L,$p_c = 1.013 \times 10^5$ Pa,$V_b = 2.0$ L,求该循环的效率。

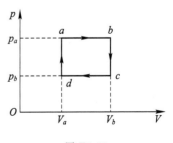

图 F5.13

大学物理Ⅰ期末模拟试题二答案

一、选择题

1. B　2. A　3. D　4. A　5. D　6. B　7. C　8. C　9. D　10. D

二、填空题

1. $50[-\sin5t\boldsymbol{i}+\cos5t\boldsymbol{j}]$ （m/s），0，圆

2. $\dfrac{4}{17}mr^{2}\omega_{0}^{2}$

3. $\dfrac{3}{4}$

4. $\sqrt{\dfrac{km_{2}(x-x_{0})^{2}}{m_{1}(m_{1}+m_{2})}}$

5. 2，4，3.5

6. 2038.5 Hz，2041.5 Hz

7. 0.02 m，40 m/s，$\dfrac{\pi}{20}$

8. 37°15′，90°，1.3

9. 温度，1 mol 的理想气体的内能，摩尔数为 $\dfrac{m}{M}$ 的理想气体的内能

10. 放热，吸热

三、计算题

1. （1）$\dfrac{1}{2}mv_{0}L$

　（2）$\omega=\dfrac{6v_{0}}{7L}$

2. （1）$y=0.05\cos\dfrac{5}{6}\pi t$ （SI）

　（2）$y_{入}=0.05\cos\left(\dfrac{5}{6}\pi t+\dfrac{5}{6}\pi x\right)$ （SI）

　（3）$y_{驻}=0.1\cos\left(\dfrac{5}{6}\pi x-\dfrac{\pi}{3}\right)\cos\left(\dfrac{5}{6}\pi t+\dfrac{\pi}{3}\right)$

　波节：$x=\dfrac{6}{5}k'+1$，　$k'=0,1,2,\cdots$

3. （1）0，±1，±2，±4 共 7 条谱线

　（2）−2、−1、0、1、2、4、5 共 7 条谱线

4. $\eta=15.4\%$

大学物理Ⅰ期末模拟试题三

一、选择题（每小题 3 分，共 30 分）

1. 一质量为 10 kg 的物体在力 $\boldsymbol{F}=(120t+40)\boldsymbol{i}$（$\boldsymbol{F}$ 以 N 计，t 以 s 计）作用下沿一直线运动，已知 $t=0$ s 时，其速度 $\boldsymbol{v}_0=6\boldsymbol{i}$ m/s，则 $t=3$ s 时，它的速度为（　　）。

　　A. $10\boldsymbol{i}$ m/s　　　　B. $66\boldsymbol{i}$ m/s　　　　C. $72\boldsymbol{i}$ m/s　　　　D. $4\boldsymbol{i}$ m/s

2. 如图 F6.1 所示，在半径为 R 的半球形容器中，有一质量为 m 的质点从半球形容器上边缘 P 点由静止开始滑下。当质点在最低点 Q 时，测得它对容器的压力为 F，那么质点在从 P 点下滑到 Q 点的过程中，摩擦力做功为（　　）。

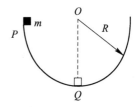

图 F6.1

　　A. $\dfrac{1}{2}(mg-F)R$　　　　B. $\dfrac{1}{2}(2mg-F)R$

　　C. $\dfrac{1}{2}(3mg-F)R$　　　　D. $\dfrac{1}{2}(4mg-F)R$

3. 一质量为 M 的木块，静止在光滑水平地面上，一质量为 m 的子弹水平射入木块后又穿出木块，则在子弹射穿木块的整个过程中，（　　）。

　　A. 子弹的动量守恒

　　B. 将子弹与木块视为一个系统，系统的动量守恒

　　C. 将子弹与木块视为一个系统，系统的机械能守恒

　　D. 将子弹与木块视为一个系统，系统的动量和机械能都守恒

4. 如图 F6.2 所示，两个圆形的箍 x 和 y，分别挂在墙上 O 和 O' 点的钉子上。x 的质量为 y 的 4 倍，x 的直径也是 y 的 4 倍。如果 x 的小振动周期是 T，则 y 的小振动周期是（　　）。

　　A. T　　　　B. $\dfrac{T}{2}$　　　　C. $\dfrac{T}{4}$　　　　D. $\dfrac{T}{8}$

5. 图 F6.3 中实线为某平面简谐波在 $t=0$ 时刻的波形图。如果该波沿 x 轴正向传播，周期为 T，那么图中虚线表示的是（　　）的波形图。

　　A. $\dfrac{T}{4}$　　　　B. $\dfrac{T}{2}$　　　　C. $\dfrac{3T}{4}$　　　　D. T

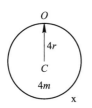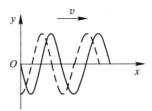

图 F6.2　　　　　　　　　　　图 F6.3

6. 如图 F6.4 所示，在单缝夫琅和费衍射装置中，将单缝宽度 a 稍稍变宽，同时使单缝沿 y 轴正方向作微小位移，则屏幕 C 上的中央衍射条纹将（　　）。

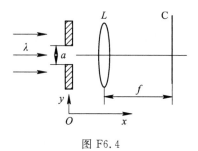

图 F6.4

A. 变窄，同时向上移　　　　　　　　B. 变窄，同时向下移

C. 变窄，不移动　　　　　　　　　　D. 变宽，同时向上移

7. 在图 F6.5 所示的干涉装置中，相邻两干涉条纹间距记为 Δx，从劈尖棱边到金属丝之间的干涉条纹总数记为 N，若把金属丝向劈尖棱边方向（向左）推进一段位移，则（　　）。

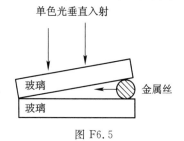

图 F6.5

A. Δx 减小，N 增大　　　　　　B. Δx 增大，N 减小

C. Δx 增大，而 N 不变　　　　　D. Δx 减小，而 N 不变

8. 下列选项所示的速率分布曲线，（　　）中的两条曲线是同一温度下氮气和氦气的分子速率分布曲线。

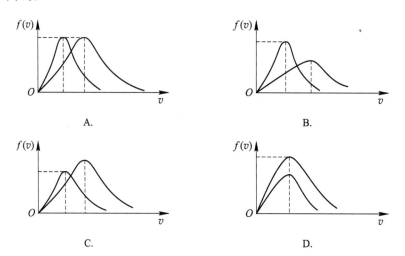

9. 热力学第二定律表明（　　）。

A. 不可能从单一热源吸收热量使之全部变为有用的功

B. 在一个可逆过程中，工作物质净吸热等于对外做的功

C. 摩擦生热的过程是不可逆的

D. 热量不可能从温度低的物体传向温度高的物体

10. 某元素的特征光谱中，含有波长分别为 $\lambda_1 = 450$ nm 和 $\lambda_2 = 750$ nm 的光谱线。在光栅光谱中，这两种波长的谱线有重叠现象，重叠处 λ_2 的谱线级数将是（   ）。

    A. $2, 3, 4, 5, \cdots$ B. $2, 5, 8, 11, \cdots$

    C. $2, 4, 5, 8, \cdots$ D. $3, 6, 9, 12, \cdots$

二、填空题（每小题 3 分，共 30 分）

1. 质点在力 $\boldsymbol{F} = 2y^2\boldsymbol{i} + 3x\boldsymbol{j}$ 作用下沿图 F6.6 所示路径运动，若 $\boldsymbol{F}$ 的单位为 N，x、y 的单位为 m，则 $\boldsymbol{F}$ 在路径 Oa 上做的功 $A_{Oa} = $ _____，在路径 ab 上做的功 $A_{ab} = $ _____，在路径 Ob 上做的功 $A_{Ob} = $ _____。

2. 如图 F6.7 所示，一长为 1 m、质量为 2 kg 的均匀直棒，可绕过其一端且与棒垂直的水平光滑固定轴在竖直平面内转动。若抬起另一端使棒向上与水平面呈 $60°$，然后无初转速地将棒释放，则刚放手时细棒的角加速度为 _____，细棒刚转到水平位置处的转动动能为 _____。

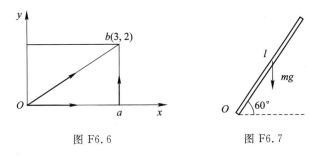

              图 F6.6   图 F6.7

3. 一质点在 xOy 平面上运动，若其位置矢量为 $\boldsymbol{r} = a\cos\omega t\boldsymbol{i} + b\sin\omega t\boldsymbol{j}$ (SI)，式中 a、b、ω 是正值常数，且 $a > b$，则质点的轨迹方程为 _____；轨迹曲线在 $A(a, 0)$ 点的曲率半径 $\rho_A = $ _____。

4. 质量为 20 g 的子弹，以 400 m/s 的速率沿图 F6.8 所示方向射入一原来静止的质量为 980 g 的摆球中，摆球长度不可伸缩。子弹射入后与摆球一起运动的速率为 _____。

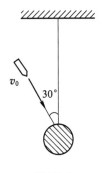

              图 F6.8

5. 由 $2N$ 根质量均为 m 的等长匀质细辐条和质量为 M 的匀质轮圈构成的转轮，可绕垂直于转轮平面并通过其中心的转轴转动。若辐条的数目减少 N 根，且转轮的转动惯量不变，则轮圈的质量应为 _____。（轮圈可以看成是质量均匀的细圆环）

6. 一平面简谐波，波长为 20 cm，沿 x 轴负方向传播，在 $x = 0$ 处质点的位移—时间函数如图 F6.9 所示，则此波的波动表达式为 _____。

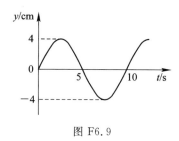

图 F6.9

7. 如图 F6.10 所示，假设有两个同相的相干点光源 S_1 和 S_2，发出波长为 λ 的单色光。A 是它们连线的中垂线上的一点。若在 S_1 与 A 之间插入厚度为 e、折射率为 n 的薄玻璃片，则两光源发出的光在 A 点的相位差 $\Delta\varphi=$ ＿＿＿＿＿；若已知波长 $\lambda=500$ nm，$n=1.5$，A 点恰为第 4 级明纹中心，则 $e=$ ＿＿＿＿＿。

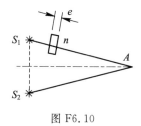

图 F6.10

8. 一固定的超声探测器，在海水中发出一束频率为 18 000 Hz 的超声波，被一向着探测器驶来的潜艇反射回来。如果探测器测得反射波和入射波的频率相差 220 Hz，那么潜艇的速度为 ＿＿＿＿＿。（已知超声波在海水中的波速为 1500 m/s）

9. 如图 F6.11 所示，一定量的理想气体从同一初态 $a(p_0,V_0)$ 出发，先后分别经两个准静态过程 ab 和 ac，已知 b 点的压强为 p_1，c 点的体积为 V_1。若这两个过程中系统吸收的热量相同，则该气体的 $\gamma=C_p/C_V=$ ＿＿＿＿＿。

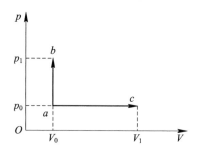

图 F6.11

10. 在相同的温度和压强下，单位体积的氢气（视为刚性双原子分子气体）和氦气的内能之比为 ＿＿＿＿＿，单位质量的氢气和氦气的内能之比为 ＿＿＿＿＿。

三、计算题（每小题 10 分，共 40 分）

1. 有一质量为 m、长度为 l 的均匀细棒，其一端有一质量也为 m 的小球，另一端可绕垂直于细棒的水平轴 O 自由转动，组成一个球摆。现有一质量为 m' 的子弹，以水平速度 v 射向小球，子弹穿过小球后的速率为 $\dfrac{v}{2}$，如图 F6.12 所示。要使球摆能在铅直平面内完成一圈运动，子弹入射的速度必须为多大？

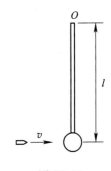

图 F6.12

2. 一平面简谐波某时刻的波形如图 F6.13 所示，此波以波速 u 沿 x 轴正方向传播，振幅为 A，频率为 ν。

（1）若以图 F6.13 中 B 点为 x 轴的坐标原点，并以此时刻为 $t=0$ 时刻，写出此波的波函数。

（2）图 F6.13 中 D 点为反射点，且为一节点，若以 D 点为 x 轴的坐标原点，并以此时刻为 $t=0$ 时刻，写出此入射波的波函数和反射波的波函数。

（3）写出合成波的波函数，并定出波腹和波节的位置坐标。

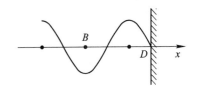

图 F6.13

3. 利用牛顿环的干涉条纹，可以测定凹曲面的曲率半径，方法是：将已知半径的平凸透镜放置在待测的凹面上，如图 F6.14 所示，在两曲面之间形成气层，可以观察到环状的干涉条纹。测得第 $k=4$ 级暗环的半径 $r_4=2.250$ cm，已知入射光波长 $\lambda=589.3$ mm，平凸透镜凸面半径 $R_1=102.3$ cm，求待测凹曲面的曲率半径 R_2。

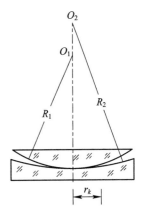

图 F6.14

4. 0.25 kg 氧气作如图 F6.15 所示循环，此循环由两个等容过程和两个等温过程组成。已知 $V_b = 2V_a$，试求：

（1）循环的效率；

（2）若 a、b、c、d 各状态的压强分别为 p_a、p_b、p_c、p_d，证明：$p_a p_c = p_b p_d$。

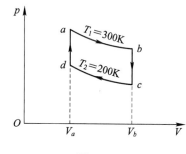

图 F6.15

大学物理 I 期末模拟试题三答案

一、选择题

1. C　2. C　3. B　4. B　5. C　6. C　7. D　8. B　9. C　10. D

二、填空题

1. 0J，18J，17J

2. 7.35 rad/s^2　$\dfrac{\sqrt{3}}{2}g = 8.49$ J

3. $\dfrac{x^2}{a^2} + \dfrac{y^2}{b^2} = 1$，　$\dfrac{b^2}{a}$

4. 4 m/s

5. $\dfrac{N}{3}m + M$

6. $y = 0.04\cos\left[\dfrac{\pi}{5}(t + 50x) - \dfrac{\pi}{2}\right]$ m

7. $2\pi(n-1)e/\lambda$；　4×10^3 nm

8. 9.1 m/s

9. $\dfrac{V_0(p_1 - p_0)}{p_0(V_1 - V_0)}$

10. $\dfrac{5}{3}$，　$\dfrac{10}{3}$

三、计算题

1. $\dfrac{4m}{m'}\sqrt{2gl}$

2. (1) $y = A\cos\left[2\pi\left(\nu t - \dfrac{\nu}{u}x\right) + \pi\right]$

　　(2) $y_{入} = A\cos\left[2\pi\nu\left(t - \dfrac{x}{u}\right) - \dfrac{\pi}{2}\right]$

　　　　$y_{反} = A\cos\left[2\pi\nu\left(t + \dfrac{x}{u}\right) + \dfrac{\pi}{2}\right]$

　　(3) $y_{驻} = 2A\cos\left(2\pi\dfrac{v}{u}x + \dfrac{\pi}{2}\right)\cos 2\pi\nu t$

　　波节：$x = \dfrac{k}{2}\cdot\dfrac{u}{\nu}$ $(k = 0, -1, -2, \cdots)$

　　波腹：$x = \left(\dfrac{k}{2} - \dfrac{1}{4}\right)\dfrac{u}{\nu}$ $(k = 0, -1, -2, \cdots)$

3. 102.8 cm

4. (1) $\eta = 15.1\%$

　　(2) 略

参 考 文 献

［1］　教育部高等学校物理学与天文学教学指导委员会物理基础课程教学指导分委会. 理工科类大学物理课程教学基本要求(2010 年版). 北京：高等教育出版社，2010.

［2］　吴百诗. 大学物理(新版). 北京：科学出版社，2001.

［3］　张孝林.《大学物理(新版)》学习指导. 北京：科学出版社，2002.

［4］　李存志，郑建邦，徐忠锋. 大学物理学习题分析与解答. 北京：高等教育出版社，2005.

［5］　张三慧. 大学物理学. 4 版. 北京：清华大学出版社，2018.

［6］　任保文. 大学物理学习指导. 西安：西安电子科技大学出版社，2015.

［7］　胡盘新. 大学物理解题方法与技巧. 3 版. 上海：上海交通大学出版社，2014.

［8］　赵凯华，罗蔚茵. 新概念物理教程：力学. 2 版. 北京：高等教育出版社，2008.

［9］　赵凯华. 新概念物理教程：光学. 2 版. 北京：高等教育出版社，2008.

［10］　赵凯华，钟锡华.光学(重排本). 北京：北京大学出版社，2018.

［11］　秦允豪，黄凤珍，应学农.普通物理学教程：热学. 4 版. 北京：高等教育出版社，2018.